国网湖北省电力有限公司

作业安全标准督查卡

GUOWANG HUBEISHENG DIANLI YOUXIAN GONGSI
ZUOYE ANQUAN BIAOZHUN DUCHAKA

国网湖北省电力有限公司　组编

中国电力出版社
CHINA ELECTRIC POWER PRESS

内 容 提 要

依据国家电网有限公司电力安全工作规程和有关规定，国网湖北省电力有限公司组织编写了《国网湖北省电力有限公司作业安全标准督查卡》。

本书分通用和专业两个部分，其中通用部分包含作业计划及队伍人员准入、安全风险管控监督平台、电网风险管控及到岗到位、作业风险管控到岗到位等各类作业通用督查卡；专业部分包含输电运检、变电运检、配电运检、发电运检、线路施工、变电施工等各类作业专业督查卡。

本书可作为各类生产作业人员的工具书，也可作为电力企业生产管理人员的参考书。

图书在版编目（CIP）数据

国网湖北省电力有限公司作业安全标准督查卡/国网湖北省电力有限公司组编. —北京：中国电力出版社，2022.12

ISBN 978-7-5198-7156-7

Ⅰ. ①国… Ⅱ. ①国… Ⅲ. ①电力工业－安全生产－标准－湖北 Ⅳ. ①TM08-65

中国国家版本馆 CIP 数据核字（2023）第 020818 号

出版发行：中国电力出版社
地　　址：北京市东城区北京站西街 19 号（邮政编码 100005）
网　　址：http://www.cepp.sgcc.com.cn
责任编辑：冯宁宁（010-63412537） 唐　玲
责任校对：黄　蓓　郝军燕　王海南
装帧设计：赵姗姗
责任印制：吴　迪

印　　刷：三河市万龙印装有限公司
版　　次：2022 年 12 月第一版
印　　次：2022 年 12 月北京第一次印刷
开　　本：880 毫米×1230 毫米　16 开本
印　　张：23.25
字　　数：606 千字
定　　价：108.00 元

编写组

组　长　冀肖彤　鲍玉川

副组长　林　光　季　斌　李建明　邹圣权　刘敦义

成　员　吴高华　刘志军　李　震　王　康　戴思睿
王尚文　谢敬龙　安高翔　梅良杰　卢国伟
杜　涛　肖新秀　冯　勇　郑海峰　付昕镜
刘成旺　黄　翔　沈　琼　褚　璇　梅　阳
李旭峰　樊　昆　周　野　韩汶仲　杜　雄
李海涛

前　　言

组织编写作业标准督查卡，推行安全督查标准化，主要是强化各级安全督查人员照卡督查，防止督查工作随意性，规范安全风险管控监督平台违章数据结构内容，提高违章分析管理水平。

本书由国网湖北省电力有限公司组织各专业领域专家编写，兼具专业性与权威性；内容条文清晰、重点突出、实操性强；对每个细分专业的作业标准监督卡进行编号，安全督查人员工作中按需要查阅使用。本书亦可作为各类生产作业人员的工具书以及生产管理人员的参考书。

目　　录

一、通用部分

编号：DC-TYBF-01

作业计划及队伍人员准入标准督查卡

作业任务：	督查时间：		
督查项目	督查标准	违章性质	督查情况
作业计划	1．日作业计划录入安全风险管控监督平台，实际作业内容与日计划相符。	Ⅰ类严重违章（第1条）	
	2．作业风险按规定进行公示。	一般违章（第4条）	
	3．作业安全风险定级准确，未将三级及以上作业风险定级低于实际作业风险等级。	Ⅲ类严重违章（第47条）	
队伍准入	1．建设（发包）单位将工程发包给具有相应资质的单位，未发包给个人。	Ⅰ类严重违章（第3条）	
	2．禁止单位或个人借用其他施工单位的资质承揽工程；禁止有资质的施工单位相互借用资质承揽工程。	Ⅱ类严重违章（第19条）	
	3．施工总承包单位或专业承包单位派驻项目负责人、技术负责人、质量管理负责人、安全管理负责人等主要管理人员。	Ⅱ类严重违章（第18条）	
	4．施工总承包单位或专业承包单位禁止将工程分包给不具备相应资质单位；承包单位禁止将其承包的工程分包给个人。	Ⅲ类严重违章（第44条）	
	5．施工总承包单位禁止将施工总承包合同范围内工程主体结构的施工分包给其他单位。	Ⅲ类严重违章（第45条）	
	6．专业分包单位禁止将其承包的专业工程中非劳务作业部分再分包；劳务分包单位禁止将其承包的劳务再分包。	Ⅲ类严重违章（第45条）	
	7．承包单位禁止将其承包的全部工程转给其他单位或个人施工；禁止将全部工程肢解以后，以分包的名义分别转给其他单位或个人施工。	Ⅱ类严重违章（第17条）	
	8．承发包双方依法签订安全协议，明确双方应承担的安全责任。	Ⅲ类严重违章（第46条）	
人员准入	1．现场作业人员按规定进行安全准入考试并合格。	Ⅲ类严重违章（第50条）	
	2．新进、转岗和离岗3个月以上电气作业人员，离岗6个月以上信息、电力通信、电力监控系统作业人员，经专门安全教育培训，并经考试合格上岗。	Ⅲ类严重违章（第50条）	
	3．禁止列入负面清单人员进入现场从事施工作业。	Ⅱ类严重违章（第35条）	
	4．特种设备作业人员、特种作业人员、危险化学品从业人员依法取得资格证书。	Ⅲ类严重违章（第51条）	

续表

督查项目	督查标准	违章性质	督查情况
人员准入	5．监理人员经安全准入考试并合格；监理项目部关键岗位（总监、总监代表、安全监理、专业监理等）人员具备相应资格。	Ⅲ类严重违章（第 79 条）	
	6．禁止劳务分包人员担任工作负责人（作业负责人）。	恶性违章（第 1 条）	
	7．担任工作票签发人、工作负责人、工作许可人具备相应资格。	Ⅱ类严重违章（第 35 条）	
督查人员：	离开现场时间：		

编号：DC-TYBF-02

安全风险管控监督平台应用标准督查卡

作业任务：		督查时间：	
督查项目	督查标准	违章性质	督查情况
管理人员	1．按规定在安全风险管控监督平台上传作业队伍资质、执照。	Ⅲ类严重违章（第86条）	
	2．二级风险作业对应的施工方案在月度作业计划中上传，三级风险作业对应的施工方案在周计划中上传。	Ⅲ类严重违章（第86条）	
	3．按规定在周计划中上传勘察记录。	Ⅲ类严重违章（第86条）	
	4．作业现场视频监控终端有存储卡并满足存储要求。	Ⅲ类严重违章（第91条）	
工作负责人	1．在安全风险管控监督平台上的作业开工状态与实际一致。	Ⅲ类严重违章（第86条）	
	2．在安全风险管控监督平台中作业现场地理位置信息、工作地点准确。	一般违章（第9条）	
	3．在安全风险管控监督平台上传工作票（分票、作业票、动火工作票、二次安全措施票等），工作票履行相关手续后及时补充上传相应的票面照片。	Ⅲ类严重违章（第86条）	
	4．在安全风险管控监督平台上传防止误入带电间隔措施、误碰带电设备措施。	Ⅲ类严重违章（第86条）	
	5．在安全风险管控监督平台上传配合停电工作接地线。	Ⅲ类严重违章（第86条）	
	6．在安全风险管控监督平台上传配电线路上的操作接地线。	Ⅲ类严重违章（第86条）	
	7．在安全风险管控监督平台上传搭设跨越架、道路临时封闭警示措施。	Ⅲ类严重违章（第86条）	
	8．在安全风险管控监督平台上传深基坑提土装置、通风装置、人员上下装置照片。	Ⅲ类严重违章（第86条）	
	9．在安全风险管控监督平台上传现场布控球视频覆盖不到的现场接地线、个人保安线。	Ⅲ类严重违章（第86条）	
	10．在安全风险管控监督平台上传现场布控球视频覆盖不到的重要跨越处防跑线（掉线）、不平衡挂线防倒杆措施、机动绞磨设置以及抱杆、锚桩及防高坠措施整体照片。	Ⅲ类严重违章（第86条）	
	11．在安全风险管控监督平台上传现场布控球视频覆盖不到的吊车（高空作业车、带电作业车）本体落位（支腿打开、垫枕木）接地。	Ⅲ类严重违章（第86条）	

续表

督查项目	督查标准	违章性质	督查情况
工作负责人	12．上传班前会、班后会照片资料照片。	Ⅲ类严重违章（第 86 条）	
	13．作业现场按规定布设视频监控设备，视频监控设备正常开机并拍摄现场作业内容。	Ⅲ类严重违章（第 80 条）	
	14．作业现场查出一般违章，通过整改核查后恢复作业；或经督办整改后未在本单位其他作业现场重复发生。	Ⅲ类严重违章（第 88 条）	
到岗到位人员	1．三级以上风险作业，各级管理人员（监理人员）按规定到岗到位并在安全风险管控监督平台录入到岗记录。	Ⅲ类严重违章（第 74 条）	
	2．监理人员履行管理职责，及时纠正违章行为。	Ⅲ类严重违章（第 78 条）	
	3．领导干部和专业管理人员履行到岗到位职责，到位后现场不存在严重以上违章。	Ⅲ类严重违章（第 89 条）	
	4．安监部门、安全督查中心、安全督查队伍严格履责，按照分级全覆盖要求开展督查、本级督查后未被上级督察发现严重违章、对停工现场执行复查或核查。	Ⅲ类严重违章（第 90 条）	
督查人员：	离开现场时间：		

编号：DC-TYBF-03

电网风险管控通用标准督查卡

电网风险：	督查时间：		
督查项目	督查标准	违章性质	督查情况
风险评估	1．风险评估应充分辨识电网运行方式、运行状态、运行环境、电源、负荷及电力通信系统等其他可能对电网运行和电力供应造成影响的风险因素，定级准确。	Ⅱ类严重违章（第22条）	
	2．对于同一区域多重设备同停、变电站全停、停电时间较长等对电网安全运行影响较大的工作，项目主管部门采取各种预控措施和手段，降等级、控时长、缩范围，降低事故概率和风险。对于原始风险等级为四级及以上的项目，采取措施降至五级或以下实施。	Ⅱ类严重违章（第22条）	
	3．一家地市级单位同时实施两项以上涉及五级及以上电网风险的停电工作，报省公司批准。	Ⅱ类严重违章（第22条）	
预警发布	1．“预警通知单”包括风险等级、停电设备、时间安排、风险分析、管控措施及要求等内容，管控措施应明确责任单位、调控运行、设备运维、用电管控、施工管控、应急预案等方面重点内容。	Ⅱ类严重违章（第22条）	
	2．“预警通知单”执行部门会签和审批制度，调控部门编制完成并送相关部门会签后，提交本单位领导或上级单位审批。三级以上风险预警，由省公司行政正职审核批准。四级风险预警，由省公司分管行政副职审核批准。省公司五级风险预警由副总师审核批准。地市公司五级风险预警由行政正职审核批准，六级风险预警由分管行政副职审核批准。其他风险预警，由调控部门负责人审核批准。	Ⅱ类严重违章（第22条）	
	3．“预警通知单”在工作实施前36小时发布，四级以上“预警通知单”在工作实施前72小时发布。	Ⅱ类严重违章（第22条）	
预警反馈	电网风险预警反馈及时、规范、有针对性，“预警反馈单”包括调控措施、运维措施、用户措施、施工安全管控措施组织落实情况以及风险报告和告知等内容。	Ⅱ类严重违章（第22条）	
风险报告与告知	1．各部门、各单位按规定向相关政府部门报告风险分析、风险等级、时间安排、影响范围（敏感区域、民生用电、重要客户等）、管控措施、需要政府协调办理的事项及建议等。	Ⅱ类严重违章（第22条）	
	2．营销部按规定告知重要用户预警事由、预警时段、风险影响、应对措施等，督促用户合理安排生产计划，做好防范准备。	Ⅱ类严重违章（第22条）	
	3．调控中心按规定告知重要用户预警事由、预警时段、风险影响、应对措施等，督促电厂合理安排生产计划，做好防范准备。	Ⅱ类严重违章（第22条）	

续表

督查项目	督查标准	违章性质	督查情况
管控措施制定	1．运维保障管控措施中已明确变电站恢复值守人员、巡视测温工作时段及频次。	Ⅱ类严重违章（第22条）	
	2．运维保障管控措施中已明确变电倒闸操作票审核人员、操作人、监护人、第二监护人。	Ⅱ类严重违章（第22条）	
	3．运维保障管控措施中明确输电设备巡视重点、巡视人员、巡视时段。	Ⅱ类严重违章（第22条）	
	4．涉及邻近带电体的起吊作业方案中明确吊车行动轨迹、起吊位置、监护人等措施。	Ⅱ类严重违章（第22条）	
	5．调度控制专项管控措施中明确风险分析、断面控制、方式调整、运维要求、事故处理等控制措施。	Ⅱ类严重违章（第22条）	
	6．通信保障专项管控措施中明确隐患排查、设备巡视、事故处置等控制措施。	Ⅱ类严重违章（第22条）	
	7．用户保障专项管控措施中明确风险保障、用电保障等管控措施。	Ⅱ类严重违章（第22条）	
管控方案审批	1．省公司对四级及以上电网风险，制定风险管控工作方案，由分管领导审批。	Ⅱ类严重违章（第22条）	
	2．地市公司级单位对五级及以上电网风险，制定风险管控工作方案，由主要负责人审批。	Ⅱ类严重违章（第22条）	
	3．县公司级单位对六级及以上电网风险，制定风险管控工作方案，由主要负责人审批。	Ⅱ类严重违章（第22条）	
	4．调控、设备、建设、营销等相关部门已制定专项管控措施。	Ⅱ类严重违章（第22条）	
督查人员：	离开现场时间：		

编号：DC-TYBF-04-1

四级电网风险管控到岗到位标准督查卡

电网风险：				督查时间：			
督查项目	岗位（职务）	到岗人员	到岗时间	离岗时间	到岗时长	违章性质	督查情况
到岗履责	省公司分管副总师/专业部门主要负责人					III类严重违章（第89条）	
	地市公司级单位主要领导					III类严重违章（第89条）	
	地市公司级单位专业部门主要负责人					III类严重违章（第89条）	
全程履责	省公司专业部门分管负责人					III类严重违章（第89条）	
	地市公司级单位分管领导					III类严重违章（第89条）	
	地市公司级单位专业部门分管负责人					III类严重违章（第89条）	
	县公司级单位（设备运检单位）主要负责人					III类严重违章（第89条）	
现场管控	××变电站倒闸操作第二监护人					II类严重违章（第35条）	
	××变电站恢复有人值守					II类严重违章（第35条）	
	××线路#××-#××特巡人员					II类严重违章（第35条）	
	××线路#××-#××外破点蹲守人员					II类严重违章（第35条）	
	邻近××保电线路及设备的作业专责监护人					II类严重违章（第35条）	
督查人签名：				离开现场时间：			

编号：DC-TYBF-04-2

五级电网风险管控到岗到位标准督查卡

电网风险：		督查时间：					
督查项目	岗位（职务）	到岗人员	到岗时间	离岗时间	到岗时长	违章性质	督查情况
到岗履责	省公司专业部门管理人员					Ⅲ类严重违章（第 89 条）	
	地市公司级单位分管领导					Ⅲ类严重违章（第 89 条）	
	地市公司级单位专业部门分管负责人					Ⅲ类严重违章（第 89 条）	
	县公司级单位（设备运检单位）主要负责人					Ⅲ类严重违章（第 89 条）	
全程履责	县公司级单位（设备运检单位）分管负责人					Ⅲ类严重违章（第 89 条）	
现场管控	××变电站倒闸操作第二监护人					Ⅱ类严重违章（第 35 条）	
	××变电站恢复有人值守					Ⅱ类严重违章（第 35 条）	
	××线路#××-#××特巡人员					Ⅱ类严重违章（第 35 条）	
	××线路#××-#××外破点蹲守人员					Ⅱ类严重违章（第 35 条）	
	邻近××保电线路及设备的作业专责监护人					Ⅱ类严重违章（第 35 条）	
督查人员：		离开现场时间：					

编号：DC-TYBF-04-3

六级电网风险管控到岗到位标准督查卡

<table>
<tr><td colspan="4">电网风险：</td><td colspan="4">督查时间：</td></tr>
<tr><td>督查项目</td><td>岗位（职务）</td><td>到岗人员</td><td>到岗时间</td><td>离岗时间</td><td>到岗时长</td><td>违章性质</td><td>督查情况</td></tr>
<tr><td rowspan="2">到岗履责</td><td>县公司级单位（设备运检单位）主要负责人</td><td></td><td></td><td></td><td></td><td>Ⅲ类严重违章（第 89 条）</td><td></td></tr>
<tr><td>县公司级单位（设备运检单位）分管负责人</td><td></td><td></td><td></td><td></td><td>Ⅲ类严重违章（第 89 条）</td><td></td></tr>
<tr><td>全程履责</td><td>县公司级单位（设备运检单位）管理人员</td><td></td><td></td><td></td><td></td><td>Ⅲ类严重违章（第 89 条）</td><td></td></tr>
<tr><td rowspan="5">现场管控</td><td>××变电站倒闸操作第二监护人</td><td></td><td></td><td></td><td></td><td>Ⅱ类严重违章（第 35 条）</td><td></td></tr>
<tr><td>××变电站恢复有人值守人员</td><td></td><td></td><td></td><td></td><td>Ⅱ类严重违章（第 35 条）</td><td></td></tr>
<tr><td>××线路#××-#××特巡人员</td><td></td><td></td><td></td><td></td><td>Ⅱ类严重违章（第 35 条）</td><td></td></tr>
<tr><td>××线路#××-#××外破点蹲守人员</td><td></td><td></td><td></td><td></td><td>Ⅱ类严重违章（第 35 条）</td><td></td></tr>
<tr><td>邻近××保电线路及设备的作业专责监护人</td><td></td><td></td><td></td><td></td><td>Ⅱ类严重违章（第 35 条）</td><td></td></tr>
<tr><td colspan="4">督查人员：</td><td colspan="4">离开现场时间：</td></tr>
</table>

编号：DC-TYBF-05-1

一级作业风险管控到岗到位标准督查卡

作业风险：				督查时间：			
督查项目	岗位（职务）	到岗人员	到岗时间	离岗时间	到岗时长	违章性质	督查情况
到岗履责	省公司副总师/专业部门主要负责人					III类严重违章（第 89 条）	
	地市公司级单位主要领导					III类严重违章（第 89 条）	
	地市公司级单位专业部门主要负责人					III类严重违章（第 89 条）	
全程履责	省公司专业部门分管负责人					III类严重违章（第 89 条）	
	地市公司级单位分管领导					III类严重违章（第 89 条）	
	地市公司级单位专业部门分管负责人					III类严重违章（第 89 条）	
	县公司级单位（设备运检单位）主要负责人					III类严重违章（第 89 条）	
现场管控	××近电作业专责监护人					II类严重违章（第 35 条）	
	××吊装作业专责监护人					II类严重违章（第 35 条）	
	××高处作业专责监护人					II类严重违章（第 35 条）	
	××交叉跨越点专责监护人					II类严重违章（第 35 条）	
督查人员：				离开现场时间：			

编号：DC-TYBF-05-2

二级作业风险管控到岗到位标准督查卡

作业风险：		督查时间：					
督查项目	岗位（职务）	到岗人员	到岗时间	离岗时间	到岗时长	违章性质	督查情况
到岗履责	省公司专业部门管理人员					Ⅲ类严重违章（第 89 条）	
	地市公司级单位分管领导					Ⅲ类严重违章（第 89 条）	
	地市公司级单位专业部门分管负责人					Ⅲ类严重违章（第 89 条）	
	县公司级单位（设备运检单位）主要负责人					Ⅲ类严重违章（第 89 条）	
全程履责	县公司级单位（设备运检单位）分管负责人					Ⅲ类严重违章（第 89 条）	
现场管控	××近电作业专责监护人					Ⅱ类严重违章（第 35 条）	
	××吊装作业专责监护人					Ⅱ类严重违章（第 35 条）	
	××高处作业专责监护人					Ⅱ类严重违章（第 35 条）	
	××交叉跨越点专责监护人					Ⅱ类严重违章（第 35 条）	
督查人员：		离开现场时间：					

编号：DC-TYBF-05-3

三级作业风险管控到岗到位标准督查卡

作业风险：		督查时间：					
督查项目	岗位（职务）	到岗人员	到岗时间	离岗时间	到岗时长	违章性质	督查情况
到岗履责	地市公司级单位专业部门管理人员					Ⅲ类严重违章（第 89 条）	
	县公司级单位（设备运检单位）分管负责人					Ⅲ类严重违章（第 89 条）	
全程履责	县公司级单位（设备运检单位）专业部门负责人					Ⅲ类严重违章（第 89 条）	
现场管控	××吊装作业专责监护人					Ⅱ类严重违章（第 35 条）	
	××近电作业专责监护人					Ⅱ类严重违章（第 35 条）	
	××高处作业专责监护人					Ⅱ类严重违章（第 35 条）	
	××交叉跨越点专责监护人					Ⅱ类严重违章（第 35 条）	
督查人员：		离开现场时间：					

编号：DC-TYBF-05-4

四级作业风险管控到岗到位标准督查卡

作业风险：				督查时间：			
督查项目	岗位（职务）	到岗人员	到岗时间	离岗时间	到岗时长	违章性质	督查情况
到岗履责	县公司级单位（设备运检单位）专业部门负责人					III类严重违章（第89条）	
全程履责	县公司级单位（设备运检单位）专业部门管理人员					III类严重违章（第89条）	
现场管控	××高处作业专责监护人					II类严重违章（第35条）	
	××吊装作业专责监护人					II类严重违章（第35条）	
	××近电作业专责监护人					II类严重违章（第35条）	
	××交叉跨越点专责监护人					II类严重违章（35条）	
督查人员：				离开现场时间：			

编号：DC-TYBF-06

输电运检作业通用标准督查卡

检修任务：	督查时间：		
督查项目	督查标准	违章性质	督查情况
现场勘察	1. 大型检修现场勘察由地市公司级单位运检部负责人组织开展，中型检修现场勘察由县公司级单位专业部门负责人组织开展。	Ⅲ类严重违章（第71条）	
	2. 工作票（作业票）签发人或工作负责人按规定参加现场勘察。	Ⅲ类严重违章（第71条）	
	3. 按规定开展现场勘察，勘察记录中的关键内容、风险、措施与实际相符。	Ⅲ类严重违章（第71条）	
	4. 作业安全风险定级准确，未将三级及以上作业风险定级低于实际作业风险等级。	Ⅲ类严重违章（第47条）	
检修方案	1. 大型检修方案由地市公司级单位运检部负责编制，省公司设备部负责审批。	Ⅲ类严重违章（第73条）	
	2. 中型检修方案由县公司级单位负责编制，地市公司级单位专业部门负责审批。	Ⅲ类严重违章（第73条）	
	3. 小型检修方案由工作负责人或工作票签发人编制，县公司级单位专业部门负责审批。	Ⅲ类严重违章（第73条）	
	4. 大、中型检修方案应包括工作内容、停电范围及安全措施、检修任务、组织措施、作业面安全管控措施、物资保障措施、进度控制保障措施、检修验收工作要求、作业面方案等内容。	Ⅲ类严重违章（第73条）	
	5. 大、中型检修方案应根据检修设备规模、空间范围、作业人数、检修工序和专业分工等因素划分成若干切实可控的作业小组。每个作业小组都需编制作业面方案。	Ⅲ类严重违章（第73条）	
	6. 方案中涉及拉线、地锚使用，应按实际情况及规程规范计算确定布设数量及方式；索道、拉线的锚体、钻体强度应满足相连接的绳索的受力要求计算。	Ⅱ类严重违章（第20条）	
	7. 在带电设备附近作业前应计算校核安全距离；作业安全距离不够必须采取有效措施。	恶性违章（第8条）	
	8. 涉及特种车辆、施工机械、高处作业等较高风险的项目，在作业风险管控措施单中明确重点管控措施。	Ⅲ类严重违章（第73条）	
	9. 对“超过一定规模的危险性较大的分部分项工程”（大修、技改等项目），要组织编制专项施工方案（安全技术措施），按规定论证、审核、审批、交底及现场监督实施。	Ⅲ类严重违章（第73条）	
工作票	1. 按规定办理工作票（包括分票、事故紧急抢修单、动火票等）工作。	恶性违章（第2条）	

续表

督查项目	督查标准	违章性质	督查情况
工作票	2．工作票签发前的关键动词、时间未涂改，工作票中一般安全措施填写正确，与现场实际一致。	一般违章（第6条）	
	3．工作票中应断（拉）开的开关、刀闸、熔断器，应解除的引流线（跳线）、应装设的接地线安装位置、编号、装拆时间等信息准确登录。	Ⅲ类严重违章（第81条）	
	4．票面（包括工作票、分票、事故紧急抢修单、动火票等）中工作负责人、工作班人员签字等关键内容、关键措施正确完善，风险识别准确。	Ⅲ类严重违章（第61条）	
	5．工作票中安全措施执行后复核签字确认。	Ⅲ类严重违章（第61条）	
	6．工作票中按规定设置专责监护人，且明确监护人员、地点、内容。	Ⅱ类严重违章（第35条）	
	7．现场使用的工作票在有效工作日内且未失效。	Ⅰ类严重违章（第5条）	
三交三查	1．工作前组织安全交底、召开班前会，作业人员清楚工作任务、危险点、安全措施。	Ⅰ类严重违章（第6条）	
	2．使用的安全工器具未达到报废标准或未超过有效检验期。	Ⅰ类严重违章（第4条）	
	3．无劳务单位提供安全工器具或机具。	Ⅲ类严重违章（第76条）	
	4．合同约定由承包单位负责采购的主要建筑材料、构配件及工程设备或租赁的施工机械设备，未由其他单位或个人采购、租赁。	Ⅱ类严重违章（第18条）	
	5．现场使用的安全工器具检验标签完好。	一般违章（第13条）	
	6．作业人员严格执行“两穿一戴”。	一般违章（第10条）	
变更事项	1．工作负责人（作业负责人）长时间离开作业现场时，由原工作票签发人变更工作负责人。	恶性违章（第1条）	
	2．工作负责人（作业负责人）暂时离开作业现场时，指定能胜任的人员临时代替。	恶性违章（第1条）	
	3．专责监护人长时间离开作业现场时，由工作负责人变更专责监护人。	恶性违章（第1条）	
	4．专责监护人临时离开作业地点，已通知被监护人员停止作业或离开作业现场。	恶性违章（第1条）	
	5．工作班人员变动准确登录，并按规定履行签字确认手续。	Ⅲ类严重违章（第61条）	

续表

督查项目	督查标准	违章性质	督查情况
变更事项	6．原工作票的安全措施范围内增加工作任务时，按规定规范履行相关手续。	恶性违章（第3条）	
	7．原工作票增加工作任务需变更安全措施或增设安全措施时，填用新的工作票。	恶性违章（第3条）	
	8．检修方案变更按规定履行编审批手续。	Ⅲ类严重违章（第73条）	
督查人员：	离开现场时间：		

编号：DC-TYBF-07

变电运检作业通用标准督查卡

检修任务：	督查时间：		
督查项目	督查标准	违章性质	督查情况
现场勘察	1．大型检修现场勘察由地市公司级单位运检部负责人组织开展，中型检修现场勘察由县公司级单位专业部门负责人组织开展。	Ⅲ类严重违章（第 71 条）	
	2．工作票（作业票）签发人或工作负责人按规定参加现场勘察。	Ⅲ类严重违章（第 71 条）	
	3．按规定开展现场勘察，勘察记录中的关键内容、风险、措施与实际相符。	Ⅲ类严重违章（第 71 条）	
	4．作业安全风险定级准确，未将三级及以上作业风险定级低于实际作业风险等级。	Ⅲ类严重违章（第 47 条）	
检修方案	1．大型检修方案由地市公司级单位运检部负责编制，省公司设备部负责审批。	Ⅲ类严重违章（第 73 条）	
	2．中型检修方案由县公司级单位负责编制，地市公司级单位专业部门负责审批。	Ⅲ类严重违章（第 73 条）	
	3．小型检修方案由工作负责人或工作票签发人编制，县公司级单位专业部门负责审批。	Ⅲ类严重违章（第 73 条）	
	4．大、中型检修方案应包括工作内容、停电范围及安全措施、检修任务、组织措施、作业面安全管控措施、物资保障措施、进度控制保障措施、检修验收工作要求、作业面方案等内容。	Ⅲ类严重违章（第 73 条）	
	5．大、中型检修方案应根据检修设备规模、空间范围、作业人数、检修工序和专业分工等因素划分成若干切实可控的作业小组。每个作业小组都需编制作业面方案。	Ⅲ类严重违章（第 73 条）	
	6．采取劳务外包（分包）的项目，检修方案由发包方负责编制、报审；采取专业外包（分包）的项目，检修方案由外包方负责编制、报施工单位审查。	Ⅲ类严重违章（第 77 条）	
	7．在运行站内使用吊车、高空作业车、挖掘机等大型机械开展作业，改变施工方案规定的工作内容、工作方式等，应经设备运维单位的批准。	Ⅱ类严重违章（第 33 条）	
	8．在带电设备附近作业前应计算校核安全距离；作业安全距离不够必须采取有效措施。	恶性违章（第 8 条）	
	9．对“超过一定规模的危险性较大的分部分项工程”（大修、技改等项目），要组织编制专项施工方案（安全技术措施），按规定论证、审核、审批、交底及现场监督实施。	Ⅲ类严重违章（第 73 条）	

续表

督查项目	督查标准	违章性质	督查情况
工作票	1．按规定办理工作票（包括分票、事故紧急抢修单、动火票等）工作。	恶性违章（第 2 条）	
	2．工作票签发前的关键动词、时间未涂改，工作票中一般安全措施填写正确，与现场实际一致。	一般违章（第 6 条）	
	3．工作票中应断（拉）开的开关、刀闸、熔断器，应解除的引流线（跳线）、应装设的接地线安装位置、编号、装拆时间等信息准确登录。	Ⅲ类严重违章（第 81 条）	
	4．票面（包括工作票、分票、事故紧急抢修单、动火票等）中工作负责人、工作班人员签字等关键内容、关键措施正确完善，风险识别准确。	Ⅲ类严重违章（第 61 条）	
	5．在运行设备的二次回路上进行拆接线工作，或在对检修设备执行隔离措施时，需拆断、短接和恢复同运行设备有联系的二次回路工作时填用二次工作安全措施票。	恶性违章（第 2 条）	
	6．二次工作安全措施票填写规范，安全措施完备，现场执行情况与票面一致。	Ⅲ类严重违章（第 61 条）	
	7．工作票中安全措施执行后复核签字确认。	Ⅲ类严重违章（第 61 条）	
	8．工作票中按规定设置专责监护人，且明确监护人员、地点、内容。	Ⅱ类严重违章（第 35 条）	
	9．现场使用的工作票在有效工作日内且未失效。	Ⅰ类严重违章（第 5 条）	
三交三查	1．工作前组织安全交底、召开班前会，作业人员清楚工作任务、危险点、安全措施。	Ⅰ类严重违章（第 6 条）	
	2．使用的安全工器具未达到报废标准的或未超过有效检验期。	Ⅰ类严重违章（第 4 条）	
	3．无劳务单位提供安全工器具或机具。	Ⅲ类严重违章（第 76 条）	
	4．合同约定由承包单位负责采购的主要建筑材料、构配件及工程设备或租赁的施工机械设备，未由其他单位或个人采购、租赁。	Ⅱ类严重违章（第 18 条）	
	5．现场使用的安全工器具检验标签完好。	一般违章（第 13 条）	
	6．作业人员严格执行“两穿一戴”。	一般违章（第 10 条）	
变更事项	1．工作负责人（作业负责人）长时间离开作业现场时，由原工作票签发人变更工作负责人。	恶性违章（第 1 条）	
	2．工作负责人（作业负责人）暂时离开作业现场时，指定能胜任的人员临时代替。	恶性违章（第 1 条）	

续表

督查项目	督查标准	违章性质	督查情况
变更事项	3．专责监护人长时间离开作业现场时，由工作负责人变更专责监护人。	恶性违章（第1条）	
	4．专责监护人临时离开作业地点，已通知被监护人员停止作业或离开作业现场。	恶性违章（第1条）	
	5．工作班人员变动准确登录，并按规定履行签字确认手续。	Ⅲ类严重违章（第61条）	
	6．原工作票的安全措施范围内增加工作任务时，按规定规范履行相关手续。	恶性违章（第3条）	
	7．原工作票增加工作任务需变更安全措施或增设安全措施时，填用新的工作票。	恶性违章（第3条）	
	8．检修方案变更按规定履行编审批手续。	Ⅲ类严重违章（第73条）	
督查人员：		离开现场时间：	

编号：DC-TYBF-08

配电运检作业通用标准督查卡

检修任务：	督查时间：		
督查项目	督查标准	违章性质	督查情况
现场勘察	1．工作票（作业票）签发人或工作负责人按规定参加现场勘察。	Ⅲ类严重违章（第71条）	
	2．按规定开展现场勘察，勘察记录中的关键内容、风险、措施与实际相符。	Ⅲ类严重违章（第71条）	
	3．作业安全风险定级准确，未将三级及以上作业风险定级低于实际作业风险等级。	Ⅲ类严重违章（第47条）	
检修方案	1．按规定编制检修方案，方案主要内容包括：项目概况、工期及工程进度安排、组织措施、技术措施、安全措施。	Ⅲ类严重违章（第73条）	
	2．对邻近带电线路人身、机具满足《安规（配电部分）》表5-1 安全距离、吊车作业满足《安规（配电部分）》表 6-1 安全距离，制定了专项安全措施。	恶性违章（第8条）	
	3．检修方案按规定履行编审批手续。	Ⅲ类严重违章（第73条）	
工作票	1．按规定使用电气工作票（分票、配电事故紧急抢修单、动火票、操作票等）。	恶性违章（第2条）	
	2．工作票签发前的关键动词、时间未涂改，工作票中一般安全措施填写正确，与现场实际一致。	一般违章（第6条）	
	3．工作票中应断（拉）开的开关、刀闸、熔断器，应解除的引流线（跳线）、应装设的接地线安装位置、编号、装拆时间等信息准确登录。	Ⅲ类严重违章（第81条）	
	4．票面（包括工作票、分票、操作票、动火票等）中工作负责人、工作班人员签字等关键内容、关键措施正确完善，风险识别准确。	Ⅲ类严重违章（第61条）	
	5．工作票中安全措施执行后复核签字确认。	Ⅲ类严重违章（第61条）	
	6．工作票中按规定设置专责监护人，且明确监护人员、地点、内容。	Ⅱ类严重违章（第35条）	
	7．现场使用的工作票在有效工作日内且未失效。	Ⅰ类严重违章（第5条）	
三交三查	1．工作前组织安全交底、召开班前会，作业人员清楚工作任务、危险点、安全措施。	Ⅰ类严重违章（第6条）	
	2．使用的安全工器具未达到报废标准的或未超过有效检验期。	Ⅰ类严重违章（第4条）	

续表

督查项目	督查标准	违章性质	督查情况
三交三查	3．无劳务单位提供安全工器具、作业机具。	Ⅲ类严重违章（第76条）	
	4．合同约定由承包单位负责采购的主要建筑材料、构配件及工程设备或租赁的施工机械设备，未由其他单位或个人采购、租赁。	Ⅱ类严重违章（第18条）	
	5．现场使用的安全工器具检验标签完好。	一般违章（第3条）	
	6．作业人员严格执行“两穿一戴”。	一般违章（第10条）	
变更事项	1．工作负责人（作业负责人）长时间离开作业现场时，由原工作票签发人变更工作负责人。	恶性违章（第1条）	
	2．工作负责人（作业负责人）暂时离开作业现场时，指定能胜任的人员临时代替。	恶性违章（第1条）	
	3．专责监护人长时间离开作业现场时，由工作负责人变更专责监护人。	恶性违章（第1条）	
	4．专责监护人临时离开作业地点，已通知被监护人员停止作业或离开作业现场。	恶性违章（第1条）	
	5．工作班人员变动准确登录，并按规定履行签字确认手续。	Ⅲ类严重违章（第61条）	
	6．原电气工作票的安全措施范围内增加工作任务时，按规定规范履行相关手续。	恶性违章（第3条）	
	7．原电气工作票增加工作任务需变更安全措施或增设安全措施时，填用新的工作票。	恶性违章（第3条）	
	8．检修方案变更按规定履行编审批手续。	Ⅲ类严重违章（第73条）	
督查人员：	离开现场时间：		

编号：DC-TYBF-09

发电运检作业通用标准督查卡

检修任务：	督查时间：		
督查项目	督查标准	违章性质	督查情况
现场勘察	1．大型检修现场勘察由地市公司级单位运检部负责人组织开展，中型检修现场勘察由县公司级单位专业部门负责人组织开展。	Ⅲ类严重违章（第 73 条）	
	2．工作票（作业票）签发人或工作负责人按规定参加现场勘察。	Ⅲ类严重违章（第 71 条）	
	3．按规定开展现场勘察，勘察记录中的关键内容、风险、措施与实际相符。	Ⅲ类严重违章（第 71 条）	
	4．作业安全风险定级准确，未将三级及以上作业风险定级低于实际作业风险等级。	Ⅲ类严重违章（第 47 条）	
检修方案	1．大型检修方案由地市公司级单位运检部负责编制，省公司设备部负责审批。	Ⅲ类严重违章（第 73 条）	
	2．中型检修方案由县公司级单位负责编制，地市公司级单位专业部门负责审批。	Ⅲ类严重违章（第 73 条）	
	3．小型检修方案由工作负责人或工作票签发人编制，县公司级单位专业部门负责审批。	Ⅲ类严重违章（第 73 条）	
	4．大、中型检修方案应根据检修设备规模、空间范围、作业人数、检修工序和专业分工等因素划分成若干切实可控的作业小组，每个作业小组编制作业面方案。	Ⅲ类严重违章（第 73 条）	
	5．对超过一定规模或多作业面同时开展的危险性较大的大修、技改项目，按规定组织编制专项施工方案（安全技术措施）。	Ⅲ类严重违章（第 73 条）	
	6．大、中型检修方案包括编制依据、工作内容、组织措施、安全措施、技术措施、物资保障措施、进度控制保障措施、检修验收要求等内容。	Ⅲ类严重违章（第 73 条）	
	7．小型检修方案应包括项目内容、人员分工、停电范围、备品备件及工机具等内容。	Ⅲ类严重违章（第 73 条）	
	8．采取劳务外包（分包）的项目，检修方案由发包方负责编制、报审。	Ⅲ类严重违章（第 77 条）	
	9．采取专业外包（分包）的项目，检修方案由外包方负责编制、报施工单位审查。	Ⅲ类严重违章（第 73 条）	
	10．检修内容发生变化，需补充完善检修方案时，重新履行审批流程。	Ⅲ类严重违章（第 73 条）	

续表

督查项目	督查标准	违章性质	督查情况
检修方案	11. 在运行站内使用吊车、高空作业车、挖掘机等大型机械开展作业，改变施工方案规定的工作内容、工作方式等，应经设备运维管理单位的批准。	Ⅱ类严重违章（第33条）	
工作票	1. 按规定办理工作票（包括电气工作票、机械工作票、分票、动火票、工作任务单等）工作。	恶性违章（第2条）	
	2. 在运行设备的二次回路上进行拆接线工作，或在对检修设备执行隔离措施时，需拆断、短接和恢复同运行设备有联系的二次回路工作时，按规定填用二次工作安全措施票。	恶性违章（第2条）	
	3. 工作票中应断（拉）开的开关、刀闸、熔断器，应解除的引流线（跳线）、应装设的接地线安装位置、编号、装拆时间等信息准确登录。	Ⅲ类严重违章（第81条）	
	4. 票面（包括工作票、分票、动火票、工作任务单等）中工作负责人、工作班成员人员签字等关键内容、关键措施正确完善，风险识别准确。	Ⅲ类严重违章（第61条）	
	5. 二次工作安全措施票填写规范，安全措施完备，执行情况与票面一致。	Ⅲ类严重违章（第61条）	
	6. 工作票中安全措施执行后复核签字确认。	Ⅲ类严重违章（第61条）	
	7. 工作票中按规定设置专责监护人且明确监护人员、地点、内容。	Ⅱ类严重违章（第35条）	
	8. 工作票（工作任务单）签发前的关键动词、时间未涂改，工作票中一般安全措施填写正确，与现场实际一致。	一般违章（第6条）	
	9. 现场使用的工作票（工作任务单）在有效工作日内且未失效。	Ⅰ类严重违章（第5条）	
	10. 发电机组检修，工作票中应将励磁回路开关断开。	Ⅲ类严重违章（第81条）	
	11. 检修机组中性点与运行机组中性点共用，工作票中应有将检修机组的中性点与运行机组的中性点分开的安全措施。	Ⅲ类严重违章（第81条）	
三交三查	1. 工作前组织安全交底、召开班前会，作业人员清楚工作任务、危险点、安全措施。	Ⅰ类严重违章（第6条）	
	2. 使用的安全工器具未达到报废标准的或未超过有效检验期。	Ⅰ类严重违章（第4条）	
	3. 无劳务单位提供安全工器具或机具。	Ⅲ类严重违章（第76条）	
	4. 合同约定由承包单位负责采购的主要建筑材料、构配件及工程设备或租赁的施工机械设备，未由其他单位或个人采购、租赁。	Ⅱ类严重违章（第18条）	

续表

督查项目	督查标准	违章性质	督查情况
三交三查	5．现场使用的安全工器具检验标签完好。	一般违章（第13条）	
	6．作业人员严格执行“两穿一戴”。	一般违章（第10条）	
变更事项	1．工作负责人（作业负责人）长时间离开作业现场时，由原工作票签发人变更工作负责人。	恶性违章（第1条）	
	2．工作负责人（作业负责人）暂时离开作业现场时，指定能胜任的人员临时代替。	恶性违章（第1条）	
	3．专责监护人长时间离开作业现场时，由工作负责人变更专责监护人。	恶性违章（第1条）	
	4．专责监护人临时离开作业地点，已通知被监护人员停止作业或离开作业现场。	恶性违章（第1条）	
	5．工作班人员变动准确登录，并按规定履行签字确认手续。	Ⅲ类严重违章（第61条）	
	6．原工作票的安全措施范围内增加工作任务时，按规定规范履行相关手续。	恶性违章（第3条）	
	7．原工作票增加工作任务需变更安全措施或增设安全措施时填用新的工作票。	恶性违章（第3条）	
	8．检修方案变更按规定履行编审批手续。	Ⅲ类严重违章（第73条）	
督查人员：	督查时间：		

编号：DC-TYBF-10

基建施工作业通用标准督查卡

施工任务：	督查时间：		
督查项目	督查标准	违章性质	督查情况
现场勘察	1．现场勘察组织、参与人员符合管理规定。三级及以上风险作业，由施工作业票签发人或工作负责人组织，安全、技术等相关人员参加。	Ⅲ类严重违章（第 71 条）	
	2．按规定开展现场勘察，勘察记录中的关键内容、风险、措施与实际相符。	Ⅲ类严重违章（第 71 条）	
	3．作业安全风险定级准确，未将三级及以上作业风险定级低于实际作业风险等级。	Ⅲ类严重违章（第 47 条）	
施工方案	1．按规定编制一般、专项、特殊施工方案。	Ⅲ类严重违章（第 73 条）	
	2．一般施工方案由施工项目部技术员编制，施工项目部安全、质量管理人员审核，项目总工批准。报监理项目部总监理工程师审批。	Ⅲ类严重违章（第 73 条）	
	3．专项施工方案由施工项目部总工组织编制，施工单位安全、技术、质量等相关部门审批，施工单位技术负责人（分管领导）批准。报监理项目部总监理工程师审批。	Ⅲ类严重违章（第 73 条）	
	4．超过一定规模危险性较大的工程，除应编制专项施工方案外，施工单位还需组织专家进行论证、审查。报监理项目部总监理工程师审批。报业主项目部审批。	Ⅲ类严重违章（第 73 条）	
	5．根据实际情况及规程规范计算确定拉线规格、地锚承载力和具体埋设要求、索道架设弛度。	Ⅱ类严重违章（第 20 条）	
	6．带电设备附近作业，针对施工作业中可能进入安全距离内的人员、机具、构件等进行计算校核；安全距离不够时制定有效的控制措施。	恶性违章（第 8 条）	
	7．施工方案中针对重要跨越以及邻近、交叉、平行带电线路、设备作业，制定具体的控制措施。	Ⅲ类严重违章（第 73 条）	
	8．施工方案中项目概况、工作内容、组织措施、技术措施、安全措施等内容齐全。根据施工任务安排，制定针对作业现场高风险因素所采取的安全防控措施。	Ⅲ类严重违章（第 73 条）	
工作票	1．按规定办理作业票、工作票、动火工作票等。	恶性违章（第 2 条）	
	2．工作票中应断（拉）开的开关、刀闸、熔断器，应解除的引流线（跳线）、应装设的接地线安装位置、编号、装拆时间等信息准确登录。	Ⅲ类严重违章（第 81 条）	

续表

督查项目	督查标准	违章性质	督查情况
工作票	3．票面（包括作业票、工作票、动火票等）中工作负责人、工作班人员签字等关键内容、关键措施正确完善，风险识别准确。	Ⅲ类严重违章（第 61 条）	
	4．施工作业票现场风险变化情况及控制措施栏中填写的内容符合现场实际。	Ⅲ类严重违章（第 61 条）	
	5．施工作业票、电气工作票、动火工作票签发前的关键动词、时间未涂改，工作票、施工作业票中一般安全措施填写正确，与现场实际一致。	一般违章（第 6 条）	
	6．按规定设置专责监护人，且明确监护人员、地点、内容。	Ⅱ类严重违章（第 35 条）	
	7．施工作业票工作负责人、审核人、签发人具备资格。	Ⅱ类严重违章（第 35 条）	
	8．施工作业票中应全员分工，明确特种作业人员。	一般问题	
	9．现场使用的施工作业票（工作票）在有效工作日内且未失效。	Ⅰ类严重违章（第 5 条）	
三交三查	1．工作前组织安全交底、召开班前会，作业人员清楚工作任务、危险点、安全措施。	Ⅰ类严重违章（第 6 条）	
	2．使用的安全工器具未达到报废标准的或未超过有效检验期。	Ⅰ类严重违章（第 4 条）	
	3．无劳务单位提供安全工器具或机具。	Ⅲ类严重违章（第 76 条）	
	4．合同约定由承包单位负责采购的主要建筑材料、构配件及工程设备或租赁的施工机械设备，未由其他单位或个人采购、租赁。	Ⅱ类严重违章（第 18 条）	
	5．现场使用的安全工器具检验标签完好。	一般违章（第 13 条）	
	6．安全工器具、主要施工机械、设备已报审；施工工器具合格标签完好。	一般违章（第 3 条）	
	7．作业人员严格执行“两穿一戴”。	一般违章（第 10 条）	
变更管理	1．工作负责人（作业负责人）长时间离开作业现场时，由原工作票签发人变更工作负责人。	恶性违章（第 1 条）	
	2．工作负责人（作业负责人）暂时离开作业现场时，指定能胜任的人员临时代替。	恶性违章（第 1 条）	
	3．专责监护人长时间离开作业现场时，由工作负责人变更专责监护人。	恶性违章（第 1 条）	
	4．专责监护人临时离开作业地点，已通知被监护人员停止作业或离开作业现场。	恶性违章（第 1 条）	

续表

督查项目	督查标准	违章性质	督查情况
变更管理	5．工作班人员变动准确登录，并按规定履行签字确认手续。	Ⅲ类严重违章（第 61 条）	
	6．原工作票的安全措施范围内增加工作任务时，按规定履行相关手续。	恶性违章（第 3 条）	
	7．原工作票增加工作任务需变更安全措施或增设安全措施时，填用新的工作票。	恶性违章（第 3 条）	
	8．施工方案变更按规定履行编审批手续。	Ⅲ类严重违章（第 73 条）	
督查人员：	离开现场时间：		

编号：DC-TYBF-11

网改施工作业通用标准督查卡

施工任务：	督查时间：		
督查项目	督查标准	违章性质	督查情况
现场勘察	1. 工作票（作业票）签发人或工作负责人按规定参加现场勘察。	Ⅲ类严重违章（第71条）	
	2. 按规定开展现场勘察，勘察记录中的关键内容、风险、措施与实际相符。	Ⅲ类严重违章（第71条）	
	3. 作业安全风险定级准确，未将三级及以上作业风险定级低于实际作业风险等级。	Ⅲ类严重违章（第47条）	
施工方案	1. 施工项目部按批次编制施工安全管理及风险控制方案，方案主要包括施工组织、通用的安全、质量及技术控制措施等内容。	Ⅲ类严重违章（第73条）	
	2. 施工项目部按单项工程编制单项工程施工方案，方案主要包括施工任务安排、针对作业现场高风险因素所采取的安全防控措施等内容。	Ⅲ类严重违章（第73条）	
	3. 单项施工方案由施工项目部相关人员编制、施工项目部安全技术负责人审核、施工项目部经理批准。	Ⅲ类严重违章（第73条）	
	4. 单项工程中存在的二级作业风险点及设计坑深大于等于5m的深基坑人工开挖的三级作业风险点，施工项目部应组织编制专项施工方案，方案主要包括特殊的、重要的安全防控措施等内容。	Ⅲ类严重违章（第73条）	
	5. 专项施工方案由施工项目部总工程师或者技术负责人组织人员编制；施工单位技术、质量、安全等部门审核、施工单位技术负责人批准、总监理工程师和业主项目部审核（超过一定规模的危险性较大的，还应组织专家论证、审查，由业主项目经理批准）。	Ⅲ类严重违章（第73条）	
工作票	1. 按规定填用施工作业票、工作票、动火工作票。	恶性违章（第2条）	
	2. 工作票（作业票）签发前的关键动词、时间未涂改，工作票中一般安全措施填写正确，与现场实际一致。	一般违章（第6条）	
	3. 施工作业票工作负责人、审核人、签发人具备资格。	Ⅱ类严重违章（第35条）	
	4. 工作票中应断（拉）开的开关、刀闸、熔断器，应解除的引流线（跳线）、应装设的接地线安装位置、编号、装拆时间等信息准确登录。	Ⅲ类严重违章（第81条）	
	5. 票面（包括作业票、工作票、分票、动火票等）中工作负责人、工作班人员签字等关键内容、关键措施正确完善，风险识别准确。	Ⅲ类严重违章（第61条）	

续表

督查项目	督查标准	违章性质	督查情况
工作票	6．电气工作票或施工作业票中按规定设置专责监护人且明确监护人员、地点、内容。	Ⅱ类严重违章（第35条）	
	7．现场使用的施工作业票（工作票）在有效工作日内且未失效。	Ⅰ类严重违章（第5条）	
三交三查	1．工作前组织安全交底、召开班前会，作业人员清楚工作任务、危险点、安全措施。	Ⅰ类严重违章（第6条）	
	2．使用的安全工器具未达到报废标准的或未超过有效检验期。	Ⅰ类严重违章（第4条）	
	3．无劳务单位提供安全工器具或机具。	Ⅲ类严重违章（第76条）	
	4．合同约定由承包单位负责采购的主要建筑材料、构配件及工程设备或租赁的施工机械设备，未由其他单位或个人采购、租赁。	Ⅱ类严重违章（第18条）	
	5．现场使用的安全工器具检验标签完好。	一般违章（第13条）	
	6．作业人员严格执行“两穿一戴”。	一般违章（第10条）	
变更管理	1．工作负责人（作业负责人）长时间离开作业现场时，由原工作票签发人变更工作负责人。	恶性违章（第1条）	
	2．工作负责人（作业负责人）暂时离开作业现场时，指定能胜任的人员临时代替。	恶性违章（第1条）	
	3．专责监护人长时间离开作业现场时，由工作负责人变更专责监护人。	恶性违章（第1条）	
	4．专责监护人临时离开作业地点，已通知被监护人员停止作业或离开作业现场。	恶性违章（第1条）	
	5．工作班人员变动准确登录，并按规定履行签字确认手续。	Ⅲ类严重违章（第61条）	
	6．原电气工作票的安全措施范围内增加工作任务时，按规定规范履行相关手续。	恶性违章（第3条）	
	7．原电气工作票增加工作任务需变更安全措施或增设安全措施时，填用新的工作票。	恶性违章（第3条）	
	8．施工方案变更按规定履行编审批手续。	Ⅲ类严重违章（第73条）	
督查人员：		离开现场时间：	

编号：DC-TYBF-12

营销作业通用标准督查卡

施工任务：	督查时间：		
督查项目	督查标准	违章性质	督查情况
现场勘察	1．工作票（作业票）签发人或工作负责人按规定参加现场勘察。	III类严重违章（第 71 条）	
	2．按规定开展现场勘察，勘察记录中的关键内容、风险、措施与实际相符。	III类严重违章（第 71 条）	
	3．作业安全风险定级准确，未将三级及以上作业风险定级低于实际作业风险等级。	III类严重违章（第 47 条）	
工作票	1．按规定使用工作票（作业票）、动火工作票、营销现场作业工作卡。	恶性违章（第 2 条）	
	2．工作票（作业票）签发前的关键动词、时间未涂改， 工作票中一般安全措施填写正确，与现场实际一致。	一般违章（第 6 条）	
	3．工作票中应断（拉）开的开关、刀闸、熔断器，应解除的引流线（跳线）、应装设的接地线安装位置、编号、装拆时间等信息准确登录。	III类严重违章（第 81 条）	
	4．票面（包括作业票、工作票、分票、动火票、工作卡等）中工作负责人、工作班人员签字等关键内容、关键措施正确完善，风险识别准确。	III类严重违章（第 61 条）	
	5．工作票中按规定设置专责监护人且明确监护人员、地点、内容。	II类严重违章（第 35 条）	
	6．现场使用的工作票（作业票）在有效工作日内且未失效。	I类严重违章（第 5 条）	
三交三查	1．工作前组织安全交底、召开班前会，作业人员清楚工作任务、危险点、安全措施。	I类严重违章（第 6 条）	
	2．使用的安全工器具未达到报废标准的或未超过有效检验期。	I类严重违章（第 4 条）	
	3．无劳务单位提供安全工器具。	III类严重违章（第 76 条）	
	4．合同约定由承包单位负责采购的主要建筑材料、构配件及工程设备或租赁的施工机械设备，未由其他单位或个人采购、租赁。	II类严重违章（第 18 条）	
	5．现场使用的安全工器具检验标签完好。	一般违章（第 13 条）	
	6．作业人员严格执行“两穿一戴”。	一般违章（第 10 条）	

续表

督查项目	督查标准	违章性质	督查情况
变更管理	1．工作负责人（作业负责人）长时间离开作业现场时，由原工作票签发人变更工作负责人。	恶性违章（第 1 条）	
	2．工作负责人（作业负责人）暂时离开作业现场时，指定能胜任的人员临时代替。	恶性违章（第 1 条）	
	3．专责监护人长时间离开作业现场时，由工作负责人变更专责监护人。	恶性违章（第 1 条）	
	4．专责监护人临时离开作业地点，已通知被监护人员停止作业或离开作业现场。	恶性违章（第 1 条）	
	5．工作班人员变动准确登录，并按规定履行签字确认手续。	Ⅲ类严重违章（第 61 条）	
	6．原工作票的安全措施范围内增加工作任务时，按规定规范履行相关手续。	恶性违章（第 3 条）	
	7．原工作票增加工作任务需变更安全措施或增设安全措施时填用新的工作票。	恶性违章（第 3 条）	
	8．施工（作业）方案变更按规定履行编审批手续。	Ⅲ类严重违章（第 73 条）	
督查人员：	离开现场时间：		

编号：DC-TYBF-13

信息系统作业通用标准督查卡

作业任务：	督查时间：		
督查项目	督查标准	违章性质	督查情况
现场勘察	1．工作票（作业票）签发人或工作负责人按规定参加现场勘察。	Ⅲ类严重违章（第 71 条）	
	2．按规定开展现场勘察，勘察记录中的关键内容、风险、措施与实际相符。	Ⅲ类严重违章（第 71 条）	
	3．作业安全风险定级准确，未将三级及以上作业风险定级低于实际作业风险等级。	Ⅲ类严重违章（第 47 条）	
工作票	1．在信息系统上工作按规定使用工作票、工作任务单。	恶性违章（第 2 条）	
	2．工作票（作业票）签发前的关键动词、时间未涂改，工作票中一般安全措施填写正确，与现场实际一致。	一般违章（第 6 条）	
	3．工作票（工作任务单）中应执行的授权、备份、验证等关键措施填写正确完备，风险识别准确，工作负责人、工作班人员签字齐全。	Ⅲ类严重违章（第 61 条）	
	4．现场使用的工作票（作业票）在有效工作日内且未失效。	Ⅰ类严重违章（第 5 条）	
	5．工作票（作业票）中按规定设置专责监护人且明确监护人员、地点、内容。	Ⅱ类严重违章（第 35 条）	
三交三查	1．作前组织安全交底、召开班前会，作业人员清楚工作任务、危险点、安全措施。	Ⅰ类严重违章（第 6 条）	
	2．使用的安全工器具未达到报废标准的或未超过有效检验期。	Ⅰ类严重违章（第 4 条）	
	3．无劳务单位提供安全工器具。	Ⅲ类严重违章（第 76 条）	
	4．合同约定由承包单位负责采购的主要建筑材料、构配件及工程设备或租赁的施工机械设备，未由其他单位或个人采购、租赁。	Ⅱ类严重违章（第 18 条）	
	5．现场使用的安全工器具检验标签完好。	一般违章（第 13 条）	
	6．作业人员进入现场按规定执行“两穿一戴”要求。	一般违章（第 10 条）	
变更管理	1．工作负责人（作业负责人）长时间离开作业现场时，由原工作票签发人变更工作负责人。	恶性违章（第 1 条）	

续表

督查项目	督查标准	违章性质	督查情况
变更管理	2．工作负责人（作业负责人）暂时离开作业现场时，指定能胜任的人员临时代替。	恶性违章（第 1 条）	
	3．专责监护人长时间离开作业现场时，由工作负责人变更专责监护人。	恶性违章（第 1 条）	
	4．专责监护人临时离开作业地点，已通知被监护人员停止作业或离开作业现场。	恶性违章（第 1 条）	
	5．工作班人员变动准确登录，并按规定履行签字确认手续。	Ⅲ类严重违章（第 61 条）	
	6．原工作票的安全措施范围内增加工作任务时规范履行相关手续。	恶性违章（第 3 条）	
	7．原工作票增加工作任务需变更或增设安全措施时，填用新的工作票。	恶性违章（第 3 条）	
	8．施工（作业）方案变更按规定履行编审批手续。	Ⅲ类严重违章（第 73 条）	
督查人员：	离开现场时间：		

编号：DC-TYBF-14

电力通信作业通用标准督查卡

作业任务：	督查时间：		
督查项目	督查标准	违章性质	督查情况
现场勘察	1．工作票（作业票）签发人或工作负责人按规定参加现场勘察。	Ⅲ类严重违章（第71条）	
	2．按规定开展现场勘察，勘察记录中的关键内容、风险、措施与实际相符。	Ⅲ类严重违章（第71条）	
	3．作业安全风险定级准确，未将三级及以上作业风险定级低于实际作业风险等级。	Ⅲ类严重违章（第47条）	
工作票	1．在电力通信系统上工作按规定填用工作票。	恶性违章（第2条）	
	2．工作票（作业票）签发前的关键动词、时间未涂改，工作票中一般安全措施填写正确，与现场实际一致。	一般违章（第6条）	
	3．电力通信工作票中应执行的授权、验证等关键措施填写正确完备，风险识别准确，工作负责人、工作班人员签字齐全。	Ⅲ类严重违章（第61条）	
	4．现场使用的工作票（作业票）在有效工作日内且未失效。	Ⅰ类严重违章（第5条）	
	5．工作票（作业票）中按规定设置专责监护人且明确监护人员、地点、内容。	Ⅱ类严重违章（第35条）	
三交三查	1．工作前组织安全交底、召开班前会，作业人员清楚工作任务、危险点、安全措施。	Ⅰ类严重违章（第6条）	
	2．使用的安全工器具未达到报废标准的或未超过有效检验期。	Ⅰ类严重违章（第4条）	
	3．无劳务单位提供安全工器具。	Ⅲ类严重违章（第76条）	
	4．合同约定由承包单位负责采购的主要建筑材料、构配件及工程设备或租赁的施工机械设备，未由其他单位或个人采购、租赁。	Ⅱ类严重违章（第18条）	
	5．现场使用的安全工器具检验标签完好。	一般违章（第13条）	
	6．作业人员进入现场按规定执行“两穿一戴”要求。	一般违章（第10条）	
变更管理	1．工作负责人（作业负责人）长时间离开作业现场时，由原工作票签发人变更工作负责人。	恶性违章（第1条）	

续表

督查项目	督查标准	违章性质	督查情况
变更管理	2．工作负责人（作业负责人）暂时离开作业现场时，指定能胜任的人员临时代替。	恶性违章（第 1 条）	
	3．专责监护人长时间离开作业现场时，由工作负责人变更专责监护人。	恶性违章（第 1 条）	
	4．专责监护人临时离开作业地点，已通知被监护人员停止作业或离开作业现场。	恶性违章（第 1 条）	
	5．工作班人员变动准确登录，并按规定履行签字确认手续。	Ⅲ类严重违章（第 61 条）	
	6．原工作票的安全措施范围内增加工作任务时规范履行相关手续。	恶性违章（第 3 条）	
	7．原工作票增加工作任务需变更或增设安全措施时填用新的工作票。	恶性违章（第 3 条）	
	8．施工（作业）方案变更按规定履行编审批手续。	Ⅲ类严重违章（第 73 条）	
督查人员：	离开现场时间：		

编号：DC-TYBF-15

电力监控系统作业通用标准督查卡

作业任务：	督查时间：		
督查项目	督查标准	违章性质	督查情况
现场勘察	1．工作票（作业票）签发人或工作负责人按规定参加现场勘察。	Ⅲ类严重违章（第 71 条）	
	2．按规定开展现场勘察，勘察记录中的关键内容、风险、措施与实际相符。	Ⅲ类严重违章（第 71 条）	
	3．作业安全风险定级准确，未将三级及以上作业风险定级低于实际作业风险等级。	Ⅲ类严重违章（第 47 条）	
工作票	1．在电力监控系统上工作按规定填用工作票。	恶性违章（第 2 条）	
	2．工作票签发前的关键动词、时间未涂改，工作票中一般安全措施填写正确，与现场实际一致。	一般违章（第 6 条）	
	3．电力监控工作票中应执行的授权、备份、验证等关键措施填写正确完备，风险识别准确，工作负责人、工作班人员签字齐全。	Ⅲ类严重违章（第 61 条）	
	4．现场使用的工作票在有效工作日内且未失效。	Ⅰ类严重违章（第 5 条）	
	5．工作票中按规定设置专责监护人且明确监护人员、地点、内容。	Ⅱ类严重违章（第 35 条）	
三交三查	1．工作前组织安全交底、召开班前会，作业人员清楚工作任务、危险点、安全措施。	Ⅰ类严重违章（第 6 条）	
	2．使用的安全工器具未达到报废标准的或未超过有效检验期。	Ⅰ类严重违章（第 4 条）	
	3．无劳务单位提供安全工器具。	Ⅲ类严重违章（第 76 条）	
	4．合同约定由承包单位负责采购的主要建筑材料、构配件及工程设备或租赁的施工机械设备，未由其他单位或个人采购、租赁。	Ⅱ类严重违章（第 18 条）	
	5．现场使用的安全工器具检验标签完好。	一般违章（第 13 条）	
	6．作业人员进入现场按规定执行“两穿一戴”要求。	一般违章（第 10 条）	
变更管理	1．工作负责人（作业负责人）长时间离开作业现场时，由原工作票签发人变更工作负责人。	恶性违章（第 1 条）	

续表

督查项目	督查标准	违章性质	督查情况
变更管理	2．工作负责人（作业负责人）暂时离开作业现场时，指定能胜任的人员临时代替。	恶性违章（第1条）	
	3．专责监护人长时间离开作业现场时，由工作负责人变更专责监护人。	恶性违章（第1条）	
	4．专责监护人临时离开作业地点，已通知被监护人员停止作业或离开作业现场。	恶性违章（第1条）	
	5．工作班人员变动准确登录，并按规定履行签字确认手续。	III类严重违章（第61条）	
	6．原工作票的安全措施范围内增加工作任务时规范履行相关手续。	恶性违章（第3条）	
	7．原工作票增加工作任务需变更或增设安全措施时填用新的工作票。	恶性违章（第3条）	
督查人员：		离开现场时间：	

编号：DC-TYBF-16

倒闸操作通用督查卡

作业任务：	督查时间：		
督查项目	督查标准	违章性质	督查情况
风险定级	1．操作风险定级未低于实际操作风险。	Ⅲ类严重违章（第 47 条）	
	2．Ⅰ、Ⅱ级操作风险逐级报送县公司级和地市公司级单位设备管理部门审批，批准后报省公司设备管理部和生产指挥管控中心备案。	Ⅲ类严重违章（第 73 条）	
	3．Ⅲ级及以下操作风险报送县公司级单位设备管理部门审批，批准后报地市公司级单位设备管理部门和生产指挥管控中心备案。	一般问题	
现场勘察	1．Ⅰ、Ⅱ级操作风险，县公司级单位技术管理人员和变电运维班组负责人开展现场勘察，必要时选派检修、保护等专业技术人员参与。勘察人员规范填写勘察记录。	Ⅲ类严重违章（第 71 条）	
	2．Ⅲ级及以下操作风险，装拆接地线应开展现场勘察，明确挂接位置和挂接方式；非典型操作必要时由变电运维班组安排四星及以上工作负责人开展现场勘察。	一般问题	
操作方案	1．Ⅰ级操作风险，变电运维班组编制倒闸操作实施方案，县公司级单位分管负责人批准。	Ⅲ类严重违章（第 73 条）	
	2．Ⅱ级操作风险，变电运维班组编制倒闸操作实施方案，县公司级单位设备管理部门分管负责人批准。	Ⅲ类严重违章（第 73 条）	
风险预控卡	1．Ⅰ级操作风险，第二监护人编制风险预控卡，县公司级单位分管负责人批准。	Ⅲ类严重违章（第 73 条）	
	2．Ⅱ级操作风险，第二监护人编制风险预控卡，县公司级单位设备管理部门分管负责人批准。	Ⅲ类严重违章（第 73 条）	
	3．Ⅲ级及以下操作风险，第二监护人编制风险预控卡，班组负责人审批（拉合单一断路器的Ⅴ级操作风险可不编制风险预控卡）。	Ⅲ类严重违章（第 73 条）	
倒闸操作票	1．操作人根据值班调控人员或运维负责人的指令填写倒闸操作票。	恶性违章（第 2 条）	
	2．顺控（程序）操作中断后，转为常规操作，应根据调度命令按常规操作要求重新填写操作票。	恶性违章（第 2 条）	
	3．操作人、监护人、第二监护人为县公司级单位设备管理部门行文发布人员名单。	Ⅱ类严重违章（第 35 条）	
	4．Ⅰ、Ⅱ级操作风险操作人由四星及以上工作负责人担任，监护人由四星及以上工作负责人担任，第二监护人由县公司级单位技术管理人员担任。	Ⅱ类严重违章（第 35 条）	

续表

督查项目	督查标准	违章性质	督查情况
倒闸操作票	5．Ⅲ级操作风险操作人由三星及以上工作负责人担任，监护人由四星及以上工作负责人担任，第二监护人由班组负责人担任。	Ⅱ类严重违章（第35条）	
	6．Ⅳ级操作风险操作人由二星及以上工作负责人担任，监护人由三星及以上工作负责人担任，第二监护人由四星级及以上工作负责人担任。	Ⅱ类严重违章（第35条）	
	7．Ⅴ级操作风险，操作人由二星及以上工作负责人担任，监护人、第二监护人由三星及以上工作负责人担任。	Ⅱ类严重违章（第35条）	
	8．Ⅰ、Ⅱ级操作风险，倒闸操作票由监护人、第二监护人、班组负责人共同审核，县公司级单位负责人批准。	Ⅱ类严重违章（第35条）	
	9．Ⅲ级及以下操作风险，倒闸操作票由监护人、第二监护人共同审核，班组负责人审批。	Ⅱ类严重违章（第35条）	
	10．操作时逐项打“√”确认。	Ⅲ类严重违章（第61条）	
三交三查	1．工作前组织安全交底、召开班前会，操作人员清楚工作任务、危险点。	Ⅰ类严重违章（第6条）	
	2．验电器、接地线、高压绝缘手套、绝缘靴、安全带符合使用标准且在检验周期内。	Ⅰ类严重违章（第4条）	
	3．现场使用的安全工器具检验标签完好。	一般违章（第13条）	
	4．作业人员严格执行“两穿一戴”。	一般违章（第10条）	
	5．操作人、监护人、第二监护人在倒闸操作票正确履行签字手续。	Ⅲ类严重违章（第61条）	
督查人员：	离开现场时间：		

二、专业部分

（一）输电运检

1. 线路检修

1.1 停电线路检修

编号：DC-SDYJ-01

停电线路清扫、登杆常规检查作业标准督查卡

工作任务：		督查时间：	
督查项目	督查标准	违章性质	督查情况
安全措施	1．按规定得到设备运维单位的许可进场作业。	Ⅰ类严重违章（第5条）	
	2．作业点在接地保护范围内。	恶性违章（第4条）	
	3．平行或邻近带电线路设备，按规定采取使用个人保安线等防感应电措施。	恶性违章（第20条）	
关键事项	1．登杆作业杆塔根部、基础和拉线夯实牢固。	恶性违章（第17条）	
	2．高处作业、攀登或转移作业位置时正确使用安全带、后备保护绳、速差器等防高坠用品，全程不失去保护。	恶性违章（第5条）	
	3．高处作业人员不随手上下抛掷工具、材料等物件。	一般违章（第16条）	
	4．同杆塔架设的多回线路中部分线路停电或直流线路中单极线路停电检修时，不得进入带电侧横担。	恶性违章（第19条）	
督查人签名：		离开现场时间：	

编号：DC-SDYJ-02

停电更换绝缘子、线夹作业标准督查卡

工作任务：	督查时间：		
督查项目	督查标准	违章性质	督查情况
安全措施	1．按规定得到设备运维单位的许可进场作业。	I类严重违章（第5条）	
	2．作业点在接地保护范围内。	恶性违章（第4条）	
	3．平行或邻近带电线路设备，按规定采取使用个人保安线等防感应电措施。	恶性违章（第20条）	
	4．邻近或交叉跨越带电线路设备时，机械设备本体、机动绞磨等接地牢固可靠。	一般违章（第23条）	
	5．起吊作业时按规定设置区域警示围栏。	II类严重违章（第36条）	
关键事项	1．登杆作业杆塔根部、基础和拉线夯实牢固。	恶性违章（第17条）	
	2．高处作业、攀登或转移作业位置时正确使用安全带、后备保护绳、速差器等防高坠用品，全程不失去保护。	恶性违章（第5条）	
	3．高处作业人员不随手上下抛掷工具、材料等物件。	一般违章（第16条）	
	4．同杆塔架设的多回线路中部分线路停电或直流线路中单极线路停电检修，作业人员、工器具物件与带电导线最小距离不小于《安规（线路部分）》表3规定的安全距离。	恶性违章（第8条）	
	5．同杆塔架设的多回线路中部分线路停电或直流线路中单极线路停电检修时，不得进入带电侧的横担。	恶性违章（第19条）	
	6．未使用金具U型环代替卸扣；未使用普通材料的螺栓取代卸扣销轴。	III类严重违章（第63条）	
	7．起吊装置工作负荷不得超铭牌规定使用。	I类严重违章（第9条）	
	8．在起吊过程中，受力钢丝绳的周围、上下方、转向滑车内角侧和起吊物下方，无人逗留和通过。	II类严重违章（第38条）	
	9．重要跨越（二级作业风险）导、地线高空锚线设置二道保护。	恶性违章（第16条）	
	10．导、地线高空锚线设置二道保护。	II类严重违章（第36条）	
	11．平衡挂线时，同一相邻耐张段的同相导线上未进行其他作业。	III类严重违章（第59条）	

续表

督查项目	督查标准	违章性质	督查情况
关键事项	12．按规定使用安全绝缘工具和安全防护用具。	一般违章（第 12 条）	
	13．机动绞磨磨绳缠绕不少于 5 圈，拉磨尾绳不少于 2 人。	一般违章（第 14 条）	
	14．卸扣未横向受力、钢丝绳套与角钢接触应设置软物包垫；手扳葫芦长期锚固后尾链应与手柄缠绕；锦纶绳、吊装带无破损；钢丝绳套插接长度满足要求。	一般违章（第 14 条）	
督查人签名：	离开现场时间：		

编号：DC-SDYJ-03

停电修补断股导地线、更换防振锤、间隔棒作业标准督查卡

工作任务：		督查时间：	
督查项目	督查标准	违章性质	督查情况
安全措施	1．按规定得到设备运维单位的许可进场作业。	Ⅰ类严重违章（第5条）	
	2．作业点在接地保护范围内。	恶性违章（第4条）	
	3．平行或邻近带电线路设备，按规定采取使用个人保安线等防感应电措施。	恶性违章（第20条）	
关键事项	1．登杆作业杆塔根部、基础和拉线牢固。	恶性违章（第17条）	
	2．高处作业、攀登或转移作业位置时正确使用安全带、后备保护绳、速差器等防高坠用品，全程不失去保护。	恶性违章（第5条）	
	3．高处作业人员不随手上下抛掷工具、材料等物件。	一般违章（第16条）	
	4．同杆塔架设的多回线路中部分线路停电或直流线路中单极线路停电时，作业人员、工器具物件与带电导线最小距离不小于《安规（线路部分）》表3。	恶性违章（第8条）	
	5．邻近或交叉其他电力线路，工作时人员和工器具与另一回线路安全距离不小于《安规（线路部分）》表4。	恶性违章（第8条）	
	6．同杆塔架设的多回线路中部分线路停电或直流线路中单极线路停电时，不得进入带电侧的横担。	恶性违章（第19条）	
	7．按规定使用安全绝缘工具和安全防护用具。	一般违章（第12条）	
督查人签名：		离开现场时间：	

编号：DC-SDYJ-04

停电调整架空线路导地线弧垂作业标准督查卡

工作任务：	督查时间：		
督查项目	督查标准	违章性质	督查情况
安全措施	1．按规定得到设备运维单位的许可进场作业。	I 类严重违章（第 5 条）	
	2．作业点在接地保护范围内。	恶性违章（第 4 条）	
	3．平行或邻近带电线路设备，按规定采取使用个人保安线等防感应电措施。	恶性违章（第 20 条）	
	4．邻近或交叉跨越带电设备时机械设备本体、机动绞磨已接地牢固可靠。	一般违章（第 23 条）	
关键事项	1．登杆作业杆塔根部、基础和拉线牢固。	恶性违章（第 17 条）	
	2．高处作业、攀登或转移作业位置时正确使用安全带、后备保护绳、速差器等防高坠用品，全程不失去保护。	恶性违章（第 5 条）	
	3．高处作业人员不随手上下抛掷工具、材料等物件。	一般违章（第 16 条）	
	4．同杆塔架设的多回线路中部分线路停电或直流线路中单极线路停电时，作业人员、工器具物件与带电导线最小距离不小于《安规（线路部分）》表 3。	恶性违章（第 8 条）	
	5．在交叉档内工作过程中，导、地线或牵引绳与带电导线安全距离不小于《安规（线路部分）》表 4。	恶性违章（第 8 条）	
	6．同杆塔架设的多回线路中部分线路停电或直流线路中单极线路停电检修时，不得进入带电侧的横担。	恶性违章（第 19 条）	
	7．重要跨越（二级作业风险）导、地线高空锚线设置二道保护。	恶性违章（第 16 条）	
	8．导、地线高空锚线设置二道保护。	II 类严重违章（第 36 条）	
	9．吊索具工作负荷不得超铭牌规定使用。	I 类严重违章（第 9 条）	
	10．在起吊过程中，受力钢丝绳的周围、上下方、转向滑车内角侧和起吊物下方，无人逗留和通过。	II 类严重违章（第 38 条）	
	11．平衡挂线时，同一相邻耐张段的同相导线上未进行其他作业。	III类严重违章（第 59 条）	
	12．未使用金具 U 型环代替卸扣；未使用普通材料的螺栓取代卸扣销轴。	III类严重违章（第 63 条）	

续表

督查项目	督查标准	违章性质	督查情况
关键事项	13．起重吊钩防止脱钩保险装置完好。	Ⅲ类严重违章（第 84 条）	
	14．按规定使用安全绝缘工具和安全防护用具，如玻璃绝缘子佩戴防护眼镜。	一般违章（第 12 条）	
	15．机动绞磨磨绳缠绕不少于 5 圈，拉磨尾绳不少于 2 人。	一般违章（第 14 条）	
	16．卸扣未横向受力、钢丝绳套与角钢接触应设置软物包垫；手扳葫芦长期锚固后尾链应与手柄缠绕；锦纶绳、吊装带无破损；钢丝绳套插接长度满足要求。	一般违章（第 14 条）	
督查人签名：	离开现场时间：		

编号：DC-SDYJ-05

停电更换拉线作业标准督查卡

工作任务：		督查时间：	
督查项目	督查标准	违章性质	督查情况
安全措施	1．按规定得到设备运维单位的许可进场作业。	Ⅰ类严重违章（第 5 条）	
	2．作业点在接地保护范围内。	恶性违章（第 4 条）	
关键事项	1．拉线、地锚投入使用前，受力情况经过计算校核且与实际相符。	Ⅱ类严重违章（第 20 条）	
	2．拉线、地锚投入使用前，验收合格。	Ⅱ类严重违章（第 21 条）	
	3．杆塔上有人时，不准调整或拆除拉线。	恶性违章（第 17 条）	
	4．登杆作业杆塔根部、基础和拉线牢固。	恶性违章（第 17 条）	
	5．高处作业、攀登或转移作业位置时正确使用安全带、后备保护绳、速差器等防高坠用品，全程不失去保护。	恶性违章（第 5 条）	
	6．高处作业人员不随手上下抛掷工具、材料等物件。	一般违章（第 16 条）	
督查人签名：		离开现场时间：	

编号：DC-SDYJ-06

停电绝缘子喷涂 PRTV 涂料作业标准督查卡

工作任务：	督查时间：		
督查项目	督查标准	违章性质	督查情况
安全措施	1．按规定得到设备运维单位的许可进场作业。	Ⅰ类严重违章（第 5 条）	
	2．作业点在接地保护范围内。	恶性违章（第 4 条）	
	3．平行或邻近带电线路设备，按规定采取使用个人保安线等防感应电措施。	恶性违章（第 20 条）	
关键事项	1．登杆作业杆塔根部、基础和拉线牢固。	恶性违章（第 17 条）	
	2．高处作业、攀登或转移作业位置时正确使用安全带、后备保护绳、速差器等防高坠用品，全程不失去保护。	恶性违章（第 5 条）	
	3．同杆塔架设的多回线路中部分线路停电或直流线路中单极线路停电，作业人员、工器具物件与带电导线最小距离不小于《安规（线路部分）》表 3。	恶性违章（第 8 条）	
	4．同杆塔架设的多回线路中部分线路停电或直流线路中单极线路停电检修时，不得进入带电侧的横担。	恶性违章（第 19 条）	
	5．高处作业人员不随手上下抛掷工具、材料等物件。	一般违章（第 16 条）	
督查人签名：	离开现场时间：		

1.2 运行线路检修

编号：DC-SDYJ-07

拆除杆塔上鸟巢、螺栓紧固、在线监测装置作业标准督查卡

工作任务：		督查时间：	
督查项目	督查标准	违章性质	督查情况
安全措施	按规定得到设备运维单位的许可进场作业。	Ⅰ类严重违章（第5条）	
关键事项	1．登杆作业杆塔根部、基础和拉线牢固。	恶性违章（第17条）	
	2．高处作业、攀登或转移作业位置时正确使用安全带、后备保护绳、速差器等防高坠用品，全程不失去保护。	恶性违章（第5条）	
	3．作业人员、工器具物件与带电导线最小距离不小于《安规（线路部分）》表3。	恶性违章（第8条）	
	4．高处作业人员不随手上下抛掷工具、材料等物件。	一般违章（第16条）	
	5．按规定使用安全绝缘工具和安全防护用具。	一般违章（第12条）	
督查人签名：		离开现场时间：	

编号：DC-SDYJ-08

杆塔防腐作业标准督查卡

工作任务：	督查时间：		
督查项目	督查标准	违章性质	督查情况
安全措施	按规定得到设备运维单位的许可进场作业。	I 类严重违章（第 5 条）	
关键事项	1. 登杆作业杆塔根部、基础和拉线牢固。	恶性违章（第 17 条）	
	2. 高处作业、攀登或转移作业位置时正确使用安全带、后备保护绳、速差器等防高坠用品，全程不失去保护。	恶性违章（第 5 条）	
	3. 作业人员、工器具物件与带电导线最小距离不小于《安规（线路部分）》表 3。	恶性违章（第 8 条）	
	4. 高处作业人员不随手上下抛掷工具、材料等物件。	一般违章（第 16 条）	
	5. 按规定使用安全绝缘工具和安全防护用具。	一般违章（第 12 条）	
督查人签名：	离开现场时间：		

编号：DC-SDYJ-09

杆塔补装塔材作业标准督查卡

工作任务：		督查时间：	
督查项目	督查标准	违章性质	督查情况
安全措施	按规定得到设备运维单位的许可进场作业。	Ⅰ类严重违章（第5条）	
关键事项	1．登杆作业杆塔根部、基础和拉线牢固。	恶性违章（第17条）	
	2．高处作业、攀登或转移作业位置时正确使用安全带、后备保护绳、速差器等防高坠用品，全程不失去保护。	恶性违章（第5条）	
	3．作业人员、工器具物件与带电导线最小距离不小于《安规（线路部分）》表3。	恶性违章（第8条）	
	4．高处作业人员不随手上下抛掷工具、材料等物件。	一般违章（第16条）	
	5．按规定使用安全绝缘工具和安全防护用具。	一般违章（第12条）	
督查人签名：		离开现场时间：	

编号：DC-SDYJ-10

更换地线防振锤、补断股地线作业标准督查卡

工作任务：	督查时间：		
督查项目	督查标准	违章性质	督查情况
安全措施	1．按规定得到设备运维单位的许可进场作业。	Ⅰ类严重违章（第 5 条）	
	2．在绝缘架空地线上作业时，采用接地线或个人保安线将其可靠接地或采用等电位方式进行。	恶性违章（第 20 条）	
关键事项	1．登杆作业杆塔根部、基础和拉线牢固。	恶性违章（第 17 条）	
	2．高处作业、攀登或转移作业位置时正确使用安全带、后备保护绳、围杆带或单钩双环、速差器等防高坠用品，全程不失去保护。	恶性违章（第 5 条）	
	3．作业人员、工器具物件与带电导线最小距离不小于《安规（线路部分）》表 3。	恶性违章（第 8 条）	
	4．高处作业人员不随手上下抛掷工具、材料等物件。	一般违章（第 16 条）	
	5．按规定使用安全绝缘工具和安全防护用具。	一般违章（第 12 条）	
督查人签名：	离开现场时间：		

编号：DC-SDYJ-11

更换杆塔拉线作业标准督查卡

工作任务：	督查时间：		
督查项目	督查标准	违章性质	督查情况
安全措施	按规定得到设备运维单位的许可进场作业。	Ⅰ类严重违章（第 5 条）	
关键事项	1．拉线、地锚投入使用前，受力情况经过计算校核且与实际相符。	Ⅱ类严重违章（第 20 条）	
	2．拉线、地锚投入使用前，验收合格。	Ⅱ类严重违章（第 21 条）	
	3．登杆作业杆塔根部、基础和拉线牢固。	恶性违章（第 17 条）	
	4．高处作业、攀登或转移作业位置时正确使用安全带、后备保护绳、速差器等防高坠用品，全程不失去保护。	恶性违章（第 5 条）	
	5．杆塔上有人时，不准调整或拆除拉线。	恶性违章（第 17 条）	
	6．作业人员、工器具物件与带电导线最小距离不小于《安规（线路部分）》表 3。	恶性违章（第 8 条）	
	7．高处作业人员不随手上下抛掷工具、材料等物件。	一般违章（第 16 条）	
	8．按规定使用安全绝缘工具和安全防护用具。	一般违章（第 12 条）	
督查人签名：	离开现场时间：		

1.3 通道清理作业

编号：DC-SDYJ-12

不停电通道清理标准督查卡

工作任务：		督查时间：	
督查项目	督查标准	违章性质	督查情况
安全措施	1．按规定得到设备运维单位的许可进场作业。	Ⅰ类严重违章（第5条）	
	2．需要停用重合闸或直流线路再启动功能的带电作业由值班调控人员履行许可手续。	Ⅰ类严重违章（第5条）	
	3．未采取约时方式停用或恢复重合闸或直流线路再启动功能。	恶性违章（第7条）	
关键事项	1．高处作业、攀登或转移作业位置时不失去保护。	恶性违章（第5条）	
	2．安全带未系在待砍剪树枝的断口附近或以上。未攀登已经锯过或砍过的未断树木。	恶性违章（第5条）	
	3．作业人员、工器具物件与带电导线最小距离不小于《安规（线路部分）》表4。	恶性违章（第5条）	
	4．高处作业人员不随手上下抛掷工具、材料等物件。	一般违章（第16条）	
	5．风力超过5级时，未砍剪高出或接近带电线路的树木。	Ⅱ类严重违章（第36条）	
	6．为防止树木（树枝）倒落在线路上，应使用绝缘绳索将其拉向与线路相反的方向。	Ⅱ类严重违章（第36条）	
督查人签名：		离开现场时间：	

编号：DC-SDYJ-13

停电通道清理标准督查卡

工作任务：		督查时间：	
督查项目	督查标准	违章性质	督查情况
安全措施	1．按规定得到设备运维单位的许可进场作业。	Ⅰ类严重违章（第 5 条）	
	2．作业地点在接地保护范围内。	恶性违章（第 4 条）	
关键事项	1．高处作业、攀登或转移作业位置时不失去保护。	恶性违章（第 5 条）	
	2．安全带未系在待砍剪树枝的断口附近或以上。未攀登已经锯过或砍过的未断树木。	恶性违章（第 5 条）	
	3．高处作业人员不随手上下抛掷工具、材料等物件。	一般违章（第 16 条）	
督查人签名：		离开现场时间：	

2. 等电位作业

编号：DC-SDYJ-14

带电更换整（单片）串绝缘子、线夹作业标准督查卡

工作任务：		督查时间：	
督查项目	督查标准	违章性质	督查情况
安全措施	1．按规定得到设备运维单位的许可进场作业。	Ⅰ类严重违章（第5条）	
	2．未采取约时方式停用或恢复重合闸或直流线路再启动功能。	恶性违章（第7条）	
	3．需要停用重合闸或直流线路再启动功能的带电作业由值班调控人员履行许可手续。	Ⅰ类严重违章（第5条）	
	4．起吊使用绝缘无极绳索上下传递，长件物品接地后方可触摸。	一般违章（第12条）	
关键事项	1．重要工序、关键环节作业按施工方案或规定程序开展作业；例如带电作业环境满足规定要求（风力不大于5级、湿度不大于80%）。	Ⅱ类严重违章（第36条）	
	2．登杆作业杆塔根部、基础和拉线牢固。	恶性违章（第17条）	
	3．高处作业、攀登或转移作业位置时正确使用安全带、后备保护绳、速差器等防高坠用品，全程不失去保护。	恶性违章（第5条）	
	4．等电位作业人员穿合格的全套屏蔽服，对接地体的距离应不小于《安规（线路部分）》表5的规定，对相邻导线的距离应不小于表8的规定。其组合间隙不准小于表9的规定。若不满足表9的规定，加装保护间隙。	恶性违章（第8条）	
	5．重要跨越（二级作业风险）导、地线高空锚线设置二道保护。	恶性违章（第16条）	
	6．导、地线高空锚线设置二道保护。	Ⅱ类严重违章（第36条）	
	7．高处作业人员不随手上下抛掷工具、材料等物件。	一般违章（第16条）	
督查人签名：		离开现场时间：	

编号：DC-SDYJ-15

等电位修补断股导线、更换导线防振锤、间隔棒、耐张接点螺栓更换、安装在线监测标准督查卡

工作任务：	督查时间：		
督查项目	督查标准	违章性质	督查情况
安全措施	1．按规定得到设备运维单位的许可进场作业。	Ⅰ类严重违章（第5条）	
	2．未采取约时方式停用或恢复重合闸或直流线路再启动功能。	恶性违章（第7条）	
	3．需要停用重合闸或直流线路再启动功能的带电作业由值班调控人员履行许可手续。	Ⅰ类严重违章（第5条）	
关键事项	1．重要工序、关键环节作业按施工方案或规定程序开展作业；例如带电作业环境满足规定要求（风力不大于5级、湿度不大于80%）。	Ⅱ类严重违章（第36条）	
	2．登杆作业杆塔根部、基础和拉线牢固。	恶性违章（第17条）	
	3．高处作业、攀登或转移作业位置时正确使用安全带、后备保护绳、速差器等防高坠用品，全程不失去保护。	恶性违章（第5条）	
	4．等电位作业人员穿合格的全套屏蔽服，对接地体的距离应不小于《安规（线路部分）》表5的规定，对相邻导线的距离应不小于表8的规定。其组合间隙不准小于表9的规定。若不满足表9的规定，加装保护间隙。	恶性违章（第8条）	
	5．起吊使用绝缘无极绳索上下传递，长件物品接地后方可触摸。	一般违章（第12条）	
督查人签名：	离开现场时间：		

3. 技改大修、“三跨”改造作业

3.1 基础施工

编号：DC-SDYJ-16

桩基基础（冲击钻、旋挖钻、循环钻）标准督查卡

工作任务：	督查时间：		
督查项目	督查标准	违章性质	督查情况
安全措施	1．按规定得到设备运维单位的许可进场作业（大型施工机械的作业点距离输电线路边线 30m 以内时，由设备运维单位进行许可）。	Ⅰ类严重违章（第 5 条）	
	2．配合停电线路在工作点附近装设的接地线牢固可靠。	Ⅰ类严重违章（第 7 条）	
	3．邻近带电设备时，吊车、机械设备本体接地牢固可靠。	一般违章（第 23 条）	
	4．发电机、配电箱及桩机等用电设备外壳接地牢固可靠。	一般违章（第 22 条）	
	5．起吊作业时，作业区域设置警示围栏。	Ⅱ类严重违章（第 36 条）	
关键事项	1．关键事项、关键环节作业按施工方案或规定程序开展作业。	Ⅱ类严重违章（第 36 条）	
	2．吊车、挖机与邻近带电线路安全距离不小于《安规（线路部分）》表 19。	恶性违章（第 8 条）	
	3．有限空间作业，执行“先通风、再检测、后作业”要求。	恶性违章（第 6 条）	
	4．有限空间作业现场配置并能正确使用安全防护装备、应急救援装备；正确设置监护人。	Ⅰ类严重违章（第 8 条）	
	5．坠落高度超过 1.5m 时，已采取可靠的防高坠措施。	恶性违章（第 5 条）	
	6．无作业人员利用吊钩上升或下降。	恶性违章（第 10 条）	
	7．起吊装置工作负荷不得超铭牌规定使用。	Ⅰ类严重违章（第 9 条）	
	8．吊车作业前，支腿全部支好；支腿按规程要求加垫木。	Ⅲ类严重违章（第 83 条）	

续表

督查项目	督查标准	违章性质	督查情况
关键事项	9．起吊过程中，吊臂和起吊物下方，无人逗留和通过。	Ⅱ类严重违章（第38条）	
	10．起重作业按规定设有专人指挥。	Ⅲ类严重违章（第69条）	
	11．自制施工工器具经检测试验合格。	Ⅲ类严重违章（第53条）	
	12．使用的机械设备和施工器具安全装置齐全，如传动部分有防护罩。	一般违章（第15条）	
	13．链条葫芦、手扳葫芦、吊钩式滑车等装置的吊钩和起重作业使用的吊钩有完好的防止脱钩的保险装置。	Ⅲ类严重违章（第84条）	
	14．未使用金具U型环代替卸扣；未使用普通材料的螺栓取代卸扣销轴。	Ⅲ类严重违章（第63条）	
	15．吊装带完好无破损；钢丝绳套插接长度满足规范要求。	一般违章（第14条）	
	16．电动设备按照“一机、一闸、一保护”规定使用。	一般违章（第20条）	
	17．施工场所（如电气设备、易燃易爆物品存放处、林区、牧区等）按规定配备合格消防器材。	Ⅲ类严重违章（第65条）	
督查人员：		离开现场时间：	

编号：DC-SDYJ-17

挖孔基础（机械、人工成孔）标准督查卡

工作任务：	督查时间：		
督查项目	督查标准	违章性质	督查情况
安全措施	1．按规定得到设备运维单位的许可进场作业（大型施工机械的作业点距离输电线路边线 30m 以内时，由设备运维单位进行许可）。	Ⅰ类严重违章（第 5 条）	
	2．配合停电线路在工作点附近装设的接地线牢固可靠。	Ⅰ类严重违章（第 7 条）	
	3．邻近带电设备时，吊车、机械设备本体接地牢固可靠。	一般违章（第 23 条）	
	4．发电机、配电箱及桩机等用电设备外壳接地牢固可靠。	一般违章（第 22 条）	
	5．起吊作业时，作业区域设置警示围栏。	Ⅱ类严重违章（第 36 条）	
关键事项	1．关键事项、关键环节作业按施工方案或规定程序开展作业。	Ⅱ类严重违章（第 36 条）	
	2．吊车、挖机与邻近带电线路安全距离不小于《安规（线路部分）》表 19。	恶性违章（第 8 条）	
	3．有限空间作业，执行“先通风、再检测、后作业”要求。	恶性违章（第 6 条）	
	4．有限空间作业现场配置并能正确使用安全防护装备、应急救援装备；正确设置监护人。	Ⅰ类严重违章（第 8 条）	
	5．人工挖孔桩根据土质情况、按照设计图纸采取护壁的防塌方措施。	Ⅱ类严重违章（第 36 条）	
	6．坠落高度超过 1.5m 时，已采取可靠的防高坠措施。	恶性违章（第 5 条）	
	7．无作业人员利用吊钩上升或下降。	恶性违章（第 10 条）	
	8．起吊装置工作负荷不得超铭牌规定使用。	Ⅰ类严重违章（第 9 条）	
	9．吊车作业前，支腿全部支好；支腿按规程要求加垫木。	Ⅲ类严重违章（第 83 条）	
	10．起吊过程中，吊臂和起吊物下方，无人逗留和通过。	Ⅱ类严重违章（第 38 条）	
	11．起重作业按规定设有专人指挥。	Ⅲ类严重违章（第 69 条）	

续表

督查项目	督查标准	违章性质	督查情况
关键事项	12. 自制施工工器具经检测试验合格。	Ⅲ类严重违章（第 53 条）	
	13. 使用的机械设备和施工器具安全装置齐全，如传动部分有防护罩。	一般违章（第 15 条）	
	14. 链条葫芦、手扳葫芦、吊钩式滑车等装置的吊钩和起重作业使用的吊钩有完好的防止脱钩的保险装置。	Ⅲ类严重违章（第 84 条）	
	15. 未使用金具 U 型环代替卸扣；未使用普通材料的螺栓取代卸扣销轴。	Ⅲ类严重违章（第 63 条）	
	16. 吊装带完好无破损；钢丝绳套插接长度满足规范要求。	一般违章（第 14 条）	
	17. 吊车、提土装置的吊钩防止脱钩保险装置完好。	Ⅲ类严重违章（第 84 条）	
	18. 施工场所（如电气设备、易燃易爆物品存放处、林区、牧区等）按规定配备合格消防器材。	Ⅲ类严重违章（第 65 条）	
	19. 电动设备按照“一机、一闸、一保护”规定使用。	一般违章（第 20 条）	
督查人员：	离开现场时间：		

编号：DC-SDYJ-18

板式基础（机械、人工开挖）标准督查卡

工作任务：		督查时间：	
督查项目	督查标准	违章性质	督查情况
安全措施	1．按规定得到设备运维单位的许可进场作业（大型施工机械的作业点距离输电线路边线 30m 以内时，由设备运维单位进行许可）。	Ⅰ类严重违章（第 5 条）	
	2．配合停电线路在工作点附近装设的接地线牢固可靠。	Ⅰ类严重违章（第 7 条）	
	3．发电机、配电箱及桩机等用电设备外壳接地牢固可靠。	一般违章（第 22 条）	
关键事项	1．关键事项、关键环节作业按施工方案或规定程序开展作业。	Ⅱ类严重违章（第 36 条）	
	2．吊车、挖机与邻近带电线路安全距离不小于《安规（线路部分）》表 19。	恶性违章（第 8 条）	
	3．高边坡施工已按要求设置安全防护设施；对不良地质构造的高边坡，已按设计要求采取锚喷或加固等支护措施。	Ⅲ类严重违章（第 58 条）	
	4．坠落高度超过 1.5m 时，已采取可靠的防高坠措施。	恶性违章（第 5 条）	
	5．电动设备按照“一机、一闸、一保护”规定使用。	一般违章（第 20 条）	
	6．施工场所（如电气设备、易燃易爆物品存放处、林区、牧区等）按规定配备合格消防器材。	Ⅲ类严重违章（第 65 条）	
	7．吊装带完好无破损；钢丝绳套插接长度满足规范要求。	一般违章（第 14 条）	
	8．使用的机械设备和施工器具安全装置齐全，如传动部分有防护罩。	一般违章（第 15 条）	
督查人员：		离开现场时间：	

编号：DC-SDYJ-19

岩石嵌固基础标准督查卡

工作任务：		督查时间：	
督查项目	督查标准	违章性质	督查情况
安全措施	1．按规定得到设备运维单位的许可进场作业。	Ⅰ类严重违章（第5条）	
	2．配合停电线路在工作点附近装设的接地线牢固可靠。	Ⅰ类严重违章（第7条）	
	3．发电机、配电箱及桩机等用电设备外壳接地牢固可靠。	一般违章（第22条）	
关键事项	1．关键事项、关键环节作业按施工方案或规定程序开展作业。	Ⅱ类严重违章（第36条）	
	2．有限空间作业，执行“先通风、再检测、后作业”要求。	恶性违章（第6条）	
	3．有限空间作业现场配置并能正确使用安全防护装备、应急救援装备；正确设置监护人。	Ⅰ类严重违章（第8条）	
	4．坠落高度超过1.5m时，已采取可靠的防高坠措施。	恶性违章（第5条）	
	5．无作业人员利用吊钩上升或下降。	恶性违章（第10条）	
	6．提土装置吊钩防止脱钩保险装置完好。	Ⅲ类严重违章（第84条）	
	7．使用的机械设备和施工器具安全装置齐全，如传动部分有防护罩。	一般违章（第15条）	
	8．吊装带完好无破损；钢丝绳套插接长度满足规范要求。	一般违章（第14条）	
	9．电动设备按照“一机、一闸、一保护”规定使用。	一般违章（第20条）	
	10．施工场所（如电气设备、易燃易爆物品存放处、林区、牧区等）按规定配备合格消防器材。	Ⅲ类严重违章（第65条）	
督查人员：		离开现场时间：	

编号：DC-SDYJ-20

岩石锚杆基础标准督查卡

工作任务：		督查时间：	
督查项目	督查标准	违章性质	督查情况
安全措施	1．按规定得到设备运维单位的许可进场作业。	Ⅰ类严重违章（第 5 条）	
	2．配合停电线路在工作点附近装设的接地线牢固可靠。	Ⅰ类严重违章（第 7 条）	
	3．发电机、配电箱及桩机等用电设备外壳接地牢固可靠。	一般违章（第 22 条）	
关键事项	1．关键事项、关键环节作业按施工方案或规定程序开展作业。	Ⅱ类严重违章（第 36 条）	
	2．施工场所（如电气设备、易燃易爆物品存放处、林区、牧区等）按规定配备合格消防器材。	Ⅲ类严重违章（第 65 条）	
	3．使用的机械设备和施工器具安全装置齐全，如传动部分有防护罩。	一般违章（第 15 条）	
	4．电动设备按照“一机、一闸、一保护”规定使用。	一般违章（第 20 条）	
督查人员：		离开现场时间：	

编号：DC-SDYJ-21

掏挖基础标准督查卡

工作任务：		督查时间：	
督查项目	督查标准	违章性质	督查情况
安全措施	1．按规定得到设备运维单位的许可进场作业。	Ⅰ类严重违章（第5条）	
	2．配合停电线路在工作点附近装设的接地线牢固可靠。	Ⅰ类严重违章（第7条）	
	3．发电机、配电箱及桩机等用电设备外壳接地牢固可靠。	一般违章（第22条）	
关键事项	1．关键事项、关键环节作业按施工方案或规定程序开展作业。	Ⅱ类严重违章（第36条）	
	2．有限空间作业，执行“先通风、再检测、后作业”要求。	恶性违章（第6条）	
	3．有限空间作业现场配置并能正确使用安全防护装备、应急救援装备；正确设置监护人。	Ⅰ类严重违章（第8条）	
	4．坠落高度超过1.5m时，已采取可靠的防高坠措施。	恶性违章（第5条）	
	5．无作业人员利用吊钩上升或下降。	恶性违章（第10条）	
	6．掏挖基础根据土质情况、按照设计图纸采取护壁的防塌方措施。	Ⅱ类严重违章（第36条）	
	7．提土装置吊钩防止脱钩保险装置完好。	Ⅲ类严重违章（第84条）	
	8．吊装带完好无破损；钢丝绳套插接长度满足规范要求。	一般违章（第14条）	
	9．使用的机械设备和施工器具安全装置齐全，如传动部分有防护罩。	一般违章（第15条）	
	10．电动设备按照“一机、一闸、一保护”规定使用。	一般违章（第20条）	
	11．施工场所（如电气设备、易燃易爆物品存放处、林区、牧区等）按规定配备合格消防器材。	Ⅲ类严重违章（第65条）	
督查人员：		离开现场时间：	

编号：DC-SDYJ-22

其他基础（特殊地质或新型基础）标准督查卡

工作任务：	督查时间：		
督查项目	督查标准	违章性质	督查情况
安全措施	1．按规定得到设备运维单位的许可进场作业（大型施工机械的作业点距离输电线路边线 30m 以内时，由设备运维单位进行许可）。	Ⅰ类严重违章（第 5 条）	
	2．配合停电线路在工作点附近装设的接地线牢固可靠。	Ⅰ类严重违章（第 7 条）	
	3．邻近带电设备时，吊车、机械设备本体接地牢固可靠。	一般违章（第 23 条）	
	4．发电机、配电箱及桩机等用电设备外壳接地牢固可靠。	一般违章（第 22 条）	
	5．起吊作业时，作业区域设置警示围栏。	Ⅱ类严重违章（第 36 条）	
关键事项	1．关键事项、关键环节作业按施工方案或规定程序开展作业。	Ⅱ类严重违章（第 36 条）	
	2．吊车、挖机与邻近带电线路安全距离不小于《安规（线路部分）》表 19。	恶性违章（第 8 条）	
	3．坠落高度超过 1.5m 时，已采取可靠的防高坠措施。	恶性违章（第 5 条）	
	4．无作业人员利用吊钩上升或下降。	恶性违章（第 10 条）	
	5．高边坡施工按要求设置安全防护设施；对不良地质构造的高边坡，按设计要求采取锚喷或加固等支护措施。	Ⅲ类严重违章（第 58 条）	
	6．根据土质情况、按照设计图纸采取护壁的防塌方措施。	Ⅱ类严重违章（第 36 条）	
	7．起吊装置工作负荷不得超铭牌规定使用。	Ⅰ类严重违章（第 9 条）	
	8．起吊过程中，吊臂和起吊物下方，无人逗留和通过。	Ⅱ类严重违章（第 38 条）	
	9．起重作业按规定设有专人指挥。	Ⅲ类严重违章（第 69 条）	
	10．吊车作业前，支腿全部支好；支腿按规程要求加垫木。	Ⅲ类严重违章（第 83 条）	
	11．起重吊钩防止脱钩保险装置完好。	Ⅲ类严重违章（第 84 条）	

续表

督查项目	督查标准	违章性质	督查情况
关键事项	12．未使用金具 U 型环代替卸扣；未使用普通材料的螺栓取代卸扣销轴。	III类严重违章（第 63 条）	
	13．吊装带完好无破损；钢丝绳套插接长度满足规范要求。	一般违章（第 14 条）	
	14．使用的机械设备和施工器具安全装置齐全，如传动部分有防护罩。	一般违章（第 15 条）	
	15．电动设备按照“一机、一闸、一保护”规定使用。	一般违章（第 20 条）	
	16．施工场所（如电气设备、易燃易爆物品存放处、林区、牧区等）按规定配备合格消防器材。	III类严重违章（第 65 条）	
督查人员：		离开现场时间：	

3.2 铁塔组立及拆除

编号：DC-SDYJ-23

悬浮抱杆组塔标准督查卡

工作任务：	督查时间：		
督查项目	督查标准	违章性质	督查情况
安全措施	1．按规定得到设备运维单位的许可进场作业。	Ⅰ类严重违章（第5条）	
	2．停电作业时，作业点在接地保护范围内。	恶性违章（第4条）	
	3．配合停电线路在工作点附近装设的接地线牢固可靠。	Ⅰ类严重违章（第7条）	
	4．邻近或交叉跨越带电设备时机械设备本体、吊车、机动绞磨接地。	一般违章（第23条）	
	5．起吊作业时，作业区域设置警示围栏。	Ⅱ类严重违章（第36条）	
	6．铁塔塔腿接地全部安装。	一般违章（第19条）	
关键事项	1．重要工序、关键环节作业按施工方案、规定程序开展作业。	Ⅱ类严重违章（第36条）	
	2．吊车、拉线、钢丝绳、吊件与邻近带电线路安全距离不小于《安规（线路部分）》表19。	恶性违章（第8条）	
	3．登杆作业杆塔根部、基础和拉线牢固。	恶性违章（第17条）	
	4．拉线、地锚入使用前，受力情况经过计算校核并符合实际。	Ⅱ类严重违章（第20条）	
	5．拉线、地锚投入使用前，经验收合格。	Ⅱ类严重违章（第21条）	
	6．临时锚桩按要求设置，有防雨水浸泡措施。	一般违章（第14条）	
	7．高处作业、攀登或转移作业位置时正确使用安全带、后备保护绳、速差器等防高坠用品，全程不失去保护。	恶性违章（第5条）	
	8．抱杆无法一次性整体组立时，未采用正装法对接组立悬浮抱杆。	Ⅱ类严重违章（第26条）	
	9．起吊装置工作负荷不得超铭牌规定使用。	Ⅰ类严重违章（第9条）	

续表

督查项目	督查标准	违章性质	督查情况
关键事项	10．起重作业按规定设有专人指挥。	Ⅲ类严重违章（第 69 条）	
	11．绞磨、卷扬机放置平稳；锚固可靠；受力前方无人员逗留；拉磨尾绳人员站在锚桩后面、绳圈外。	Ⅲ类严重违章（第 85 条）	
	12．起吊、牵引过程中，受力钢丝绳的周围、上下方、转向滑车内角侧、吊臂和起吊物下方，无人逗留和通过。	Ⅱ类严重违章（第 38 条）	
	13．机动绞磨磨绳缠绕不少于 5 圈，拉磨尾绳不少于 2 人。	一般违章（第 14 条）	
	14．链条葫芦、手扳葫芦、吊钩式滑车等装置的吊钩和起重作业使用的吊钩有防止脱钩的保险装置。	Ⅲ类严重违章（第 84 条）	
	15．自制施工工器具经检测试验合格。	Ⅲ类严重违章（第 53 条）	
	16．未使用金具 U 型环代替卸扣；未使用普通材料的螺栓取代卸扣销轴。	Ⅲ类严重违章（第 63 条）	
	17．卸扣未横向受力；手扳葫芦长期锚固后尾链与手柄缠绕；锦纶绳、吊装带完好无破损；钢丝绳套插接长度满足规范要求。	一般违章（第 14 条）	
	18．使用安全装置齐全的机械设备和施工器具（如绞磨、汽车吊、卷扬机等制动和逆止装置，或制动装置灵敏；安全防护装置齐全）。	一般违章（第 15 条）	
	19．高处作业人员不随手上下抛掷工具、材料等物件。	一般违章（第 16 条）	
	20．施工场所（如电气设备、易燃易爆物品存放处、林区、牧区等）按规定配备合格消防器材。	Ⅲ类严重违章（第 65 条）	
	21．山地地面组装时，杆塔地面组装时塔材未顺斜坡堆放，山坡上的塔片垫物应稳固，且应有防止构件滑动的措施；组装管形构件时，构件间未连接应采取防止滚动的措施。	一般问题	
督查人员：		离开现场时间：	

编号：DC-SDYJ-24

摇（平）臂抱杆组塔作业标准督查卡

工作任务：		督查时间：	
督查项目	督查标准	违章性质	督查情况
安全措施	1. 按规定得到设备运维单位的许可进场作业（大型施工机械的作业点距离输电线路边线 30m 以内时，由设备运维单位进行许可）。	Ⅰ类严重违章（第 5 条）	
	2. 停电作业时，作业点在接地保护范围内。	恶性违章（第 4 条）	
	3. 配合停电线路在工作点附近装设的接地线牢固可靠。	Ⅰ类严重违章（第 7 条）	
	4. 邻近或交叉跨越带电设备时机械设备本体、吊车、机动绞磨接地。	一般违章（第 23 条）	
	5. 起吊作业时，作业区域设置警示围栏。	Ⅱ类严重违章（第 36 条）	
	6. 铁塔塔腿接地全部安装。	一般违章（第 19 条）	
关键事项	1. 重要工序、关键环节作业按施工方案、规定程序开展作业。	Ⅱ类严重违章（第 36 条）	
	2. 吊车、拉线、钢丝绳、吊件与邻近带电线路安全距离不小于《安规（线路部分）》表 19。	恶性违章（第 8 条）	
	3. 登杆作业杆塔根部、基础牢固。	恶性违章（第 17 条）	
	4. 拉线、地锚投入使用前，经验收合格。	Ⅱ类严重违章（第 21 条）	
	5. 拉线、地锚入使用前，受力情况经过计算校核并符合实际。	Ⅱ类严重违章（第 20 条）	
	6. 临时锚桩按要求设置，有防雨水浸泡措施。	一般违章（第 14 条）	
	7. 高处作业、攀登或转移作业位置时正确使用安全带、后备保护绳、速差器等防高坠用品，全程不失去保护。	恶性违章（第 5 条）	
	8. 吊车依法取得使用登记证书、定期检验或检验合格。	Ⅲ类严重违章（第 52 条）	
	9. 摇（平）臂抱杆地基处理完毕经监理检查合格；摇（平）臂抱杆组塔坐落在坚实稳固平整的地基或设计规定的基础上。	Ⅱ类严重违章（第 36 条）	

续表

督查项目	督查标准	违章性质	督查情况
关键事项	10．起吊装置工作负荷不得超铭牌规定使用，抱杆两侧同时起吊时重量差符合使用说明，单侧摇臂起吊构件时采取配重措施。	Ⅰ类严重违章（第 9 条）	
	11．起重作业按规定设有专人指挥。	Ⅲ类严重违章（第 69 条）	
	12．绞磨、卷扬机放置平稳；锚固可靠；受力前方无人员逗留；拉磨尾绳人员站在锚桩后面、绳圈外。	Ⅲ类严重违章（第 85 条）	
	13．吊车作业前，支腿全部支好；支腿按规程要求加垫木。	Ⅲ类严重违章（第 83 条）	
	14．起吊、牵引过程中，受力钢丝绳的周围、上下方、转向滑车内角侧、吊臂和起吊物下方，无人逗留和通过。	Ⅱ类严重违章（第 38 条）	
	15．机动绞磨磨绳缠绕不少于 5 圈，拉磨尾绳不少于 2 人。	一般违章（第 14 条）	
	16．链条葫芦、手扳葫芦、吊钩式滑车等装置的吊钩和起重作业使用的吊钩有防止脱钩的保险装置。	Ⅲ类严重违章（第 84 条）	
	17．自制施工工器具经检测试验合格。	Ⅲ类严重违章（第 53 条）	
	18．未使用金具 U 型环代替卸扣；未使用普通材料的螺栓取代卸扣销轴。	Ⅲ类严重违章（第 63 条）	
	19．卸扣未横向受力；手扳葫芦长期锚固后尾链与手柄缠绕；锦纶绳、吊装带完好无破损；钢丝绳套插接长度满足规范要求。	一般违章（第 14 条）	
	20．使用安全装置齐全的机械设备和施工器具（如绞磨、汽车吊、卷扬机等制动和逆止装置，或制动装置灵敏；安全防护装置齐全）。	一般违章（第 15 条）	
	21．高处作业人员不随手上下抛掷工具、材料等物件。	一般违章（第 16 条）	
	22．施工场所（如电气设备、易燃易爆物品存放处、林区、牧区等）按规定配备合格消防器材。	Ⅲ类严重违章（第 65 条）	
	23．山地地面组装时，杆塔地面组装时塔材未顺斜坡堆放，山坡上的塔片垫物应稳固，且应有防止构件滑动的措施；组装管形构件时，构件间未连接应采取防止滚动的措施。	一般问题	
督查人员：	离开现场时间：		

编号：DC-SDYJ-25

流动式起重机组塔作业标准督查卡

工作任务：		督查时间：	
督查项目	督查标准	违章性质	督查情况
安全措施	1. 按规定得到设备运维单位的许可进场作业（大型施工机械的作业点距离输电线路边线 30m 以内时，由设备运维单位进行许可）。	Ⅰ类严重违章（第 5 条）	
	2. 停电作业时，作业点在接地保护范围内。	恶性违章（第 4 条）	
	3. 配合停电线路在工作点附近装设的接地线牢固可靠。	Ⅰ类严重违章（第 7 条）	
	4. 邻近或交叉跨越带电设备时机械设备本体、吊车、机动绞磨接地。	一般违章（第 23 条）	
	5. 铁塔塔腿接地全部安装。	一般违章（第 19 条）	
	6. 起吊作业时，作业区域设置警示围栏。	Ⅱ类严重违章（第 36 条）	
关键事项	1. 重要工序、关键环节作业按施工方案、规定程序开展作业。	Ⅱ类严重违章（第 36 条）	
	2. 吊车、拉线、钢丝绳、吊件与邻近带电线路安全距离不小于《安规（线路部分）》表 19。	恶性违章（第 8 条）	
	3. 登杆作业杆塔根部、基础牢固。	恶性违章（第 17 条）	
	4. 高处作业、攀登或转移作业位置时正确使用安全带、后备保护绳、速差器等防高坠用品，全程不失去保护。	恶性违章（第 5 条）	
	5. 吊车依法取得使用登记证书、定期检验或检验合格。	Ⅲ类严重违章（第 52 条）	
	6. 起重作业按规定设有专人指挥。	Ⅲ类严重违章（第 69 条）	
	7. 起吊装置工作负荷不得超铭牌规定使用。	Ⅰ类严重违章（第 9 条）	
	8. 吊车作业前，支腿全部支好；支腿按规程要求加垫木。	Ⅲ类严重违章（第 83 条）	
	9. 起吊、牵引过程中，吊臂和起吊物下方，无人逗留和通过。	Ⅱ类严重违章（第 38 条）	
	10. 链条葫芦、手扳葫芦、吊钩式滑车等装置的吊钩和起重作业使用的吊钩有防止脱钩的保险装置。	Ⅲ类严重违章（第 84 条）	

续表

督查项目	督查标准	违章性质	督查情况
关键事项	11．自制施工工器具经检测试验合格。	Ⅲ类严重违章（第 53 条）	
	12．未使用金具 U 型环代替卸扣；未使用普通材料的螺栓取代卸扣销轴。	Ⅲ类严重违章（第 63 条）	
	13．卸扣未横向受力；手扳葫芦长期锚固后尾链与手柄缠绕；锦纶绳、吊装带完好无破损；钢丝绳套插接长度满足规范要求。	一般违章（第 14 条）	
	14．使用安全装置齐全的机械设备和施工器具（如绞磨、汽车吊、卷扬机等制动和逆止装置，或制动装置灵敏；安全防护装置齐全）。	一般违章（第 15 条）	
	15．高处作业人员不随手上下抛掷工具、材料等物件。	一般违章（第 16 条）	
	16．施工场所（如电气设备、易燃易爆物品存放处、林区、牧区等）按规定配备合格消防器材。	Ⅲ类严重违章（第 65 条）	
	17．山地地面组装时，杆塔地面组装时塔材未顺斜坡堆放，山坡上的塔片垫物应稳固，且应有防止构件滑动的措施；组装管形构件时，构件间未连接应采取防止滚动的措施。	一般问题	
督查人员：	离开现场时间：		

编号：DC-SDYJ-26

旧塔拆除作业标准督查卡

工作任务：		督查时间：	
督查项目	督查标准	违章性质	督查情况
安全措施	1．按规定得到设备运维单位的许可进场作业（大型施工机械的作业点距离输电线路边线30m以内时，由设备运维单位进行许可）。	Ⅰ类严重违章（第5条）	
	2．停电作业时，作业点在接地保护范围内。	恶性违章（第4条）	
	3．配合停电线路在工作点附近装设的接地线牢固可靠。	Ⅰ类严重违章（第7条）	
	4．邻近或交叉跨越带电设备时机械设备本体、吊车、机动绞磨接地。	一般违章（第23条）	
	5．起吊作业时，作业区域设置警示围栏。	Ⅱ类严重违章（第36条）	
关键事项	1．整体拆除时应设置“八”字拉线控制倒塔方向。	Ⅱ类严重违章（第36条）	
	2．未采取突然剪断导线、地线、拉线等方法撤杆。	恶性违章（第18条）	
	3．吊车、拉线、钢丝绳、吊件与邻近带电线路安全距离不小于《安规（线路部分）》表19。	恶性违章（第8条）	
	4．登杆作业杆塔根部、基础和拉线牢固。	恶性违章（第17条）	
	5．拉线、地锚入使用前，受力情况经过计算校核并符合实际。	Ⅱ类严重违章（第20条）	
	6．拉线、地锚投入使用前，经验收合格。	Ⅱ类严重违章（第21条）	
	7．临时锚桩按要求设置，有防雨水浸泡措施。	一般违章（第14条）	
	8．高处作业、攀登或转移作业位置时正确使用安全带、后备保护绳、速差器等防高坠用品，全程不失去保护。	恶性违章（第5条）	
	9．抱杆无法一次性整体组立时，未采用正装法对接组立悬浮抱杆。	Ⅱ类严重违章（第26条）	
	10．起吊装置工作负荷不得超铭牌规定使用。	Ⅰ类严重违章（第9条）	
	11．起重作业按规定设有专人指挥。	Ⅲ类严重违章（第69条）	

续表

督查项目	督查标准	违章性质	督查情况
关键事项	12．绞磨、卷扬机放置平稳；锚固可靠；受力前方无人员逗留；拉磨尾绳人员站在锚桩后面、绳圈外。	Ⅲ类严重违章（第 85 条）	
	13．起吊、牵引过程中，受力钢丝绳的周围、上下方、转向滑车内角侧、吊臂和起吊物下方、倒塔全高 1.2 倍范围内无人员逗留和通过。	Ⅱ类严重违章（第 38 条）	
	14．机动绞磨磨绳缠绕不少于 5 圈，拉磨尾绳不少于 2 人。	一般违章（第 14 条）	
	15．链条葫芦、手扳葫芦、吊钩式滑车等装置的吊钩和起重作业使用的吊钩有防止脱钩的保险装置。	Ⅲ类严重违章（第 84 条）	
	16．汽车式起重机作业前支好全部支腿；支腿按规程要求加垫木。	Ⅲ类严重违章（第 83 条）	
	17．自制施工工器具经检测试验合格。	Ⅲ类严重违章（第 53 条）	
	18．吊车依法取得使用登记证书、定期检验或检验合格。	Ⅲ类严重违章（第 52 条）	
	19．未使用金具 U 型环代替卸扣；未使用普通材料的螺栓取代卸扣销轴。	Ⅲ类严重违章（第 63 条）	
	20．卸扣未横向受力；手扳葫芦长期锚固后尾链与手柄缠绕；锦纶绳、吊装带完好无破损；钢丝绳套插接长度满足规范要求。	一般违章（第 14 条）	
	21．使用安全装置齐全的机械设备和施工器具（如绞磨、汽车吊、卷扬机等制动和逆止装置，或制动装置灵敏；安全防护装置齐全）。	一般违章（第 15 条）	
	22．高处作业人员不随手上下抛掷工具、材料等物件。	一般违章（第 16 条）	
	23．施工场所（如电气设备、易燃易爆物品存放处、林区、牧区等）按规定配备合格消防器材。	Ⅲ类严重违章（第 65 条）	
督查人员：	离开现场时间：		

3.3 架线及拆旧

编号：DC-SDYJ-27

导、地线及光缆展放作业标准督查卡

工作任务：	督查时间：		
督查项目	督查标准	违章性质	督查情况
安全措施	1．按规定得到设备运维单位的许可进场作业（大型施工机械的作业点距离输电线路边线 30m 以内时，由设备运维单位进行许可）。	Ⅰ类严重违章（第 5 条）	
	2．需要停用重合闸或直流线路再启动功能的带电作业由值班调控人员履行许可手续。	Ⅰ类严重违章（第 5 条）	
	3．未采取约时方式停用或恢复重合闸或直流线路再启动功能。	恶性违章（第 7 条）	
	4．停电作业时，作业点在接地保护范围内。	恶性违章（第 4 条）	
	5．配合停电线路在工作点附近装设的接地线牢固可靠。	Ⅰ类严重违章（第 7 条）	
	6．放线区段有跨越、平行输电线路时，导、地线或牵引绳采取接地措施。	Ⅲ类严重违章（第 64 条）	
	7．起吊作业时，作业区域设置警示围栏。	Ⅱ类严重违章（第 36 条）	
	8．跨越带电线路展放导、地线作业，采取跨越架、封网等安全措施。	恶性违章（第 15 条）	
关键事项	1．重要工序、关键环节作业按施工方案或规定程序开展作业。	Ⅱ类严重违章（第 36 条）	
	2．架线施工前，地脚螺栓加装垫板并拧紧双螺帽，采取防卸措施。	恶性违章（第 11 条）	
	3．架线前对地脚螺栓开展验收，验收不合格的整改并重新验收合格并挂验收牌后投入使用。	Ⅱ类严重违章（第 21 条）	
	4．重要跨越（二级作业风险）导、地线高空锚线设置二道保护。	恶性违章（第 16 条）	
	5．导、地线高空锚线设置二道保护。	Ⅱ类严重违章（第 36 条）	
	6．地锚入使用前，受力情况经过计算校核并符合实际。	Ⅱ类严重违章（第 20 条）	
	7．地锚投入使用前，经验收合格。	Ⅱ类严重违章（第 21 条）	
	8．临时锚桩按要求设置，有防雨水浸泡措施。	一般违章（第 14 条）	

续表

督查项目	督查标准	违章性质	督查情况
关键事项	9．高处作业、攀登或转移作业位置时正确使用安全带、后备保护绳、速差器等防高坠用品，全程不失去保护。	恶性违章（第5条）	
	10．起吊装置工作负荷不得超铭牌规定使用。	Ⅰ类严重违章（第9条）	
	11．起重作业按规定设有专人指挥。	Ⅲ类严重违章（第69条）	
	12．绞磨、卷扬机放置平稳；锚固可靠；受力前方无人员逗留；拉磨尾绳人员站在锚桩后面、绳圈外。	Ⅲ类严重违章（第85条）	
	13．牵引过程中，牵引机、张力机进出口前方无人通过或逗留。	Ⅰ类严重违章（第13条）	
	14．起吊、牵引过程中，受力钢丝绳的周围、上下方、转向滑车内角侧、吊臂和起吊物下方，无人逗留和通过。	Ⅱ类严重违章（第38条）	
	15．机动绞磨磨绳缠绕不少于5圈，拉磨尾绳不少于2人。	一般违章（第14条）	
	16．链条葫芦、手扳葫芦、吊钩式滑车等装置的吊钩和起重作业使用的吊钩有防止脱钩的保险装置。	Ⅲ类严重违章（第84条）	
	17．自制施工工器具经检测试验合格。	Ⅲ类严重违章（第53条）	
	18．未使用金具U型环代替卸扣；未使用普通材料的螺栓取代卸扣销轴。	Ⅲ类严重违章（第63条）	
	19．卸扣未横向受力；手扳葫芦长期锚固后尾链与手柄缠绕；锦纶绳、吊装带完好无破损；钢丝绳套插接长度满足规范要求。	一般违章（第14条）	
	20．使用安全装置齐全的机械设备和施工器具（如绞磨、汽车吊、卷扬机等制动和逆止装置，或制动装置灵敏；安全防护装置齐全）。	一般违章（第15条）	
	21．高处作业人员不随手上下抛掷工具、材料等物件。	一般违章（第16条）	
	22．施工场所（如电气设备、易燃易爆物品存放处、林区、牧区等）按规定配备合格消防器材。	Ⅲ类严重违章（第65条）	
	23．在公路、铁路、航道等交通要道上架拆线路，双向设置标志进行警示、隔离，设专人手持旗帜看管；夜间施工佩戴反光标志，施工地点设安全警示灯。	一般违章（第25条）	
	24．脚手架、跨越架验收合格并挂验收牌后投入使用。	Ⅲ类严重违章（第72条）	
督查人员：		离开现场时间：	

编号：DC-SDYJ-28

紧挂线施工作业标准督查卡

工作任务：		督查时间：	
督查项目	督查标准	违章性质	督查情况
安全措施	1．按规定得到设备运维单位的许可进场作业。	Ⅰ类严重违章（第5条）	
	2．需要停用重合闸或直流线路再启动功能的带电作业由值班调控人员履行许可手续。	Ⅰ类严重违章（第5条）	
	3．未采取约时方式停用或恢复重合闸或直流线路再启动功能。	恶性违章（第7条）	
	4．停电作业时，作业点在接地保护范围内。	恶性违章（第4条）	
	5．配合停电线路在工作点附近装设的接地线牢固可靠。	Ⅰ类严重违章（第7条）	
	6．放线区段有跨越、平行输电线路时，导、地线或牵引绳采取接地措施；耐张塔挂线前，使用导体将耐张绝缘子串短接。	Ⅲ类严重违章（第64条）	
关键事项	1．重要工序、关键环节作业按施工方案或规定程序开展作业。	Ⅱ类严重违章（第36条）	
	2．导、地线采用不平衡紧挂线时，设置反向拉线。	恶性违章（第11条）	
	3．平衡挂线时，在相邻耐张段的同相（极）导线上未进行其他作业。	Ⅲ类严重违章（第59条）	
	4．平移导线作业时，采取交替平移子导线的方式。	Ⅱ类严重违章（第27条）	
	5．重要跨越（二级作业风险）导、地线高空锚线设置二道保护。	恶性违章（第16条）	
	6．导、地线高空锚线设置二道保护。	Ⅱ类严重违章（第36条）	
	7．拉线、地锚入使用前，受力情况经过计算校核并符合实际。	Ⅱ类严重违章（第20条）	
	8．拉线、地锚投入使用前，经验收合格。	Ⅱ类严重违章（第21条）	
	9．临时锚桩按要求设置，有防雨水浸泡措施。	一般违章（第14条）	
	10．高处作业、攀登或转移作业位置时正确使用安全带、后备保护绳、速差器等防高坠用品，全程不失去保护。	恶性违章（第5条）	

续表

督查项目	督查标准	违章性质	督查情况
关键事项	11．吊索具工作负荷不得超铭牌规定使用。	Ⅰ类严重违章（第 9 条）	
	12．绞磨放置平稳；锚固可靠；受力前方无人员逗留；拉磨尾绳人员站在锚桩后面、绳圈外。	Ⅲ类严重违章（第 85 条）	
	13．牵引过程中，受力钢丝绳的周围、上下方、转向滑车内角侧、吊臂和起吊物下方，无人逗留和通过。	Ⅱ类严重违章（第 38 条）	
	14．机动绞磨磨绳缠绕不少于 5 圈，拉磨尾绳不少于 2 人。	一般违章（第 14 条）	
	15．链条葫芦、手扳葫芦、吊钩式滑车等装置的吊钩和起重作业使用的吊钩有防止脱钩的保险装置。	Ⅲ类严重违章（第 84 条）	
	16．自制施工工器具经检测试验合格。	Ⅲ类严重违章（第 53 条）	
	17．未使用金具 U 型环代替卸扣；未使用普通材料的螺栓取代卸扣销轴。	Ⅲ类严重违章（第 63 条）	
	18．卸扣未横向受力；手扳葫芦长期锚固后尾链与手柄缠绕；锦纶绳、吊装带完好无破损；钢丝绳套插接长度满足规范要求。	一般违章（第 14 条）	
	19．使用安全装置齐全的机械设备和施工器具（如绞磨、汽车吊、卷扬机等制动和逆止装置，或制动装置灵敏；安全防护装置齐全）。	一般违章（第 15 条）	
	20．高处作业人员不随手上下抛掷工具、材料等物件。	一般违章（第 16 条）	
	21．施工场所（如电气设备、易燃易爆物品存放处、林区、牧区等）按规定配备合格消防器材。	Ⅲ类严重违章（第 65 条）	
督查人员：		离开现场时间：	

编号：DC-SDYJ-29

附件安装作业标准督查卡

工作任务：	督查时间：		
督查项目	督查标准	违章性质	督查情况
安全措施	1．按规定得到设备运维单位的许可进场作业。	Ⅰ类严重违章（第5条）	
	2．停电作业时，作业点在接地保护范围内。	恶性违章（第4条）	
	3．配合停电线路在工作点附近装设的接地线牢固可靠。	Ⅰ类严重违章（第7条）	
	4．工作地段如有邻近、平行、交叉跨越及同杆塔架设线路，按规定使用个人保安线。	恶性违章（第20条）	
关键事项	1．重要工序、关键环节作业按施工方案或规定程序开展作业。	Ⅱ类严重违章（第36条）	
	2．在跨越电力线、铁路、公路或通航河流等的线段杆塔上安装附件时，采取防止导线或地线坠落的措施。	Ⅱ类严重违章（第36条）	
	3．地锚入使用前，受力情况经过计算校核并符合实际。	Ⅱ类严重违章（第20条）	
	4．地锚投入使用前，经验收合格。	Ⅱ类严重违章（第21条）	
	5．临时锚桩按要求设置，有防雨水浸泡措施。	一般违章（第14条）	
	6．高处作业、攀登或转移作业位置时正确使用安全带、后备保护绳、速差器等防高坠用品，全程不失去保护。	恶性违章（第5条）	
	7．导地线附件安装时，安全绳或速差自控器拴在横担主材上。	恶性违章（第5条）	
	8．吊索具工作负荷不得超铭牌规定使用。	Ⅰ类严重违章（第9条）	
	9．绞磨放置平稳；锚固可靠；受力前方无人员逗留；拉磨尾绳人员站在锚桩后面、绳圈外。	Ⅲ类严重违章（第85条）	
	10．牵引过程中，受力钢丝绳的周围、上下方、转向滑车内角侧、吊臂和起吊物下方，无人逗留和通过。	Ⅱ类严重违章（第38条）	
	11．机动绞磨磨绳缠绕不少于5圈，拉磨尾绳不少于2人。	一般违章（第14条）	
	12．链条葫芦、手扳葫芦、吊钩式滑车等装置的吊钩和起重作业使用的吊钩有防止脱钩的保险装置。	Ⅲ类严重违章（第84条）	

续表

督查项目	督查标准	违章性质	督查情况
关键事项	13．自制施工工器具经检测试验合格。	Ⅲ类严重违章（第 53 条）	
	14．未使用金具 U 型环代替卸扣；未使用普通材料的螺栓取代卸扣销轴。	Ⅲ类严重违章（第 63 条）	
	15．卸扣未横向受力；手扳葫芦长期锚固后尾链与手柄缠绕；锦纶绳、吊装带完好无破损；钢丝绳套插接长度满足规范要求。	一般违章（第 14 条）	
	16．使用安全装置齐全的机械设备和施工器具（如绞磨、汽车吊、卷扬机等制动和逆止装置，或制动装置灵敏；安全防护装置齐全）。	一般违章（第 15 条）	
	17．高处作业人员不随手上下抛掷工具、材料等物件。	一般违章（第 16 条）	
	18．施工场所（如电气设备、易燃易爆物品存放处、林区、牧区等）按规定配备合格消防器材。	Ⅲ类严重违章（第 65 条）	
督查人员：	离开现场时间：		

编号：DC-SDYJ-30

跨越架（悬索式）搭拆标准督查卡

工作任务：	督查时间：		
督查项目	督查标准	违章性质	督查情况
安全措施	1．按规定得到设备运维单位的许可进场作业。	Ⅰ类严重违章（第5条）	
	2．需要停用重合闸或直流线路再启动功能的带电作业由值班调控人员履行许可手续。	Ⅰ类严重违章（第5条）	
	3．未采取约时方式停用或恢复重合闸或直流线路再启动功能。	恶性违章（第7条）	
	4．配合停电线路在工作点附近装设的接地线牢固可靠。	Ⅰ类严重违章（第7条）	
	5．钢管式跨越架按规定设置两点接地，并牢固可靠。	一般违章（第19条）	
关键事项	1．重要工序、关键环节作业按施工方案或规定程序开展作业。	Ⅱ类严重违章（第36条）	
	2．拉线、地锚入使用前，受力情况经过计算校核并符合实际。	Ⅱ类严重违章（第20条）	
	3．拉线、地锚投入使用前，经验收合格。	Ⅱ类严重违章（第21条）	
	4．临时锚桩按要求设置，有防雨水浸泡措施。	一般违章（第14条）	
	5．高处作业、攀登或转移作业位置时正确使用安全带、后备保护绳、速差器等防高坠用品，全程不失去保护。	恶性违章（第5条）	
	6．自制施工工器具经检测试验合格。	Ⅲ类严重违章（第53条）	
	7．链条葫芦、手扳葫芦、吊钩式滑车等装置的吊钩和起重作业使用的吊钩有防止脱钩的保险装置。	Ⅲ类严重违章（第84条）	
	8．未使用金具U型环代替卸扣；未使用普通材料的螺栓取代卸扣销轴。	Ⅲ类严重违章（第63条）	
	9．卸扣未横向受力；手扳葫芦长期锚固后尾链与手柄缠绕；锦纶绳、吊装带完好无破损；钢丝绳套插接长度满足规范要求。	一般违章（第14条）	
	10．使用安全装置齐全的机械设备和施工器具（如绞磨、汽车吊、卷扬机等制动和逆止装置，或制动装置灵敏；安全防护装置齐全）。	一般违章（第15条）	

续表

督查项目	督查标准	违章性质	督查情况
关键事项	11.跨越架经现场监理及使用单位验收合格并挂验收牌后使用，跨越架应考虑风偏影响超出边线 2m，悬索绝缘网伸出被保护的电力线外长度不得小于 10m。	Ⅲ类严重违章（第 72 条）	
	12．立杆和大横杆应错开搭接，搭接长度不得小于 0.5m	Ⅲ类严重违章（第 72 条）	
	13．跨越架两端及每隔 6～7 根立杆应设置剪刀撑、支杆或拉线。	Ⅲ类严重违章（第 72 条）	
	14．跨越架的立杆、大横杆及小横杆的间距不得大于安规规定要求。	Ⅲ类严重违章（第 72 条）	
	15．跨越架悬挂醒目的安全警告标志、夜间警示装置和验收标志牌，架体接地规范。	一般违章（第 25 条）	
	16．钢管、木质、毛竹跨越架应自上而下逐根拆除，并应有人传递，不得抛扔。	一般违章（第 16 条）	
督查人员：	离开现场时间：		

编号：DC-SDYJ-31

导、地线及光缆更换、拆除作业标准督查卡

工作任务：	督查时间：		
督查项目	督查标准	违章性质	督查情况
安全措施	1．按规定得到设备运维单位的许可进场作业（大型施工机械的作业点距离输电线路边线 30m 以内时，由设备运维单位进行许可）。	Ⅰ类严重违章（第 5 条）	
	2．需要停用重合闸或直流线路再启动功能的带电作业由值班调控人员履行许可手续。	Ⅰ类严重违章（第 5 条）	
	3．未采取约时方式停用或恢复重合闸或直流线路再启动功能。	恶性违章（第 7 条）	
	4．停电作业时，作业点在接地保护范围内。	恶性违章（第 4 条）	
	5．配合停电线路在工作点附近装设的接地线牢固可靠。	Ⅰ类严重违章（第 7 条）	
	6．起吊作业时，作业区域设置警示围栏。	Ⅱ类严重违章（第 36 条）	
	7．放线区段有跨越、平行输电线路时，导、地线或牵引绳采取接地措施。	Ⅲ类严重违章（第 64 条）	
	8．跨越带电线路展放导、地线作业，采取跨越架、封网等安全措施。	恶性违章（第 15 条）	
	9．钢管式跨越架按规定设置两点接地，并牢固可靠。	一般违章（第 19 条）	
关键事项	1．撤线前按规定采取防倒杆塔措施，未采取突然剪断导线、地线等方法撤线。	恶性违章（第 18 条）	
	2．重要工序、关键环节作业按施工方案或规定程序开展作业。	Ⅱ类严重违章（第 36 条）	
	3．重要跨越（二级作业风险）导、地线高空锚线设置二道保护。	恶性违章（第 16 条）	
	4．导、地线高空锚线设置二道保护。	Ⅱ类严重违章（第 36 条）	
	5．拉线、地锚入使用前，受力情况经过计算校核并符合实际。	Ⅱ类严重违章（第 20 条）	
	6．脚手架、跨越架验收合格并挂验收牌后投入使用。	Ⅲ类严重违章（第 72 条）	
	7．地锚投入使用前，经验收合格。	Ⅱ类严重违章（第 21 条）	

续表

督查项目	督查标准	违章性质	督查情况
关键事项	8. 临时锚桩按要求设置，有防雨水浸泡措施。	一般违章（第 14 条）	
	9. 登杆作业杆塔根部、基础和拉线牢固。	恶性违章（第 17 条）	
	10. 高处作业、攀登或转移作业位置时正确使用安全带、后备保护绳、速差器等防高坠用品，全程不失去保护。	恶性违章（第 5 条）	
	11. 起吊装置工作负荷不得超铭牌规定使用。	Ⅰ类严重违章（第 9 条）	
	12. 起重作业按规定设有专人指挥。	Ⅲ类严重违章（第 69 条）	
	13. 绞磨、卷扬机放置平稳；锚固可靠；受力前方无人员逗留；拉磨尾绳人员站在锚桩后面、绳圈外。	Ⅲ类严重违章（第 85 条）	
	14. 牵引过程中，牵引机、张力机进出口前方无人通过或逗留。	Ⅰ类严重违章（第 13 条）	
	15. 起吊、牵引过程中，受力钢丝绳的周围、上下方、转向滑车内角侧、吊臂和起吊物下方，无人逗留和通过。	Ⅱ类严重违章（第 38 条）	
	16. 机动绞磨磨绳缠绕不少于 5 圈，拉磨尾绳不少于 2 人。	一般违章（第 14 条）	
	17. 链条葫芦、手扳葫芦、吊钩式滑车等装置的吊钩和起重作业使用的吊钩有防止脱钩的保险装置。	Ⅲ类严重违章（第 84 条）	
	18. 自制施工工器具经检测试验合格。	Ⅲ类严重违章（第 53 条）	
	19. 未使用金具 U 型环代替卸扣；未使用普通材料的螺栓取代卸扣销轴。	Ⅲ类严重违章（第 63 条）	
	20. 卸扣未横向受力；手扳葫芦长期锚固后尾链与手柄缠绕；锦纶绳、吊装带完好无破损；钢丝绳套插接长度满足规范要求。	一般违章（第 14 条）	
	21. 使用安全装置齐全的机械设备和施工器具（如绞磨、汽车吊、卷扬机等制动和逆止装置，或制动装置灵敏；安全防护装置齐全）。	一般违章（第 15 条）	
	22. 高处作业人员不随手上下抛掷工具、材料等物件。	一般违章（第 16 条）	
	23. 施工场所（如电气设备、易燃易爆物品存放处、林区、牧区等）按规定配备合格消防器材。	Ⅲ类严重违章（第 65 条）	
	24. 在公路、铁路、航道等交通要道上架拆线路，双向设置标志进行警示、隔离，设专人手持旗帜看管；夜间施工佩戴反光标志，施工地点设安全警示灯。	一般违章（第 25 条）	
督查人员：		离开现场时间：	

4. 电缆作业

4.1 电缆检修

编号：DC-SDYJ-32

更换电缆接地箱及接地线标准督查卡

工作任务：		督查时间：	
督查项目	督查标准	违章性质	督查情况
安全措施	1．按规定得到设备运维单位的许可进场作业。	Ⅰ类严重违章（第5条）	
	2．作业点在接地保护范围内。	恶性违章（第4条）	
	3．电气设备、电源箱外壳接地牢固可靠。	一般违章（第22条）	
关键事项	1．电缆井、电缆隧道、深度超过2m的基坑、沟（槽）内等工作环境比较复杂且相对密闭的空间，按规定采取通风措施、经气体检测合格后作业。	恶性违章（第6条）	
	2．有限空间作业配置且正确使用安全防护装备、应急救援装备（气体检测仪、防毒面具等），正确设置监护人。	Ⅰ类严重违章（第8条）	
	3．在潮湿和金属容器管（隧）道内作业按规定使用安全电压电源。	一般违章（第21条）	
	4．同杆架设线路部分停电工作时，不得进入带电线路侧横担。	恶性违章（第19条）	
	5．高处作业、攀登或转移作业位置时正确使用安全带、后备保护绳、速差器等防高坠用品，全程不失去保护。	恶性违章（第5条）	
	6．高处作业人员不随手上下抛掷工具、材料等物件。	一般违章（第16条）	
	7．使用安全装置齐全的机械设备和施工器具（如绞磨、汽车吊、卷扬机等制动和逆止装置，或制动装置灵敏；安全防护装置齐全）。	一般违章（第15条）	
	8．施工场所（如电气设备、易燃易爆物品存放处、林区、牧区等）按规定配备合格消防器材。	Ⅲ类严重违章（第65条）	
	9．使用电动设备满足“一机、一闸、一保护”规定。	一般违章（第20条）	
	10．按规定使用安全绝缘工具和安全防护用具。	一般违章（第12条）	
督查人签名：		离开现场时间：	

编号：DC-SDYJ-33

更换线路避雷器及计数器引下线标准督查卡

工作任务：		督查时间：	
督查项目	督查标准	违章性质	督查情况
安全措施	1．按规定得到设备运维单位的许可进场作业。	Ⅰ类严重违章（第 5 条）	
	2．作业点在接地保护范围内。	恶性违章（第 4 条）	
	3．电气设备、电源箱外壳接地牢固可靠。	一般违章（第 22 条）	
	4．邻近或交叉跨越带电设备时机械设备本体、吊车、斗臂车接地牢固可靠。	一般违章（第 23 条）	
	5．高空作业车、吊车作业时按规定设置警示围栏。	Ⅱ类严重违章（第 36 条）	
关键事项	1．电缆井、电缆隧道、深度超过 2m 的基坑、沟（槽）内等工作环境比较复杂且相对密闭的空间，按规定采取通风措施、经气体检测合格后作业。	恶性违章（第 6 条）	
	2．有限空间作业配置且正确使用安全防护装备、应急救援装备（气体检测仪、防毒面具等），正确设置监护人。	Ⅰ类严重违章（第 8 条）	
	3．在潮湿和金属容器管（隧）道内作业按规定使用安全电压电源。	一般违章（第 21 条）	
	4．同杆架设线路部分停电工作时，不得进入带电线路侧横担。	恶性违章（第 19 条）	
	5．高处作业、攀登或转移作业位置时正确使用安全带、后备保护绳、速差器等防高坠用品，全程不失去保护。	恶性违章（第 5 条）	
	6．高处作业人员不随手上下抛掷工具、材料等物件。	一般违章（第 16 条）	
	7．起重作业按规定设有专人指挥。	Ⅲ类严重违章（第 69 条）	
	8．流动式起重机作业前支好全部支腿；支腿按规程要求加垫木。	Ⅲ类严重违章（第 83 条）	
	9．作业过程中，绝缘斗臂车、高空作业车发动机未熄火。	一般违章（第 17 条）	
	10．使用安全装置齐全的机械设备和施工器具（如绞磨、汽车吊、卷扬机等制动和逆止装置，或制动装置灵敏；安全防护装置齐全）。	一般违章（第 15 条）	

续表

督查项目	督查标准	违章性质	督查情况
关键事项	11．未使用金具 U 型环代替卸扣；未使用普通材料的螺栓取代卸扣销轴。	Ⅲ类严重违章（第 63 条）	
	12．使用电动设备满足“一机、一闸、一保护”规定。	一般违章（第 20 条）	
	13．按规定使用安全绝缘工具和安全防护用具。	一般违章（第 12 条）	
	14．施工场所（如电气设备、易燃易爆物品存放处、林区、牧区等）按规定配备合格消防器材。	Ⅲ类严重违章（第 65 条）	
督查人签名：	离开现场时间：		

编号：DC-SDYJ-34

更换电缆中间接头标准督查卡

工作任务：	督查时间：		
督查项目	督查标准	违章性质	督查情况
安全措施	1．按规定得到设备运维单位的许可进场作业。	Ⅰ类严重违章（第 5 条）	
	2．作业点在接地保护范围内。	恶性违章（第 4 条）	
	3．电缆耐压试验前，应对设备充分放电，并测量绝缘电阻。	Ⅱ类严重违章（第 29 条）	
	4．在电容性设备检修前应放电并接地，结束后应充分放电。高压试验变更接线或试验结束时应将升压设备的高压部分放电、短路接地。	Ⅱ类严重违章（第 29 条）	
	5．高压试验现场规范设置遮栏或围栏。	Ⅱ类严重违章（第 36 条）	
	6．电气设备、电源箱外壳接地牢固可靠。	一般违章（第 22 条）	
关键事项	1．重要工序、关键环节作业按施工方案或规定程序开展作业。	Ⅱ类严重违章（第 36 条）	
	2．同杆架设线路部分停电工作时，不得进入带电线路侧横担。	恶性违章（第 19 条）	
	3．高处作业、攀登或转移作业位置时正确使用安全带、后备保护绳、速差器等防高坠用品，全程不失去保护。	恶性违章（第 5 条）	
	4．高处作业人员不随手上下抛掷工具、材料等物件。	一般违章（第 16 条）	
	5．电缆井、电缆隧道、深度超过 2m 的基坑、沟（槽）内等工作环境比较复杂且相对密闭的空间，按规定采取通风措施、经气体检测合格后作业。	恶性违章（第 6 条）	
	6．有限空间作业配置且正确使用安全防护装备、应急救援装备（气体检测仪、防毒面具等），正确设置监护人。	Ⅰ类严重违章（第 8 条）	
	7．动火作业前检测可燃气体（蒸气）含量合格。	Ⅱ类严重违章（第 40 条）	
	8．动火作业前，清除动火现场及周围的易燃物品。	Ⅱ类严重违章（第 41 条）	
	9．施工场所（动火区、易燃易爆物品存放处）按规定配备合格消防器材。	Ⅲ类严重违章（第 65 条）	

续表

督查项目	督查标准	违章性质	督查情况
关键事项	10．在潮湿和金属容器管（隧）道内作业按规定使用安全电压电源。	一般违章（第 21 条）	
	11．开断电缆前应证实电缆无电，操作人员站在绝缘垫上戴防护面罩，用接地的带绝缘手柄的铁钎或专用射钉打入后方可工作。	II类严重违章（第 36 条）	
	12．使用电动设备满足“一机、一闸、一保护”规定。	一般违章（第 20 条）	
	13．按规定使用安全绝缘工具和安全防护用具。	一般违章（第 12 条）	
督查人签名：	离开现场时间：		

编号：DC-SDYJ-35

更换电缆终端头标准督查卡

工作任务：	督查时间：		
督查项目	督查标准	违章性质	督查情况
安全措施	1．按规定得到设备运维单位的许可进场作业。	Ⅰ类严重违章（第5条）	
	2．作业点在接地保护范围内。	恶性违章（第4条）	
	3．配合停电线路未漏挂（合）接地线（接地刀闸）。	Ⅰ类严重违章（第7条）	
	4．电缆耐压试验前，应对设备充分放电，并测量绝缘电阻。	Ⅱ类严重违章（第29条）	
	5．在电容性设备检修前应放电并接地，结束后应充分放电。高压试验变更接线或试验结束时应将升压设备的高压部分放电、短路接地。	Ⅱ类严重违章（第29条）	
	6．高压试验现场规范设置遮栏或围栏。	Ⅱ类严重违章（第36条）	
	7．电气设备、电源箱外壳接地牢固可靠。	一般违章（第22条）	
	8．邻近或交叉跨越带电设备时机械设备本体、吊车、斗臂车接地牢固可靠。	一般违章（第23条）	
	9．高空作业车、吊车作业时按规定设置警示围栏。	Ⅱ类严重违章（第36条）	
关键事项	1．重要工序、关键环节作业按施工方案或规定程序开展作业。	Ⅱ类严重违章（第36条）	
	2．同杆架设线路部分停电工作时，不得进入带电线路侧横担。	恶性违章（第19条）	
	3．高处作业、攀登或转移作业位置时正确使用安全带、后备保护绳、速差器等防高坠用品，全程不失去保护。	恶性违章（第5条）	
	4．高处作业人员不随手上下抛掷工具、材料等物件。	一般违章（第16条）	
	5．电缆井、电缆隧道、深度超过2m的基坑、沟（槽）内等工作环境比较复杂且相对密闭的空间，按规定采取通风措施、经气体检测合格后作业。	恶性违章（第6条）	
	6．有限空间作业配置且正确使用安全防护装备、应急救援装备（气体检测仪、防毒面具等），正确设置监护人。	Ⅰ类严重违章（第8条）	

续表

督查项目	督查标准	违章性质	督查情况
关键事项	7. 动火作业前检测可燃气体（蒸气）含量合格。	Ⅱ类严重违章（第 40 条）	
	8. 动火作业前，清除动火现场及周围的易燃物品。	Ⅱ类严重违章（第 41 条）	
	9. 施工场所（动火区、易燃易爆物品存放处）按规定配备合格消防器材。	Ⅲ类严重违章（第 65 条）	
	10. 在潮湿和金属容器管（隧）道内作业按规定使用安全电压电源。	一般违章（第 21 条）	
	11. 开断电缆前应证实电缆无电，操作人员站在绝缘垫上戴防护面罩，用接地的带绝缘手柄的铁钎或专用射钉打入后方可工作。	Ⅱ类严重违章（第 36 条）	
	12. 起重作业按规定设有专人指挥。	Ⅲ类严重违章（第 69 条）	
	13. 流动式起重机作业前支好全部支腿；支腿按规程要求加垫木。	Ⅲ类严重违章（第 83 条）	
	14. 作业过程中，绝缘斗臂车、高空作业车发动机未熄火。	一般违章（第 17 条）	
	15. 使用安全装置齐全的机械设备和施工器具（如绞磨、汽车吊、卷扬机等制动和逆止装置，或制动装置灵敏；安全防护装置齐全）。	一般违章（第 15 条）	
	16. 未使用金具 U 型环代替卸扣；未使用普通材料的螺栓取代卸扣销轴。	Ⅲ类严重违章（第 63 条）	
	17. 使用电动设备满足“一机、一闸、一保护”规定。	一般违章（第 20 条）	
	18. 按规定使用安全绝缘工具和安全防护用具。	一般违章（第 12 条）	
督查人签名：		离开现场时间：	

编号：DC-SDYJ-36

更换整条电缆及试验标准督查卡

工作任务：	督查时间：		
督查项目	督查标准	违章性质	督查情况
安全措施	1．按规定得到设备运维单位的许可进场作业。	Ⅰ类严重违章（第5条）	
	2．作业点在接地保护范围内。	恶性违章（第4条）	
	3．配合停电线路未漏挂（合）接地线（接地刀闸）。	Ⅰ类严重违章（第7条）	
	4．电缆耐压试验前，应对设备充分放电，并测量绝缘电阻。	Ⅱ类严重违章（第29条）	
	5．在电容性设备检修前应放电并接地，结束后应充分放电。高压试验变更接线或试验结束时应将升压设备的高压部分放电、短路接地。	Ⅱ类严重违章（第29条）	
	6．电气设备、电源箱外壳接地牢固可靠。	一般违章（第22条）	
	7．邻近或交叉跨越带电设备时机械设备本体、吊车、斗臂车接地牢固可靠。	一般违章（第23条）	
	8．高空作业车、吊车作业时按规定设置警示围栏。	Ⅱ类严重违章（第36条）	
	9．高压试验现场规范设置遮栏或围栏。	Ⅱ类严重违章（第36条）	
关键事项	1．重要工序、关键环节作业按施工方案或规定程序开展作业。	Ⅱ类严重违章（第36条）	
	2．吊车与邻近带电线路安全距离不小于《安规（线路部分）》表19。	恶性违章（第8条）	
	3．同杆架设线路部分停电工作时，不得进入带电线路侧横担。	恶性违章（第19条）	
	4．登杆作业，杆塔根部、基础和拉线牢固。	恶性违章（第17条）	
	5．高处作业、攀登或转移作业位置时正确使用安全带、后备保护绳、速差器等防高坠用品，全程不失去保护。	恶性违章（第5条）	
	6．高处作业人员不随手上下抛掷工具、材料等物件。	一般违章（第16条）	
	7．电缆井、电缆隧道、深度超过2m的基坑、沟（槽）内等工作环境比较复杂且相对密闭的空间，按规定采取通风措施、经气体检测合格后作业。	恶性违章（第6条）	

续表

督查项目	督查标准	违章性质	督查情况
关键事项	8．有限空间作业配置且正确使用安全防护装备、应急救援装备（气体检测仪、防毒面具等），正确设置监护人。	Ⅰ类严重违章（第 8 条）	
	9．动火作业前检测可燃气体（蒸气）含量合格。	Ⅱ类严重违章（第 40 条）	
	10．动火作业前，清除动火现场及周围的易燃物品。	Ⅱ类严重违章（第 41 条）	
	11．施工场所（动火区、易燃易爆物品存放处、）按规定配备合格消防器材。	Ⅲ类严重违章（第 65 条）	
	12．在潮湿和金属容器管（隧）道内作业按规定使用安全电压电源。	一般违章（第 21 条）	
	13．开断电缆前应证实电缆无电，操作人员站在绝缘垫上戴防护面罩，用接地的带绝缘手柄的铁钎或专用射钉打入后方可工作。	Ⅱ类严重违章（第 36 条）	
	14．起重作业按规定设有专人指挥。	Ⅲ类严重违章（第 69 条）	
	15．起吊装置工作负荷不得超铭牌规定使用。	Ⅰ类严重违章（第 9 条）	
	16．流动式起重机作业前支好全部支腿；支腿按规程要求加垫木。	Ⅲ类严重违章（第 83 条）	
	17．作业过程中，绝缘斗臂车、高空作业车发动机未熄火。	一般违章（第 17 条）	
	18．起吊或牵引过程中，受力钢丝绳周围、上下方、内角侧和起吊物下面，无人逗留和通过。	Ⅱ类严重违章（第 38 条）	
	19．绞磨、卷扬机放置平稳；锚固可靠；受力前方无人员逗留；拉磨尾绳人员站在锚桩后面、绳圈外。	Ⅲ类严重违章（第 85 条）	
	20．使用安全装置齐全的机械设备和施工器具（如绞磨、汽车吊、卷扬机等制动和逆止装置，或制动装置灵敏；安全防护装置齐全）。	一般违章（第 15 条）	
	21．电缆盘架放置稳固，电缆盘架应有刹车装置。	一般违章（第 15 条）	
	22．未使用金具 U 型环代替卸扣；未使用普通材料的螺栓取代卸扣销轴。	Ⅲ类严重违章（第 63 条）	
	23．使用电动设备满足“一机、一闸、一保护”规定。	一般违章（第 20 条）	
	24．按规定使用安全绝缘工具和安全防护用具。	一般违章（第 12 条）	
	25．用滑轮敷设电缆时，作业人员应站在滑轮前进方向，不得在滑轮滚动时用手搬动滑轮。	一般问题	
督查人签名：		离开现场时间：	

4.2 电缆试验

编号：DC-SDYJ-37

电缆停电试验标准督查卡

工作任务：		督查时间：	
督查项目	督查标准	违章性质	督查情况
安全措施	1. 按规定得到设备运维单位的许可进场作业。	Ⅰ类严重违章（第 5 条）	
	2. 作业点在接地保护范围内。	恶性违章（第 4 条）	
	3. 配合停电线路未漏挂（合）接地线（接地刀闸）。	Ⅰ类严重违章（第 7 条）	
	4. 在电容性设备检修前应放电并接地，结束后应充分放电。高压试验变更接线或试验结束时应将升压设备的高压部分放电、短路接地。	Ⅱ类严重违章（第 29 条）	
	5. 电气设备、电源箱外壳接地牢固可靠。	一般违章（第 22 条）	
	6. 邻近或交叉跨越带电设备时机斗臂车接地牢固可靠。	一般违章（第 23 条）	
	7. 高压试验现场规范设置遮栏或围栏。	Ⅱ类严重违章（第 36 条）	
关键事项	1. 重要工序、关键环节作业按施工方案或规定程序开展作业。	Ⅱ类严重违章（第 36 条）	
	2. 同杆架设线路部分停电工作时，不得进入带电线路侧横担。	恶性违章（第 19 条）	
	3. 高处作业、攀登或转移作业位置时正确使用安全带、后备保护绳、速差器等防高坠用品，全程不失去保护。	恶性违章（第 5 条）	
	4. 高处作业人员不随手上下抛掷工具、材料等物件。	一般违章（第 16 条）	
	5. 电缆井、电缆隧道、深度超过 2m 的基坑、沟（槽）内等工作环境比较复杂且相对密闭的空间，按规定采取通风措施、经气体检测合格后作业。	恶性违章（第 6 条）	
	6. 有限空间作业配置且正确使用安全防护装备、应急救援装备（气体检测仪、防毒面具等），正确设置监护人。	Ⅰ类严重违章（第 8 条）	
	7. 在潮湿和金属容器管（隧）道内作业按规定使用安全电压电源。	一般违章（第 21 条）	

续表

督查项目	督查标准	违章性质	督查情况
关键事项	8. 使用电动设备满足“一机、一闸、一保护”规定。	一般违章（第 20 条）	
	9. 施工场所（电气设备、易燃易爆物品存放处）按规定配备合格消防器材。	Ⅲ类严重违章（第 65 条）	
	10. 按规定使用安全绝缘工具和安全防护用具。	一般违章（第 12 条）	
督查人签名：	离开现场时间：		

编号：DC-SDYJ-38

电缆带电试验标准督查卡

工作任务：		督查时间：	
督查项目	督查标准	违章性质	督查情况
安全措施	按规定得到设备运维单位的许可进场作业。	Ⅰ类严重违章（第5条）	
关键事项	1. 在带电设备裸露区域未使用钢卷尺、金属梯等禁止使用的工器具。	恶性违章（第9条）	
	2. 高处作业、攀登或转移作业位置时正确使用安全带、后备保护绳、速差器等防高坠用品，全程不失去保护。	恶性违章（第5条）	
	3. 高处作业人员不随手上下抛掷工具、材料等物件。	一般违章（第16条）	
	4. 电缆井、电缆隧道、深度超过2m的基坑、沟（槽）内等工作环境比较复杂且相对密闭的空间，按规定采取通风措施、经气体检测合格后作业。	恶性违章（第6条）	
	5. 有限空间作业配置且正确使用安全防护装备、应急救援装备（气体检测仪、防毒面具等），正确设置监护人。	Ⅰ类严重违章（第8条）	
	6. 在潮湿和金属容器管（隧）道内作业按规定使用安全电压电源。	一般违章（第21条）	
	7. 按规定使用安全绝缘工具和安全防护用具。	一般违章（第12条）	
督查人签名：		离开现场时间：	

4.3 电缆运维

编号：DC-SDYJ-39

电缆外护套修复标准督查卡

工作任务：	督查时间：		
督查项目	督查标准	违章性质	督查情况
安全措施	按规定得到设备运维单位的许可进场作业。	Ⅰ类严重违章（第5条）	
关键事项	1．重要工序、关键环节作业按施工方案或规定程序开展作业。	Ⅱ类严重违章（第36条）	
	2．电缆井、电缆隧道、深度超过2m的基坑、沟（槽）内等工作环境比较复杂且相对密闭的空间，按规定采取通风措施、经气体检测合格后作业。	恶性违章（第6条）	
	3．有限空间作业配置且正确使用安全防护装备、应急救援装备（气体检测仪、防毒面具等），正确设置监护人。	Ⅰ类严重违章（第8条）	
	4．动火作业前检测可燃气体（蒸气）含量合格。	Ⅱ类严重违章（第40条）	
	5．动火作业前，清除动火现场及周围的易燃物品。	Ⅱ类严重违章（第41条）	
	6．施工场所（动火区、易燃易爆物品存放处）按规定配备合格消防器材。	Ⅲ类严重违章（第65条）	
	7．在潮湿和金属容器管（隧）道内作业按规定使用安全电压电源。	一般违章（第21条）	
	8．使用电动设备满足“一机、一闸、一保护”规定。	一般违章（第20条）	
	9．高处作业、攀登或转移作业位置时正确使用安全带、后备保护绳、速差器等防高坠用品，全程不失去保护。	恶性违章（第5条）	
	10．高处作业人员不随手上下抛掷工具、材料等物件。	一般违章（第16条）	
	11．按规定使用安全绝缘工具和安全防护用具。	一般违章（第12条）	
督查人签名：	离开现场时间：		

4.4 架空线路迁改入地

编号：DC-SDYJ-40

电缆通道土建施工（电缆沟、顶管、隧道）标准督查卡

工作任务：	督查时间：		
督查项目	督查标准	违章性质	督查情况
安全措施	1. 按规定得到设备运维单位的许可进场作业。	I 类严重违章（第 5 条）	
	2. 电气设备、电源箱等外壳接地且接地合格。	一般违章（第 22 条）	
关键事项	1. 重要工序、关键环节作业按施工（检修）方案或规定程序开展作业。	II 类严重违章（第 36 条）	
	2. 坠落高度超过 1.5m 时，已采取可靠的防高坠措施。	恶性违章（第 5 条）	
	3. 电缆井、电缆隧道、深度超过 2m 的基坑、沟（槽）内等工作环境比较复杂且相对密闭的空间，按规定采取通风措施、经气体检测合格后作业。	恶性违章（第 6 条）	
	4. 有限空间作业配置且正确使用安全防护装备、应急救援装备（气体检测仪、防毒面具等），正确设置监护人。	I 类严重违章（第 8 条）	
	5. 不良地质构造的高边坡，按设计要求采取锚喷或加固等支护措施。	III类严重违章（第 58 条）	
	6. 在潮湿和金属容器管（隧）道内作业按规定使用安全电压电源。	一般违章（第 21 条）	
	7. 使用电动设备满足"一机、一闸、一保护"规定。	一般违章（第 20 条）	
	8. 按规定使用安全绝缘工具和安全防护用具。	一般违章（第 12 条）	
	9. 夜间施工佩戴反光标志，施工地点有安全警示灯。	一般违章（第 25 条）	
督查人签名：	离开现场时间：		

编号：DC-SDYJ-41

电缆敷设标准督查卡

工作任务：	督查时间：		
督查项目	督查标准	违章性质	督查情况
安全措施	1．按规定得到设备运维单位的许可进场作业。	I 类严重违章（第 5 条）	
	2．邻近或交叉跨越带电设备时机械设备本体、吊车、斗臂车接地可靠。	一般违章（第 23 条）	
关键事项	1．重要工序、关键环节作业按施工（检修）方案或规定程序开展作业。	II 类严重违章（第 36 条）	
	2．电缆井、电缆隧道、深度超过 2m 的基坑、沟（槽）内等工作环境比较复杂且相对密闭的空间，按规定采取通风措施、经气体检测合格后作业。	恶性违章（第 6 条）	
	3．有限空间作业配置且正确使用安全防护装备、应急救援装备（气体检测仪、防毒面具等），正确设置监护人。	I 类严重违章（第 8 条）	
	4．坠落高度超过 1.5m 时，已采取可靠的防高坠措施。	恶性违章（第 5 条）	
	5．高处作业人员不随手上下抛掷工具、材料等物件。	一般违章（第 16 条）	
	6．起吊或牵引过程中，受力钢丝绳周围、上下方、内角侧和起吊物下面，无人逗留和通过。	II 类严重违章（第 38 条）	
	7．作业过程中，绝缘斗臂车、高空作业车发动机未熄火。	一般违章（第 17 条）	
	8．未使用金具 U 型环代替卸扣；未使用普通材料的螺栓取代卸扣销轴。	III类严重违章（第 63 条）	
	9．按规定使用安全绝缘工具和安全防护用具。	一般违章（第 12 条）	
	10．用滑轮敷设电缆时，作业人员应站在滑轮前进方向，不得在滑轮滚动时用手搬动滑轮。	一般问题	
督查人签名：	离开现场时间：		

编号：DC-SDYJ-42

停电组立杆塔、安装电缆附件标准督查卡

工作任务：	督查时间：		
督查项目	督查标准	违章性质	督查情况
安全措施	1．按规定得到设备运维单位的许可进场作业。	Ⅰ类严重违章（第 5 条）	
	2．作业点在接地保护范围内。	恶性违章（第 4 条）	
	3．配合停电线路在工作点附近装设的接地线牢固可靠。	Ⅰ类严重违章（第 7 条）	
	4．邻近或交叉跨越带电设备时机械设备本体、吊车、机动绞磨接地。	一般违章（第 23 条）	
	5．铁塔塔腿接地全部安装。	一般违章（第 19 条）	
	6．起吊作业时，作业区域设置警示围栏。	Ⅱ类严重违章（第 36 条）	
关键事项	1．重要工序、关键环节作业按施工方案、规定程序开展作业。	Ⅱ类严重违章（第 36 条）	
	2．登杆作业杆塔根部、基础牢固。	恶性违章（第 17 条）	
	3．高处作业、攀登或转移作业位置时正确使用安全带、后备保护绳、速差器等防高坠用品，全程不失去保护。	恶性违章（第 5 条）	
	4．吊车依法取得使用登记证书、定期检验或检验合格。	Ⅲ类严重违章（第 52 条）	
	5．起重作业按规定设有专人指挥。	Ⅲ类严重违章（第 69 条）	
	6．起吊装置工作负荷不得超铭牌规定使用。	Ⅰ类严重违章（第 9 条）	
	7．吊车作业前，支腿全部支好；支腿按规程要求加垫木。	Ⅲ类严重违章（第 83 条）	
	8．起吊、牵引过程中，吊臂和起吊物下方，无人逗留和通过。	Ⅱ类严重违章（第 38 条）	
	9．链条葫芦、手扳葫芦、吊钩式滑车等装置的吊钩和起重作业使用的吊钩有防止脱钩的保险装置。	Ⅲ类严重违章（第 84 条）	
	10．自制施工工器具经检测试验合格。	Ⅲ类严重违章（第 53 条）	

续表

督查项目	督查标准	违章性质	督查情况
关键事项	11．未使用金具 U 型环代替卸扣；未使用普通材料的螺栓取代卸扣销轴。	Ⅲ类严重违章（第 63 条）	
	12．卸扣未横向受力；手扳葫芦长期锚固后尾链与手柄缠绕；锦纶绳、吊装带完好无破损；钢丝绳套插接长度满足规范要求。	一般违章（第 14 条）	
	13．使用安全装置齐全的机械设备和施工器具（如绞磨、汽车吊、卷扬机等制动和逆止装置，或制动装置灵敏；安全防护装置齐全）。	一般违章（第 15 条）	
	14．高处作业人员不随手上下抛掷工具、材料等物件。	一般违章（第 16 条）	
	15．施工场所（如电气设备、易燃易爆物品存放处、林区、牧区等）按规定配备合格消防器材。	Ⅲ类严重违章（第 65 条）	
	16．脚手架搭设经验收合格并挂验收牌后投入使用。	Ⅲ类严重违章（第 72 条）	
	17．在公路、铁路、航道等交通要道上架拆线路，应双向设置标志进行警示、隔离，设专人手持旗帜看管；夜间施工佩戴反光标志，施工地点设安全警示灯。	一般违章（第 25 条）	
督查人签名：		离开现场时间：	

（二）变电运检

1. 一次检修作业

编号：DC-BDYJ-01

换流阀检修标准督查卡

工作任务：		督查时间：	
督查项目	督查标准	违章性质	督查情况
安全措施	1. 按规定得到设备运维单位的许可进场作业。	Ⅰ类严重违章（第 5 条）	
	2. 停电作业时，作业点在接地保护范围内。	恶性违章（第 4 条）	
	3. 在变电站内使用作业平台、高空作业车时，接地牢固可靠。	一般违章（第 23 条）	
关键事项	1. 关键事项、关键环节作业按施工方案或规定程序开展作业。	Ⅱ类严重违章（第 36 条）	
	2. 防止误入带电间隔的措施正确、完备。	恶性违章（第 23 条）	
	3. 作业人员不得擅自穿、跨越安全围栏、安全警戒线。	Ⅱ类严重违章（第 37 条）	
	4. 高空作业车上作业人员正确使用安全带，阀塔上的作业人员未坐在阀体工作层的边缘。	恶性违章（第 5 条）	
	5. 高处作业人员不随手上下抛掷工具、材料等物件。	一般违章（第 16 条）	
督查人签名：		离开现场时间：	

编号：DC-BDYJ-02

油浸式变压器（主变、换流变、电抗器）检修标准督查卡

工作任务：		督查时间：	
督查项目	督查标准	违章性质	督查情况
安全措施	1．按规定得到设备运维单位的许可进场作业。	I类严重违章（第5条）	
	2．停电作业时，作业点在接地保护范围内。	恶性违章（第4条）	
	3．高压试验变更接线或试验结束时已将升压设备的高压部分放电、短路接地。	II类严重违章（第29条）	
	4．在变电站内使用吊车、作业平台、高空作业车时，接地牢固可靠。	一般违章（第23条）	
	5．电气设备、电源箱外壳接地牢固可靠。	一般违章（第22条）	
	6．高空作业车、吊车作业按规定设置警示围栏。	II类严重违章（第36条）	
	7．高压试验现场规范装设遮栏或围栏。	II类严重违章（第36条）	
关键事项	1．关键事项、关键环节作业按施工方案或规定程序开展作业。	II类严重违章（第36条）	
	2．作业人员与带电设备、引线安全距离不小于《安规（变电部分）》表3。在35kV及以下的设备处工作，安全距离大于表3、小于表1规定时，有绝缘隔板、安全遮栏措施的设备。	恶性违章（第8条）	
	3．吊车、高空作业车与带电设备、引线安全距离不小于《安规（变电部分）》表1。	恶性违章（第8条）	
	4．吊车、高空作业车与带电设备最小安全距离大于《安规（变电部分）》表1、小于表18要求时，制定并落实防止误碰带电设备的安全措施。	II类严重违章（第36条）	
	5．起重作业按规定设有专人指挥。	III类严重违章（第69条）	
	6．起吊装置工作负荷不得超铭牌规定使用。	I类严重违章（第9条）	
	7．吊车、高空作业车作业前，支腿全部支好；支腿按规程要求加垫木。	III类严重违章（第83条）	
	8．起吊过程中吊臂和起吊物下方，无人逗留和通过。	II类严重违章（第38条）	

续表

督查项目	督查标准	违章性质	督查情况
关键事项	9．吊车吊钩有防止脱钩的保险装置。	Ⅲ类严重违章（第84条）	
	10．在变电站（开关站）的带电区域内或邻近带电线路处禁止使用钢卷尺、金属梯、带金属丝的测绳等工器具。	恶性违章（第9条）	
	11．施工用电线路、电动机械及照明设备拆除后，带电部分按规定处理。	Ⅲ类严重违章（第87条）	
	12．电动设备按照“一机、一闸、一保护”规定使用。	一般违章（第20条）	
	13．有限空间作业，执行“先通风、再检测、后作业”要求。	恶性违章（第6条）	
	14．有限空间作业现场配置并能正确使用安全防护装备、应急救援装备；正确设置监护人。	Ⅰ类严重违章（第8条）	
	15．作业人员不得擅自穿、跨越安全围栏、安全警戒线。	Ⅱ类严重违章（第37条）	
	16．高处作业、攀登或转移作业位置时正确使用安全带等防高坠用品，全程不失去保护。	恶性违章（第5条）	
	17．高处作业人员不随手上下抛掷工具、材料等物件。	一般违章（第16条）	
	18．易燃易爆物品或各种气瓶按规定储运、存放、使用。	一般违章（第24条）	
	19．油务工作、动火作业现场应按规定配备合格的消防器材。	Ⅲ类严重违章（第65条）	
	20．按规定使用安全绝缘工具和安全防护用具。	一般违章（第12条）	
督查人员：	离开现场时间：		

编号：DC-BDYJ-03

断路器检修标准督查卡

工作任务：	督查时间：		
督查项目	督查标准	违章性质	督查情况
安全措施	1．按规定得到设备运维单位的许可进场作业。	Ⅰ类严重违章（第5条）	
	2．停电作业时，作业点在接地保护范围内。	恶性违章（第4条）	
	3．高压试验变更接线或试验结束时已将升压设备的高压部分放电、短路接地。	Ⅱ类严重违章（第29条）	
	4．在变电站内使用吊车、作业平台、高空作业车时，接地牢固可靠。	一般违章（第23条）	
	5．电气设备、电源箱外壳接地牢固可靠。	一般违章（第22条）	
	6．高空作业车、吊车作业时按规定设置警示围栏。	Ⅱ类严重违章（第36条）	
	7．高压试验现场规范装设遮栏或围栏。	Ⅱ类严重违章（第36条）	
关键事项	1．关键事项、关键环节作业按施工方案或规定程序开展作业。	Ⅱ类严重违章（第36条）	
	2．作业人员与带电设备、引线安全距离不小于《安规（变电部分）》表3。在35kV及以下的设备处工作，安全距离大于表3、小于表1规定时，有绝缘隔板、安全遮栏措施的设备。	恶性违章（第8条）	
	3．吊车、高空作业车与带电设备、引线安全距离不小于《安规（变电部分）》表1。	恶性违章（第8条）	
	4．吊车、高空作业车与带电设备最小安全距离大于《安规（变电部分）》表1、小于表18要求时，制定并落实防止误碰带电设备的安全措施。	Ⅱ类严重违章（第36条）	
	5．起重作业按规定设有专人指挥。	Ⅲ类严重违章（第69条）	
	6．起吊装置工作负荷不得超铭牌规定使用。	Ⅰ类严重违章（第9条）	
	7．吊车、高空作业车作业前，支腿全部支好；支腿按规程要求加垫木。	Ⅲ类严重违章（第83条）	
	8．起吊过程中吊臂和起吊物下方，无人逗留和通过。	Ⅱ类严重违章（第38条）	

续表

督查项目	督查标准	违章性质	督查情况
关键事项	9．吊车吊钩有防止脱钩的保险装置。	Ⅲ类严重违章（第84条）	
	10．在变电站（开关站）的带电区域内或邻近带电线路处禁止使用钢卷尺、金属梯、带金属丝的测绳等工器具。	恶性违章（第9条）	
	11．施工用电线路、电动机械及照明设备拆除后，带电部分按规定处理。	Ⅲ类严重违章（第87条）	
	12．电动设备按照“一机、一闸、一保护”规定使用。	一般违章（第20条）	
	13．有限空间作业，执行“先通风、再检测、后作业”要求。	恶性违章（第6条）	
	14．有限空间作业现场配置并能正确使用安全防护装备、应急救援装备；正确设置监护人。	Ⅰ类严重违章（第8条）	
	15．作业人员不得擅自穿、跨越安全围栏、安全警戒线。	Ⅱ类严重违章（第37条）	
	16．高处作业、攀登或转移作业位置时正确使用安全带等防高坠用品，全程不失去保护。	恶性违章（第5条）	
	17．高处作业人员不随手上下抛掷工具、材料等物件。	一般违章（第16条）	
	18．易燃易爆物品或各种气瓶按规定储运、存放、使用。	一般违章（第24条）	
	19．油务工作、动火作业现场应按规定配备合格的消防器材。	Ⅲ类严重违章（第65条）	
	20．按规定使用安全绝缘工具和安全防护用具。	一般违章（第12条）	
督查人员：		离开现场时间：	

编号：DC-BDYJ-04

光电流互感器（直流分压器）检修标准督查卡

工作任务：		督查时间：	
督查项目	督查标准	违章性质	督查情况
安全措施	1．按规定得到设备运维单位的许可进场作业。	I类严重违章（第5条）	
	2．停电作业时，作业点在接地保护范围内。	恶性违章（第4条）	
	3．高压试验变更接线或试验结束时已将升压设备的高压部分放电、短路接地。	II类严重违章（第29条）	
	4．在变电站内使用吊车、作业平台、高空作业车时，接地牢固可靠。	一般违章（第23条）	
	5．电气设备、电源箱外壳接地牢固可靠。	一般违章（第22条）	
	6．高空作业车、吊车作业时按规定设置警示围栏。	II类严重违章（第36条）	
	7．高压试验现场规范装设遮栏或围栏。	II类严重违章（第36条）	
关键事项	1．关键事项、关键环节作业按施工方案或规定程序开展作业。	II类严重违章（第36条）	
	2．作业人员与带电设备、引线安全距离不小于《安规（变电部分）》表3。在35kV及以下的设备处工作，安全距离大于表3、小于表1规定时，有绝缘隔板、安全遮栏措施的设备。	恶性违章（第8条）	
	3．吊车、高空作业车与带电设备、引线安全距离不小于《安规（变电部分）》表1。	恶性违章（第8条）	
	4．吊车、高空作业车与带电设备最小安全距离大于《安规（变电部分）》表1、小于表18要求时，制定并落实防止误碰带电设备的安全措施。	II类严重违章（第36条）	
	5．起重作业按规定设有专人指挥。	III类严重违章（第69条）	
	6．起吊装置工作负荷不得超铭牌规定使用。	I类严重违章（第9条）	
	7．吊车、高空作业车作业前，支腿全部支好；支腿按规程要求加垫木。	III类严重违章（第83条）	
	8．起吊过程中吊臂和起吊物下方，无人逗留和通过。	II类严重违章（第38条）	

续表

督查项目	督查标准	违章性质	督查情况
关键事项	9．吊车吊钩有防止脱钩的保险装置。	Ⅲ类严重违章（第 84 条）	
	10．在变电站（开关站）的带电区域内或邻近带电线路处禁止使用钢卷尺、金属梯、带金属丝的测绳等工器具。	恶性违章（第 9 条）	
	11．施工用电线路、电动机械及照明设备拆除后，带电部分按规定处理。	Ⅲ类严重违章（第 87 条）	
	12．电动设备按照“一机、一闸、一保护”规定使用。	一般违章（第 20 条）	
	13．作业人员不得擅自穿、跨越安全围栏、安全警戒线。	Ⅱ类严重违章（第 37 条）	
	14．高处作业、攀登或转移作业位置时正确使用安全带等防高坠用品，全程不失去保护。	恶性违章（第 5 条）	
	15．高处作业人员不随手上下抛掷工具、材料等物件。	一般违章（第 16 条）	
	16．短路电流互感器二次绕组时，使用的短路片和短路线连接牢固，不得用导线缠绕。	Ⅱ类严重违章（第 43 条）	
	17．按规定使用安全绝缘工具和安全防护用具。	一般违章（第 12 条）	
督查人员：	离开现场时间：		

编号：DC-BDYJ-05

穿墙套管检修标准督查卡

工作任务：		督查时间：	
督查项目	督查标准	违章性质	督查情况
安全措施	1．按规定得到设备运维单位的许可进场作业。	Ⅰ类严重违章（第5条）	
	2．停电作业时，作业点在接地保护范围内。	恶性违章（第4条）	
	3．高压试验变更接线或试验结束时已将升压设备的高压部分放电、短路接地。	Ⅱ类严重违章（第29条）	
	4．在变电站内使用吊车、作业平台、高空作业车时，接地牢固可靠。	一般违章（第23条）	
	5．电气设备、电源箱外壳接地牢固可靠。	一般违章（第22条）	
	6．高空作业车、吊车作业时按规定设置警示围栏。	Ⅱ类严重违章（第36条）	
	7．高压试验现场规范装设遮栏或围栏。	Ⅱ类严重违章（第36条）	
关键事项	1．关键事项、关键环节作业按施工方案或规定程序开展作业。	Ⅱ类严重违章（第36条）	
	2．作业人员与带电设备、引线安全距离不小于《安规（变电部分）》表3。在35kV及以下的设备处工作，安全距离大于表3、小于表1规定时，有绝缘隔板、安全遮栏措施的设备。	恶性违章（第8条）	
	3．吊车、高空作业车与带电设备、引线安全距离不小于《安规（变电部分）》表1。	恶性违章（第8条）	
	4．吊车、高空作业车与带电设备最小安全距离大于《安规（变电部分）》表1、小于表18要求时，制定并落实防止误碰带电设备的安全措施。	Ⅱ类严重违章（第36条）	
	5．起重作业按规定设有专人指挥。	Ⅲ类严重违章（第69条）	
	6．起吊装置工作负荷不得超铭牌规定使用。	Ⅰ类严重违章（第9条）	
	7．吊车、高空作业车作业前，支腿全部支好；支腿按规程要求加垫木。	Ⅲ类严重违章（第83条）	
	8．起吊过程中吊臂和起吊物下方，无人逗留和通过。	Ⅱ类严重违章（第38条）	

续表

督查项目	督查标准	违章性质	督查情况
关键事项	9. 吊车吊钩有防止脱钩的保险装置。	Ⅲ类严重违章（第 84 条）	
	10. 在变电站（开关站）的带电区域内或邻近带电线路处禁止使用钢卷尺、金属梯、带金属丝的测绳等工器具。	恶性违章（第 9 条）	
	11. 施工用电线路、电动机械及照明设备拆除后，带电部分按规定处理。	Ⅲ类严重违章（第 87 条）	
	12. 电动设备按照“一机、一闸、一保护”规定使用。	一般违章（第 20 条）	
	13. 作业人员不得擅自穿、跨越安全围栏、安全警戒线。	Ⅱ类严重违章（第 37 条）	
	14. 高处作业、攀登或转移作业位置时正确使用安全带等防高坠用品，全程不失去保护。	恶性违章（第 5 条）	
	15. 高处作业人员不随手上下抛掷工具、材料等物件。	一般违章（第 16 条）	
	16. 易燃易爆物品或各种气瓶按规定储运、存放、使用。	一般违章（第 24 条）	
	17. 油务工作、动火作业现场应按规定配备合格的消防器材。	Ⅲ类严重违章（第 65 条）	
	18. 按规定使用安全绝缘工具和安全防护用具。	一般违章（第 12 条）	
督查人员：	离开现场时间：		

编号：DC-BDYJ-06

组合电器检修标准督查卡

工作任务：		督查时间：	
督查项目	督查标准	违章性质	督查情况
安全措施	1．按规定得到设备运维单位的许可进场作业。	Ⅰ类严重违章（第5条）	
	2．停电作业时，作业点在接地保护范围内。	恶性违章（第4条）	
	3．高压试验变更接线或试验结束时已将升压设备的高压部分放电、短路接地。	Ⅱ类严重违章（第29条）	
	4．在变电站内使用吊车、作业平台、高空作业车时，接地牢固可靠。	一般违章（第23条）	
	5．电气设备、电源箱外壳接地牢固可靠。	一般违章（第22条）	
	6．高空作业车、吊车作业时按规定设置警示围栏。	Ⅱ类严重违章（第36条）	
	7．高压试验现场规范装设遮栏或围栏。	Ⅱ类严重违章（第36条）	
关键事项	1．关键事项、关键环节作业按施工方案或规定程序开展作业。	Ⅱ类严重违章（第36条）	
	2．作业人员与带电设备、引线安全距离不小于《安规（变电部分）》表3。在35kV及以下的设备处工作，安全距离大于表3、小于表1规定时，有绝缘隔板、安全遮栏措施的设备。	恶性违章（第8条）	
	3．吊车、高空作业车与带电设备、引线安全距离不小于《安规（变电部分）》表1。	恶性违章（第8条）	
	4．吊车、高空作业车与带电设备最小安全距离大于《安规（变电部分）》表1、小于表18要求时，制定并落实防止误碰带电设备的安全措施。	Ⅱ类严重违章（第36条）	
	5．起重作业按规定设有专人指挥。	Ⅲ类严重违章（第69条）	
	6．起吊装置工作负荷不得超铭牌规定使用。	Ⅰ类严重违章（第9条）	
	7．吊车、高空作业车作业前，支腿全部支好；支腿按规程要求加垫木。	Ⅲ类严重违章（第83条）	
	8．起吊过程中吊臂和起吊物下方，无人逗留和通过。	Ⅱ类严重违章（第38条）	

续表

督查项目	督查标准	违章性质	督查情况
关键事项	9．吊车吊钩有防止脱钩的保险装置。	Ⅲ类严重违章（第 84 条）	
	10．在变电站（开关站）的带电区域内或邻近带电线路处禁止使用钢卷尺、金属梯、带金属丝的测绳等工器具。	恶性违章（第 9 条）	
	11．施工用电线路、电动机械及照明设备拆除后，带电部分按规定处理。	Ⅲ类严重违章（第 87 条）	
	12．电动设备按照“一机、一闸、一保护”规定使用。	一般违章（第 20 条）	
	13．作业人员不得擅自穿、跨越安全围栏、安全警戒线。	Ⅱ类严重违章（第 37 条）	
	14．高处作业、攀登或转移作业位置时正确使用安全带等防高坠用品，全程不失去保护。	恶性违章（第 5 条）	
	15．高处作业人员不随手上下抛掷工具、材料等物件。	一般违章（第 16 条）	
	16．易燃易爆物品或各种气瓶按规定储运、存放、使用。	一般违章（第 24 条）	
	17．油务工作、动火作业现场应按规定配备合格的消防器材。	Ⅲ类严重违章（第 65 条）	
	18．按规定使用安全绝缘工具和安全防护用具。	一般违章（第 12 条）	
督查人员：		离开现场时间：	

编号：DC-BDYJ-07

隔离开关检修标准督查卡

工作任务：	督查时间：		
督查项目	督查标准	违章性质	督查情况
安全措施	1．按规定得到设备运维单位的许可进场作业。	Ⅰ类严重违章（第5条）	
	2．停电作业时，作业点在接地保护范围内。	恶性违章（第4条）	
	3．高压试验变更接线或试验结束时已将升压设备的高压部分放电、短路接地。	Ⅱ类严重违章（第29条）	
	4．在变电站内使用吊车、作业平台、高空作业车时，接地牢固可靠。	一般违章（第23条）	
	5．电气设备、电源箱外壳接地牢固可靠。	一般违章（第22条）	
	6．高空作业车、吊车作业时按规定设置警示围栏。	Ⅱ类严重违章（第36条）	
	7．高压试验现场规范装设遮栏或围栏。	Ⅱ类严重违章（第36条）	
关键事项	1．关键事项、关键环节作业按施工方案或规定程序开展作业。	Ⅱ类严重违章（第36条）	
	2．作业人员与带电设备、引线安全距离不小于《安规（变电部分）》表3。在35kV及以下的设备处工作，安全距离大于表3、小于表1规定时，有绝缘隔板、安全遮栏措施的设备。	恶性违章（第8条）	
	3．吊车、高空作业车与带电设备、引线安全距离不小于《安规（变电部分）》表1。	恶性违章（第8条）	
	4．吊车、高空作业车与带电设备最小安全距离大于《安规（变电部分）》表1、小于表18要求时，制定并落实防止误碰带电设备的安全措施。	Ⅱ类严重违章（第36条）	
	5．起重作业按规定设有专人指挥。	Ⅲ类严重违章（第69条）	
	6．起吊装置工作负荷不得超铭牌规定使用。	Ⅰ类严重违章（第9条）	
	7．吊车、高空作业车作业前，支腿全部支好；支腿按规程要求加垫木。	Ⅲ类严重违章（第83条）	
	8．起吊过程中吊臂和起吊物下方，无人逗留和通过。	Ⅱ类严重违章（第38条）	

续表

督查项目	督查标准	违章性质	督查情况
关键事项	9．吊车吊钩有防止脱钩的保险装置。	Ⅲ类严重违章（第 84 条）	
	10．在变电站（开关站）的带电区域内或邻近带电线路处禁止使用钢卷尺、金属梯、带金属丝的测绳等工器具。	恶性违章（第 9 条）	
	11．施工用电线路、电动机械及照明设备拆除后，带电部分按规定处理。	Ⅲ类严重违章（第 87 条）	
	12．电动设备按照“一机、一闸、一保护”规定使用。	一般违章（第 20 条）	
	13．作业人员不得擅自穿、跨越安全围栏、安全警戒线。	Ⅱ类严重违章（第 37 条）	
	14．高处作业、攀登或转移作业位置时正确使用安全带等防高坠用品，全程不失去保护。	恶性违章（第 5 条）	
	15．高处作业人员不随手上下抛掷工具、材料等物件。	一般违章（第 16 条）	
	16．易燃易爆物品或各种气瓶按规定储运、存放、使用。	一般违章（第 24 条）	
	17．油务工作、动火作业现场应按规定配备合格的消防器材。	Ⅲ类严重违章（第 65 条）	
	18．按规定使用安全绝缘工具和安全防护用具。	一般违章（第 12 条）	
督查人员：		离开现场时间：	

编号：DC-BDYJ-08

开关柜检修标准督查卡

工作任务：		督查时间：	
督查项目	督查标准	违章性质	督查情况
安全措施	1．按规定得到设备运维单位的许可进场作业。	Ⅰ类严重违章（第 5 条）	
	2．停电作业时，作业点在接地保护范围内。	恶性违章（第 4 条）	
	3．高压试验变更接线或试验结束时已将升压设备的高压部分放电、短路接地。	Ⅱ类严重违章（第 29 条）	
	4．在变电站内使用吊车作业时，接地牢固可靠。	一般违章（第 23 条）	
	5．电气设备、电源箱外壳接地牢固可靠。	一般违章（第 22 条）	
	6．吊车作业时按规定设置警示围栏。	Ⅱ类严重违章（第 36 条）	
	7．高压试验现场规范装设遮栏或围栏。	Ⅱ类严重违章（第 36 条）	
关键事项	1．开关柜各高压隔室设有泄压通道或压力释放装置；开关柜泄压通道或压力释放装置，与设计图纸一致。	Ⅲ类严重违章（第 54 条）	
	2．高压开关柜内手车开关拉出后，隔离带电部位的挡板已封闭；严禁擅自开启高压开关柜门、检修小窗、移动绝缘挡板。	恶性违章（第 13 条）	
	3．关键事项、关键环节作业按施工方案或规定程序开展作业。	Ⅱ类严重违章（第 36 条）	
	4．作业人员与带电设备、引线安全距离不小于《安规（变电部分）》表 3。在 35kV 及以下的设备处工作，安全距离大于表 3、小于表 1 规定时，有绝缘隔板、安全遮栏措施的设备。	恶性违章（第 8 条）	
	5．吊车、高空作业车与带电设备、引线安全距离不小于《安规（变电部分）》表 1。	恶性违章（第 8 条）	
	6．吊车、高空作业车与带电设备最小安全距离大于《安规（变电部分）》表 1、小于表 18 要求时，制定并落实防止误碰带电设备的安全措施。	Ⅱ类严重违章（第 36 条）	
	7．起重作业按规定设有专人指挥。	Ⅲ类严重违章（第 69 条）	
	8．起吊装置工作负荷不得超铭牌规定使用。	Ⅰ类严重违章（第 9 条）	

续表

督查项目	督查标准	违章性质	督查情况
关键事项	9. 吊车、高空作业车作业前，支腿全部支好；支腿按规程要求加垫木。	Ⅲ类严重违章（第 83 条）	
	10. 起吊过程中吊臂和起吊物下方，无人逗留和通过。	Ⅱ类严重违章（第 38 条）	
	11. 吊车吊钩有防止脱钩的保险装置。	Ⅲ类严重违章（第 84 条）	
	12. 在变电站（开关站）的带电区域内或邻近带电线路处禁止使用钢卷尺、金属梯、带金属丝的测绳等工器具。	恶性违章（第 9 条）	
	13. 施工用电线路、电动机械及照明设备拆除后，带电部分按规定处理。	Ⅲ类严重违章（第 87 条）	
	14. 电动设备按照“一机、一闸、一保护”规定使用。	一般违章（第 20 条）	
	15. 作业人员不得擅自穿、跨越安全围栏、安全警戒线。	Ⅱ类严重违章（第 37 条）	
	16. 按规定使用安全绝缘工具和安全防护用具。	一般违章（第 12 条）	
督查人员：		离开现场时间：	

编号：DC-BDYJ-09

互感器检修标准督查卡

工作任务：		督查时间：	
督查项目	督查标准	违章性质	督查情况
安全措施	1．按规定得到设备运维单位的许可进场作业。	Ⅰ类严重违章（第 5 条）	
	2．停电作业时，作业点在接地保护范围内。	恶性违章（第 4 条）	
	3．高压试验变更接线或试验结束时已将升压设备的高压部分放电、短路接地。	Ⅱ类严重违章（第 29 条）	
	4．在变电站内使用的吊车作业时，接地牢固可靠。	一般违章（第 23 条）	
	5．电气设备、电源箱外壳接地牢固可靠。	一般违章（第 22 条）	
	6．高空作业车、吊车作业时按规定设置警示围栏。	Ⅱ类严重违章（第 36 条）	
	7．高压试验现场规范装设遮栏或围栏。	Ⅱ类严重违章（第 36 条）	
关键事项	1．短路电流互感器二次绕组时，使用的短路片和短路线连接牢固，不得用导线缠绕。	Ⅱ类严重违章（第 43 条）	
	2．在带电的电压互感器二次回路上工作时，使用绝缘工具。	Ⅱ类严重违章（第 43 条）	
	3．关键事项、关键环节作业按施工方案或规定程序开展作业。	Ⅱ类严重违章（第 36 条）	
	4．作业人员与带电设备、引线安全距离不小于《安规（变电部分）》表 3。在 35kV 及以下的设备处工作，安全距离大于表 3、小于表 1 规定时，有绝缘隔板、安全遮栏措施的设备。	恶性违章（第 8 条）	
	5．吊车、高空作业车与带电设备、引线安全距离不小于《安规（变电部分）》表 1。	恶性违章（第 8 条）	
	6．吊车、高空作业车与带电设备最小安全距离大于《安规（变电部分）》表 1、小于表 18 要求时，制定并落实防止误碰带电设备的安全措施。	Ⅱ类严重违章（第 36 条）	
	7．作业人员不得擅自穿、跨越安全围栏、安全警戒线。	Ⅱ类严重违章（第 37 条）	
	8．起重作业按规定设有专人指挥。	Ⅲ类严重违章（第 69 条）	

续表

督查项目	督查标准	违章性质	督查情况
关键事项	9．起吊装置工作负荷不得超铭牌规定使用。	Ⅰ类严重违章（第9条）	
	10．吊车、高空作业车作业前，支腿全部支好；支腿按规程要求加垫木。	Ⅲ类严重违章（第83条）	
	11．起吊过程中吊臂和起吊物下方，无人逗留和通过。	Ⅱ类严重违章（第38条）	
	12．吊车吊钩有防止脱钩的保险装置。	Ⅲ类严重违章（第84条）	
	13．高处作业、攀登或转移作业位置时正确使用安全带等防高坠用品，全程不失去保护。	恶性违章（第5条）	
	14．在变电站（开关站）的带电区域内或邻近带电线路处禁止使用钢卷尺、金属梯、带金属丝的测绳等工器具。	恶性违章（第9条）	
	15．施工用电线路、电动机械及照明设备拆除后，带电部分按规定处理。	Ⅲ类严重违章（第87条）	
	16．电动设备按照“一机、一闸、一保护”规定使用。	一般违章（第20条）	
	17．按规定使用安全绝缘工具和安全防护用具。	一般违章（第12条）	
督查人员：	离开现场时间：		

编号：DC-BDYJ-10

无功补偿装置检修标准督查卡

工作任务：	督查时间：		
督查项目	督查标准	违章性质	督查情况
安全措施	1．按规定得到设备运维单位的许可进场作业。	Ⅰ类严重违章（第 5 条）	
	2．停电作业时，作业点在接地保护范围内。	恶性违章（第 4 条）	
	3．高压试验变更接线或试验结束时已将升压设备的高压部分放电、短路接地。	Ⅱ类严重违章（第 29 条）	
	4．在变电站内使用吊车作业时，接地牢固可靠。	一般违章（第 23 条）	
	5．电气设备、电源箱外壳接地牢固可靠。	一般违章（第 22 条）	
	6．高空作业车、吊车作业时按规定设置警示围栏。	Ⅱ类严重违章（第 36 条）	
	7．高压试验现场规范装设遮栏或围栏。	Ⅱ类严重违章（第 36 条）	
关键事项	1．电容性设备检修前放电并接地。串联电容器及与整组电容器脱离的电容器应逐个多次放电，装在绝缘支架上的电容器外壳已放电。	Ⅱ类严重违章（第 29 条）	
	2．关键事项、关键环节作业按施工方案或规定程序开展作业。	Ⅱ类严重违章（第 36 条）	
	3．作业人员与带电设备、引线安全距离不小于《安规（变电部分）》表 3。在 35kV 及以下的设备处工作，安全距离大于表 3、小于表 1 规定时，有绝缘隔板、安全遮栏措施的设备。	恶性违章（第 8 条）	
	4．吊车、高空作业车与带电设备、引线安全距离不小于《安规（变电部分）》表 1。	恶性违章（第 8 条）	
	5．吊车、高空作业车与带电设备最小安全距离大于《安规（变电部分）》表 1、小于表 18 要求时，制定并落实防止误碰带电设备的安全措施。	Ⅱ类严重违章（第 36 条）	
	6．作业人员不得擅自穿、跨越安全围栏、安全警戒线。	Ⅱ类严重违章（第 37 条）	
	7．起重作业按规定设有专人指挥。	Ⅲ类严重违章（第 69 条）	
	8．起吊装置工作负荷不得超铭牌规定使用。	Ⅰ类严重违章（第 9 条）	

续表

督查项目	督查标准	违章性质	督查情况
关键事项	9．吊车、高空作业车作业前，支腿全部支好；支腿按规程要求加垫木。	Ⅲ类严重违章（第 83 条）	
	10．起吊过程中吊臂和起吊物下方，无人逗留和通过。	Ⅱ类严重违章（第 38 条）	
	11．吊车吊钩有防止脱钩的保险装置。	Ⅲ类严重违章（第 84 条）	
	12．高处作业、攀登或转移作业位置时正确使用安全带等防高坠用品，全程不失去保护。	恶性违章（第 5 条）	
	13．在变电站（开关站）的带电区域内或邻近带电线路处禁止使用钢卷尺、金属梯、带金属丝的测绳等工器具。	恶性违章（第 9 条）	
	14．施工用电线路、电动机械及照明设备拆除后，带电部分按规定处理。	Ⅲ类严重违章（第 87 条）	
	15．电动设备按照“一机、一闸、一保护”规定使用。	一般违章（第 20 条）	
	16．按规定使用安全绝缘工具和安全防护用具。	一般违章（第 12 条）	
督查人员：	离开现场时间：		

编号：DC-BDYJ-11

高频阻波器及耦合电容器检修标准督查卡

工作任务：	督查时间：		
督查项目	督查标准	违章性质	督查情况
安全措施	1．按规定得到设备运维单位的许可进场作业。	Ⅰ类严重违章（第5条）	
安全措施	2．停电作业时，作业点在接地保护范围内。	恶性违章（第4条）	
安全措施	3．高压试验变更接线或试验结束时已将升压设备的高压部分放电、短路接地。	Ⅱ类严重违章（第29条）	
安全措施	4．在变电站内使用吊车作业时，接地牢固可靠。	一般违章（第23条）	
安全措施	5．电气设备、电源箱外壳接地牢固可靠。	一般违章（第22条）	
安全措施	6．高空作业车、吊车作业时按规定设置警示围栏。	Ⅱ类严重违章（第36条）	
安全措施	7．高压试验现场规范装设遮栏或围栏。	Ⅱ类严重违章（第36条）	
关键事项	1．电容性设备检修前放电并接地。串联电容器及与整组电容器脱离的电容器应逐个多次放电，装在绝缘支架上的电容器外壳已放电。	Ⅱ类严重违章（第29条）	
关键事项	2．关键事项、关键环节作业按施工方案或规定程序开展作业。	Ⅱ类严重违章（第36条）	
关键事项	3．作业人员与带电设备、引线安全距离不小于《安规（变电部分）》表3。在35kV及以下的设备处工作，安全距离大于表3、小于表1规定时，有绝缘隔板、安全遮栏措施的设备。	恶性违章（第8条）	
关键事项	4．吊车、高空作业车与带电设备、引线安全距离不小于《安规（变电部分）》表1。	恶性违章（第8条）	
关键事项	5．吊车、高空作业车与带电设备最小安全距离大于《安规（变电部分）》表1、小于表18要求时，制定并落实防止误碰带电设备的安全措施。	Ⅱ类严重违章（第36条）	
关键事项	6．作业人员不得擅自穿、跨越安全围栏、安全警戒线。	Ⅱ类严重违章（第37条）	
关键事项	7．起重作业按规定设有专人指挥。	Ⅲ类严重违章（第69条）	
关键事项	8．起吊装置工作负荷不得超铭牌规定使用。	Ⅰ类严重违章（第9条）	

续表

督查项目	督查标准	违章性质	督查情况
关键事项	9．吊车、高空作业车作业前，支腿全部支好；支腿按规程要求加垫木。	Ⅲ类严重违章（第 83 条）	
	10．起吊过程中吊臂和起吊物下方，无人逗留和通过。	Ⅱ类严重违章（第 38 条）	
	11．吊车吊钩有防止脱钩的保险装置。	Ⅲ类严重违章（第 84 条）	
	12．高处作业、攀登或转移作业位置时正确使用安全带等防高坠用品，全程不失去保护。	恶性违章（第 5 条）	
	13．在变电站（开关站）的带电区域内或邻近带电线路处禁止使用钢卷尺、金属梯、带金属丝的测绳等工器具。	恶性违章（第 9 条）	
	14．施工用电线路、电动机械及照明设备拆除后，带电部分按规定处理。	Ⅲ类严重违章（第 87 条）	
	15．电动设备按照“一机、一闸、一保护”规定使用。	一般违章（第 20 条）	
	16．按规定使用安全绝缘工具和安全防护用具。	一般违章（第 12 条）	
督查人员：	离开现场时间：		

编号：DC-BDYJ-12

母线及绝缘子检修标准督查卡

工作任务：	督查时间：		
督查项目	督查标准	违章性质	督查情况
安全措施	1．按规定得到设备运维单位的许可进场作业。	I 类严重违章（第 5 条）	
	2．停电作业时，作业点在接地保护范围内。	恶性违章（第 4 条）	
	3．高压试验变更接线或试验结束时已将升压设备的高压部分放电、短路接地。	II 类严重违章（第 29 条）	
	4．在变电站内使用吊车作业时，接地牢固可靠。	一般违章（第 23 条）	
	5．电气设备、电源箱外壳接地牢固可靠。	一般违章（第 22 条）	
	6．高空作业车、吊车作业时按规定设置警示围栏。	II 类严重违章（第 36 条）	
关键事项	1．关键事项、关键环节作业按施工方案或规定程序开展作业。	II 类严重违章（第 36 条）	
	2．作业人员与带电设备、引线安全距离不小于《安规（变电部分）》表 3。在 35kV 及以下的设备处工作，安全距离大于表 3、小于表 1 规定时，有绝缘隔板、安全遮栏措施的设备。	恶性违章（第 8 条）	
	3．吊车、高空作业车与带电设备、引线安全距离不小于《安规（变电部分）》表 1。	恶性违章（第 8 条）	
	4．吊车、高空作业车与带电设备最小安全距离大于《安规（变电部分）》表 1、小于表 18 要求时，制定并落实防止误碰带电设备的安全措施。	II 类严重违章（第 36 条）	
	5．作业人员不得擅自穿、跨越安全围栏、安全警戒线。	II 类严重违章（第 37 条）	
	6．起重作业按规定设有专人指挥。	III类严重违章（第 69 条）	
	7．起吊装置工作负荷不得超铭牌规定使用。	I 类严重违章（第 9 条）	
	8．吊车、高空作业车作业前，支腿全部支好；支腿按规程要求加垫木。	III类严重违章（第 83 条）	
	9．起吊过程中，受力钢丝绳的周围、上下方、转向滑车内角侧、吊臂和起吊物下方，无人逗留和通过。	II 类严重违章（第 38 条）	

续表

督查项目	督查标准	违章性质	督查情况
关键事项	10．吊车吊钩有防止脱钩的保险装置。	Ⅲ类严重违章（第 84 条）	
	11．高处作业、攀登或转移作业位置时正确使用安全带等防高坠用品，全程不失去保护。	恶性违章（第 5 条）	
	12．无作业人员利用吊钩上升或下降。	恶性违章（第 10 条）	
	13．高处作业人员不随手上下抛掷工具、材料等物件。	一般违章（第 16 条）	
	14．在变电站（开关站）的带电区域内或邻近带电线路处禁止使用钢卷尺、金属梯、带金属丝的测绳等工器具。	恶性违章（第 9 条）	
	15．施工用电线路、电动机械及照明设备拆除后，带电部分按规定处理。	Ⅲ类严重违章（第 87 条）	
	16．电动设备按照“一机、一闸、一保护”规定使用。	一般违章（第 20 条）	
	17．按规定使用安全绝缘工具和安全防护用具。	一般违章（第 12 条）	
督查人员：	离开现场时间：		

编号：DC-BDYJ-13

电力电缆检修标准督查卡

工作任务：	督查时间：		
督查项目	督查标准	违章性质	督查情况
安全措施	1．按规定得到设备运维单位的许可进场作业。	Ⅰ类严重违章（第 5 条）	
	2．停电作业时，作业点在接地保护范围内。	恶性违章（第 4 条）	
	3．高压试验变更接线或试验结束时已将升压设备的高压部分放电、短路接地。	Ⅱ类严重违章（第 29 条）	
	4．在变电站内使用吊车作业时，接地牢固可靠。	一般违章（第 23 条）	
	5．电气设备、电源箱外壳接地牢固可靠。	一般违章（第 22 条）	
	6．高空作业车、吊车作业时按规定设置警示围栏。	Ⅱ类严重违章（第 36 条）	
	7．高压试验现场规范装设遮栏或围栏。	Ⅱ类严重违章（第 36 条）	
关键事项	1．电缆井、电缆隧道、深度超过 2m 的基坑、沟（槽）内等工作环境比较复杂且相对密闭的空间，按规定采取通风措施、经气体检测合格后作业。	恶性违章（第 6 条）	
	2．有限空间作业现场配置并能正确使用安全防护装备、应急救援装备；正确设置监护人。	Ⅰ类严重违章（第 8 条）	
	3．关键事项、关键环节作业按施工方案或规定程序开展作业。	Ⅱ类严重违章（第 36 条）	
	4．作业人员与带电设备、引线安全距离不小于《安规（变电部分）》表 3。在 35kV 及以下的设备处工作，安全距离大于表 3、小于表 1 规定时，有绝缘隔板、安全遮栏措施的设备。	恶性违章（第 8 条）	
	5．吊车、高空作业车与带电设备、引线安全距离不小于《安规（变电部分）》表 1。	恶性违章（第 8 条）	
	6．吊车、高空作业车与带电设备最小安全距离大于《安规（变电部分）》表 1、小于表 18 要求时，制定并落实防止误碰带电设备的安全措施。	Ⅱ类严重违章（第 36 条）	
	7．作业人员不得擅自穿、跨越安全围栏、安全警戒线。	Ⅱ类严重违章（第 37 条）	
	8．起重作业按规定设有专人指挥。	Ⅲ类严重违章（第 69 条）	

续表

督查项目	督查标准	违章性质	督查情况
关键事项	9．起吊装置工作负荷不得超铭牌规定使用。	Ⅰ类严重违章（第9条）	
	10．吊车、高空作业车作业前，支腿全部支好；支腿按规程要求加垫木。	Ⅲ类严重违章（第83条）	
	11．起吊过程中，吊臂和起吊物下方，无人逗留和通过。	Ⅱ类严重违章（第38条）	
	12．吊车吊钩有防止脱钩的保险装置。	Ⅲ类严重违章（第84条）	
	13．高处作业、攀登或转移作业位置时正确使用安全带等防高坠用品，全程不失去保护。	恶性违章（第5条）	
	14．无作业人员利用吊钩上升或下降。	恶性违章（第10条）	
	15．高处作业人员不随手上下抛掷工具、材料等物件。	一般违章（第16条）	
	16．在变电站（开关站）的带电区域内或邻近带电线路处禁止使用钢卷尺、金属梯、带金属丝的测绳等工器具。	恶性违章（第9条）	
	17．施工用电线路、电动机械及照明设备拆除后，带电部分按规定处理。	Ⅲ类严重违章（第87条）	
	18．电动设备按照“一机、一闸、一保护”规定使用。	一般违章（第20条）	
	19．动火作业现场应按规定配备合格的消防器材。	Ⅲ类严重违章（第65条）	
	20．按规定使用安全绝缘工具和安全防护用具。	一般违章（第12条）	
督查人员：		离开现场时间：	

编号：DC-BDYJ-14

消弧线圈及接地变检修标准督查卡

工作任务：		督查时间：	
督查项目	督查标准	违章性质	督查情况
安全措施	1．按规定得到设备运维单位的许可进场作业。	Ⅰ类严重违章（第 5 条）	
	2．停电作业时，作业点在接地保护范围内。	恶性违章（第 4 条）	
	3．高压试验变更接线或试验结束时已将升压设备的高压部分放电、短路接地。	Ⅱ类严重违章（第 29 条）	
	4．在变电站内使用吊车作业时，接地牢固可靠。	一般违章（第 23 条）	
	5．电气设备、电源箱外壳接地牢固可靠。	一般违章（第 22 条）	
	6．高空作业车、吊车作业时按规定设置警示围栏。	Ⅱ类严重违章（第 36 条）	
	7．高压试验现场规范装设遮栏或围栏。	Ⅱ类严重违章（第 36 条）	
关键事项	1．关键事项、关键环节作业按施工方案或规定程序开展作业。	Ⅱ类严重违章（第 36 条）	
	2．作业人员与带电设备、引线安全距离不小于《安规（变电部分）》表 3。在 35kV 及以下的设备处工作，安全距离大于表 3、小于表 1 规定时，有绝缘隔板、安全遮栏措施的设备。	恶性违章（第 8 条）	
	3．吊车、高空作业车与带电设备、引线安全距离不小于《安规（变电部分）》表 1。	恶性违章（第 8 条）	
	4．吊车、高空作业车与带电设备最小安全距离大于《安规（变电部分）》表 1、小于表 18 要求时，制定并落实防止误碰带电设备的安全措施。	Ⅱ类严重违章（第 36 条）	
	5．作业人员不得擅自穿、跨越安全围栏、安全警戒线。	Ⅱ类严重违章（第 37 条）	
	6．起重作业按规定设有专人指挥。	Ⅲ类严重违章（第 69 条）	
	7．起吊装置工作负荷不得超铭牌规定使用。	Ⅰ类严重违章（第 9 条）	
	8．吊车、高空作业车作业前，支腿全部支好；支腿按规程要求加垫木。	Ⅲ类严重违章（第 83 条）	

续表

督查项目	督查标准	违章性质	督查情况
关键事项	9．起吊过程中，吊臂和起吊物下方，无人逗留和通过。	Ⅱ类严重违章（第 38 条）	
	10．吊车吊钩有防止脱钩的保险装置。	Ⅲ类严重违章（第 84 条）	
	11．高处作业、攀登或转移作业位置时正确使用安全带等防高坠用品，全程不失去保护。	恶性违章（第 5 条）	
	12．在变电站（开关站）的带电区域内或邻近带电线路处禁止使用钢卷尺、金属梯、带金属丝的测绳等工器具。	恶性违章（第 9 条）	
	13．施工用电线路、电动机械及照明设备拆除后，带电部分按规定处理。	Ⅲ类严重违章（第 87 条）	
	14．电动设备按照“一机、一闸、一保护”规定使用。	一般违章（第 20 条）	
	15．动火作业现场应按规定配备合格的消防器材。	Ⅲ类严重违章（第 65 条）	
	16．按规定使用安全绝缘工具和安全防护用具。	一般违章（第 12 条）	
督查人员：	离开现场时间：		

编号：DC-BDYJ-15

避雷针及接地装置检修标准督查卡

工作任务：	督查时间：		
督查项目	督查标准	违章性质	督查情况
安全措施	1．按规定得到设备运维单位的许可进场作业。	Ⅰ类严重违章（第 5 条）	
	2．在变电站内使用吊车作业时，接地牢固可靠。	一般违章（第 23 条）	
	3．电气设备、电源箱外壳接地牢固可靠。	一般违章（第 22 条）	
	4．高空作业车、吊车作业时按规定设置警示围栏。	Ⅱ类严重违章（第 36 条）	
关键事项	1．关键事项、关键环节作业按施工方案或规定程序开展作业。	Ⅱ类严重违章（第 36 条）	
	2．作业人员与带电设备、引线安全距离不小于《安规（变电部分）》表 3。在 35kV 及以下的设备处工作，安全距离大于表 3、小于表 1 规定时，有绝缘隔板、安全遮栏措施的设备。	恶性违章（第 8 条）	
	3. 吊车、高空作业车与带电设备、引线安全距离不小于《安规（变电部分）》表 1。	恶性违章（第 8 条）	
	4．吊车、高空作业车与带电设备最小安全距离大于《安规（变电部分）》表 1、小于表 18 要求时，制定并落实防止误碰带电设备的安全措施。	Ⅱ类严重违章（第 36 条）	
	5．作业人员不得擅自穿、跨越安全围栏、安全警戒线。	Ⅱ类严重违章（第 37 条）	
	6．起重作业按规定设有专人指挥。	Ⅲ类严重违章（第 69 条）	
	7．起吊装置工作负荷不得超铭牌规定使用。	Ⅰ类严重违章（第 9 条）	
	8．吊车、高空作业车作业前，支腿全部支好；支腿按规程要求加垫木。	Ⅲ类严重违章（第 83 条）	
	9．起吊过程中，吊臂和起吊物下方，无人逗留和通过。	Ⅱ类严重违章（第 38 条）	
	10．吊车吊钩有防止脱钩的保险装置。	Ⅲ类严重违章（第 84 条）	
	11．高处作业、攀登或转移作业位置时正确使用安全带等防高坠用品，全程不失去保护。	恶性违章（第 5 条）	

续表

督查项目	督查标准	违章性质	督查情况
关键事项	12．无作业人员利用吊钩上升或下降。	恶性违章（第10条）	
	13．高处作业人员不随手上下抛掷工具、材料等物件。	一般违章（第16条）	
	14．施工用电线路、电动机械及照明设备拆除后，带电部分按规定处理。	Ⅲ类严重违章（第87条）	
	15．电动设备按照“一机、一闸、一保护”规定使用。	一般违章（第20条）	
	16．动火作业现场应按规定配备合格的消防器材。	Ⅲ类严重违章（第65条）	
督查人员：	离开现场时间：		

编号：DC-BDYJ-16

避雷器检修标准督查卡

工作任务：	督查时间：		
督查项目	督查标准	违章性质	督查情况
安全措施	1．按规定得到设备运维单位的许可进场作业。	Ⅰ类严重违章（第5条）	
	2．停电作业时，作业点在接地保护范围内。	恶性违章（第4条）	
	3．高压试验变更接线或试验结束时已将升压设备的高压部分放电、短路接地。	Ⅱ类严重违章（第29条）	
	4．在变电站内使用吊车作业时，接地牢固可靠。	一般违章（第23条）	
	5．电气设备、电源箱外壳接地牢固可靠。	一般违章（第22条）	
	6．高空作业车、吊车作业时按规定设置警示围栏。	Ⅱ类严重违章（第36条）	
	7．高压试验现场规范装设遮栏或围栏。	Ⅱ类严重违章（第36条）	
关键事项	1．关键事项、关键环节作业按施工方案或规定程序开展作业。	Ⅱ类严重违章（第36条）	
	2．作业人员与带电设备、引线安全距离不小于《安规（变电部分）》表3。在35kV及以下的设备处工作，安全距离大于表3、小于表1规定时，有绝缘隔板、安全遮栏措施的设备。	恶性违章（第8条）	
	3．吊车、高空作业车与带电设备、引线安全距离不小于《安规（变电部分）》表1。	恶性违章（第8条）	
	4．吊车、高空作业车与带电设备最小安全距离大于《安规（变电部分）》表1、小于表18要求时，制定并落实防止误碰带电设备的安全措施。	Ⅱ类严重违章（第36条）	
	5．作业人员不得擅自穿、跨越安全围栏、安全警戒线。	Ⅱ类严重违章（第37条）	
	6．起重作业按规定设有专人指挥。	Ⅲ类严重违章（第69条）	
	7．起吊装置工作负荷不得超铭牌规定使用。	Ⅰ类严重违章（第9条）	
	8．吊车、高空作业车作业前，支腿全部支好；支腿按规程要求加垫木。	Ⅲ类严重违章（第83条）	

续表

督查项目	督查标准	违章性质	督查情况
关键事项	9．起吊过程中，吊臂和起吊物下方，无人逗留和通过。	Ⅱ类严重违章（第 38 条）	
	10．吊车吊钩有防止脱钩的保险装置。	Ⅲ类严重违章（第 84 条）	
	11．高处作业、攀登或转移作业位置时正确使用安全带等防高坠用品，全程不失去保护。	恶性违章（第 5 条）	
	12．施工用电线路、电动机械及照明设备拆除后，带电部分按规定处理。	Ⅲ类严重违章（第 87 条）	
	13．电动设备按照“一机、一闸、一保护”规定使用。	一般违章（第 20 条）	
	14．按规定使用安全绝缘工具和安全防护用具。	一般违章（第 12 条）	
督查人员：		离开现场时间：	

编号：DC-BDYJ-17

站用交流电源系统检修标准督查卡

工作任务：		督查时间：	
督查项目	督查标准	违章性质	督查情况
安全措施	1．按规定得到设备运维单位的许可进场作业。	Ⅰ类严重违章（第5条）	
	2．需一次设备停电作业时，作业点在接地保护范围内。	恶性违章（第4条）	
	3．电气设备、电源箱外壳接地牢固可靠。	一般违章（第22条）	
关键事项	1．作业人员不得擅自穿、跨越安全围栏、安全警戒线。	Ⅱ类严重违章（第37条）	
	2．有限空间作业，执行“先通风、再检测、后作业”要求。	恶性违章（第6条）	
	3．有限空间作业现场配置并能正确使用安全防护装备、应急救援装备；正确设置监护人。	Ⅰ类严重违章（第8条）	
	4．作业现场不得擅自开启高压开关柜门、检修小窗，不得擅自移动绝缘挡板。	恶性违章（第21条）	
	5．在交流屏、柜开展检修作业时，与运行设备采取明显标志隔开，或在带电的屏、柜附近进行振动较大的工作时，采取防掉闸的安全措施。	Ⅱ类严重违章（第31条）	
	6．在变电站（开关站）的带电区域内或邻近带电线路处禁止使用钢卷尺、金属梯、带金属丝的测绳等工器具。	恶性违章（第9条）	
	7．施工用电线路、电动机械及照明设备拆除后，带电部分按规定处理。	Ⅲ类严重违章（第87条）	
	8．电动设备按照“一机、一闸、一保护”规定使用。	一般违章（第20条）	
	9．按规定使用安全绝缘工具和安全防护用具。	一般违章（第12条）	
督查人员：		离开现场时间：	

编号：DC-BDYJ-18

站用直流电源系统检修标准督查卡

工作任务：		督查时间：	
督查项目	督查标准	违章性质	督查情况
安全措施	1．按规定得到设备运维单位的许可进场作业。	Ⅰ类严重违章（第 5 条）	
	2．需一次设备停电作业时，作业点在接地保护范围内。	恶性违章（第 4 条）	
	3．电气设备、电源箱外壳接地牢固可靠。	一般违章（第 22 条）	
关键事项	1．作业人员不得擅自穿、跨越安全围栏、安全警戒线。	Ⅱ类严重违章（第 37 条）	
	2．有限空间作业，执行“先通风、再检测、后作业”要求。	恶性违章（第 6 条）	
	3．有限空间作业现场配置并能正确使用安全防护装备、应急救援装备；正确设置监护人。	Ⅰ类严重违章（第 8 条）	
	4．在直流电源屏、柜开展检修作业时，与运行设备采取明显标志隔开，或在带电的屏、柜附近进行振动较大的工作时，采取防掉闸的安全措施。	Ⅱ类严重违章（第 31 条）	
	5．施工用电线路、电动机械及照明设备拆除后，带电部分按规定处理。	Ⅲ类严重违章（第 87 条）	
	6．搬运蓄电池时不得触动极柱和安全阀。	一般违章（第 24 条）	
	7．在变电站（开关站）的带电区域内或邻近带电线路处禁止使用钢卷尺、金属梯、带金属丝的测绳等工器具。	恶性违章（第 9 条）	
	8．电动设备按照“一机、一闸、一保护”规定使用。	一般违章（第 20 条）	
	9．按规定使用安全绝缘工具和安全防护用具。	一般违章（第 12 条）	
督查人员：		离开现场时间：	

编号：DC-BDYJ-19

水冷、消防等辅助系统检修标准督查卡

工作任务：	督查时间：		
督查项目	督查标准	违章性质	督查情况
安全措施	1．按规定得到设备运维单位的许可进场作业。	Ⅰ类严重违章（第5条）	
	2．停电作业时，作业点在接地保护范围内。	恶性违章（第4条）	
	3．在变电站内使用吊车作业时，接地牢固可靠。	一般违章（第23条）	
	4．电气设备、电源箱外壳接地牢固可靠。	一般违章（第22条）	
	5．高空作业车、吊车作业时按规定设置警示围栏。	Ⅱ类严重违章（第36条）	
关键事项	1．有限空间作业，执行“先通风、再检测、后作业”要求。	恶性违章（第6条）	
	2．有限空间作业现场配置并能正确使用安全防护装备、应急救援装备；正确设置监护人。	Ⅰ类严重违章（第8条）	
	3．严禁擅自将自动灭火装置、火灾自动报警装置退出运行。	Ⅲ类严重违章（第60条）	
	4．作业人员与带电设备、引线安全距离不小于《安规（变电部分）》表3。在35kV及以下的设备处工作，安全距离大于表3、小于表1规定时，有绝缘隔板、安全遮栏措施的设备。	恶性违章（第8条）	
	5．吊车、高空作业车与带电设备、引线安全距离不小于《安规（变电部分）》表1。	恶性违章（第8条）	
	6．吊车、高空作业车与带电设备最小安全距离大于《安规（变电部分）》表1、小于表18要求时，制定并落实防止误碰带电设备的安全措施。	Ⅱ类严重违章（第36条）	
	7．起重作业按规定设有专人指挥。	Ⅲ类严重违章（第69条）	
	8．起吊装置工作负荷不得超铭牌规定使用。	Ⅰ类严重违章（第9条）	
	9．吊车、高空作业车作业前，支腿全部支好；支腿按规程要求加垫木。	Ⅲ类严重违章（第83条）	
	10．起吊过程中，吊臂和起吊物下方，无人逗留和通过。	Ⅱ类严重违章（第38条）	

续表

督查项目	督查标准	违章性质	督查情况
关键事项	11．吊车吊钩有防止脱钩的保险装置。	Ⅲ类严重违章（第 84 条）	
	12．高处作业、攀登或转移作业位置时正确使用安全带等防高坠用品，全程不失去保护。	恶性违章（第 5 条）	
	13．施工用电线路、电动机械及照明设备拆除后，带电部分按规定处理。	Ⅲ类严重违章（第 87 条）	
	14．电动设备按照“一机、一闸、一保护”规定使用。	一般违章（第 20 条）	
	15．作业人员不得擅自穿、跨越安全围栏、安全警戒线。	Ⅱ类严重违章（第 37 条）	
督查人员：	离开现场时间：		

编号：DC-BDYJ-20

变电站防腐工作标准督查卡

工作任务：		督查时间：	
督查项目	督查标准	违章性质	督查情况
安全措施	1．按规定得到设备运维单位的许可进场作业。	Ⅰ类严重违章（第5条）	
	2．停电作业时，作业点在接地保护范围内。	恶性违章（第4条）	
	3．高空作业车作业时按规定设置警示围栏。	Ⅱ类严重违章（第36条）	
关键事项	1．作业人员与带电设备、引线安全距离不小于《安规（变电部分）》表3。在35kV及以下的设备处工作，安全距离大于表3、小于表1规定时，有绝缘隔板、安全遮栏措施的设备。	恶性违章（第8条）	
	2．高空作业车与带电设备、引线安全距离不小于《安规（变电部分）》表1。	恶性违章（第8条）	
	3．高空作业车与带电设备最小安全距离大于《安规（变电部分）》表1、小于表18要求时，制定并落实防止误碰带电设备的安全措施。	Ⅱ类严重违章（第36条）	
	4．在变电站（开关站）的带电区域内或邻近带电线路处禁止使用钢卷尺、金属梯、带金属丝的测绳等工器具。	恶性违章（第9条）	
	5．高处作业、攀登或转移作业位置时正确使用安全带等防高坠用品，全程不失去保护。	恶性违章（第5条）	
	6．作业人员不得擅自穿、跨越安全围栏、安全警戒线。	Ⅱ类严重违章（第37条）	
	7．不得擅自倾倒、堆放、丢弃或遗撒危险化学品。	Ⅲ类严重违章（第67条）	
督查人员：		离开现场时间：	

编号：DC-BDYJ-21

变电站绿化工作标准督查卡

工作任务：	督查时间：		
督查项目	督查标准	违章性质	督查情况
安全措施	规定得到设备运维单位的许可进场作业。	I类严重违章（第5条）	
关键事项	1．作业人员与带电设备、引线安全距离不小于《安规（变电部分）》表3。在35kV及以下的设备处工作，安全距离大于表3、小于表1规定时，有绝缘隔板、安全遮栏措施的设备。	恶性违章（第8条）	
	2．在变电站（开关站）的带电区域内或邻近带电线路处禁止使用钢卷尺、金属梯、带金属丝的测绳等工器具。	恶性违章（第9条）	
	3．作业人员不得擅自穿、跨越安全围栏、安全警戒线。	II类严重违章（第37条）	
督查人员：	离开现场时间：		

2. 二次检修作业

编号：DC-BDYJ-22

直流控保系统检修标准督查卡

工作任务：		督查时间：	
督查项目	督查标准	违章性质	督查情况
安全措施	1．按规定得到设备运维单位的许可进场作业。	Ⅰ类严重违章（第 5 条）	
	2．需一次设备停电作业时，作业点在接地保护范围内。	恶性违章（第 4 条）	
	3．调试试验设备外壳接地牢固可靠。	一般违章（第 22 条）	
关键事项	1．关键事项、关键环节作业按施工方案或规定程序开展作业。	Ⅱ类严重违章（第 36 条）	
	2．作业人员与带电设备、引线安全距离不小于《安规（变电部分）》表 3。在 35kV 及以下的设备处工作，安全距离大于表 3、小于表 1 规定时，有绝缘隔板、安全遮栏措施的设备。	恶性违章（第 8 条）	
	3．作业人员不得擅自穿、跨越安全围栏、安全警戒线。	Ⅱ类严重违章（第 37 条）	
	4．继电保护、直流控保、稳控装置等定值计算、未发生调试错误，误动、误碰、误（漏）接线的情况。	Ⅰ类严重违章（第 11 条）	
	5．继电保护及安全自动装置联跳运行开关、启动失灵、启动稳控等压板已退出。	Ⅰ类严重违章（第 11 条）	
	6．在全部或部分带电运行的屏（柜）上工作，已将检修设备与运行设备用明显的标志分开，在保护盘上或附近进行振动较大的工作时，采取防掉闸的安全措施。	Ⅱ类严重违章（第 31 条）	
	7．在互感器二次回路上工作，采取防止电流互感器二次回路开路，电压互感器二次回路短路的措施。	Ⅱ类严重违章（第 43 条）	
	8．在带电的电压互感器二次回路上工作时，使用合格的绝缘工器具（比如使用带绝缘手柄或绝缘处理的工具）。	Ⅱ类严重违章（第 43 条）	
	9．直流控保屏内工作，对检修设备执行隔离措施时，屏柜内二次线裸露部分进行绝缘包扎。	一般违章（第 18 条）	
	10．在变电站（开关站）的带电区域内或邻近带电线路处禁止使用钢卷尺、金属梯、带金属丝的测绳等工器具。	恶性违章（第 9 条）	
	11．用电设备裸露带电部分应有防护措施，电动机械及照明设备拆除后留有可能带电的部分已进行处理。	Ⅲ类严重违章（第 87 条）	
	12．调试试验设备按照“一机、一闸、一保护”规定使用。	一般违章（第 20 条）	
督查人员：		离开现场时间：	

编号：DC-BDYJ-23

继电保护及安全自动装置检修标准督查卡

工作任务：		督查时间：	
督查项目	督查标准	违章性质	督查情况
安全措施	1. 按规定得到设备运维单位的许可进场作业。	Ⅰ类严重违章（第5条）	
	2. 需一次设备停电作业时，作业点在接地保护范围内。	恶性违章（第4条）	
	3. 调试等使用试验设备外壳接地牢固可靠。	一般违章（第22条）	
关键事项	1. 关键事项、关键环节作业按施工方案或规定程序开展作业。	Ⅱ类严重违章（第36条）	
	2. 作业人员与带电设备、引线安全距离不小于《安规（变电部分）》表3。在35kV及以下的设备处工作，安全距离大于表3、小于表1规定时，有绝缘隔板、安全遮栏措施的设备。	恶性违章（第8条）	
	3. 作业人员不得擅自穿、跨越安全围栏、安全警戒线。	Ⅱ类严重违章（第37条）	
	4. 继电保护及安全自动装置等定值计算、未发生调试错误，误动、误碰、误（漏）接线的情况。	Ⅰ类严重违章（第11条）	
	5. 继电保护及安全自动装置联跳运行开关、启动失灵、启动稳控等压板已退出。	Ⅰ类严重违章（第11条）	
	6. 在全部或部分带电运行的屏（柜）上工作，已将检修设备与运行设备用明显的标志分开，在保护盘上或附近进行振动较大的工作时，采取防掉闸的安全措施。	Ⅱ类严重违章（第31条）	
	7. 在互感器二次回路上工作，采取防止电流互感器二次回路开路，电压互感器二次回路短路的措施。	Ⅱ类严重违章（第43条）	
	8. 在带电的电压互感器二次回路上工作时，使用合格的绝缘工器具（比如使用带绝缘手柄或绝缘处理的工具）。	Ⅱ类严重违章（第43条）	
	9. 继电保护屏内工作，对检修设备执行隔离措施时，屏柜内二次线裸露部分进行绝缘包扎。	一般违章（第18条）	
	10. 在变电站（开关站）的带电区域内或邻近带电线路处禁止使用钢卷尺、金属梯、带金属丝的测绳等工器具。	恶性违章（第9条）	
	11. 用电设备裸露带电部分应有防护措施，电动机械及照明设备拆除后留有可能带电的部分已进行处理。	Ⅲ类严重违章（第87条）	
	12. 继电保护及安全自动装置屏内二次电（光）缆孔、洞及时进行封堵。	一般违章（第18条）	
	13. 调试等使用试验设备按照“一机、一闸、一保护”规定使用。	一般违章（第20条）	
督查人员：		离开现场时间：	

编号：DC-BDYJ-24

站端自动化设备（保信子站、后台、五防等）检修标准督查卡

工作任务：		督查时间：	
督查项目	督查标准	违章性质	督查情况
安全措施	按规定得到设备运维单位的许可进场作业。	Ⅰ类严重违章（第5条）	
关键事项	1．关键事项、关键环节作业按施工方案或规定程序开展作业。	Ⅱ类严重违章（第36条）	
	2．在全部或部分带电运行的监控主机、自动化设备、保信子站上工作时，已将自动化设备、屏、柜与运行设备用明显的标志分开，进行振动较大的工作时，采取防掉闸的安全措施。	Ⅱ类严重违章（第31条）	
	3．监控主机、自动化设备、保信子站等工作时，未发生调试错误，误动、误碰、误（漏）接线的情况。	Ⅰ类严重违章（第11条）	
	4．停用防误闭锁装置按规定履行审批手续。	恶性违章（第14条）	
	5．作业过程中，不发生未经授权接入非专用调试设备，或调试计算机接入外网的违规外联等行为。	Ⅲ类严重违章（第75条）	
	6．自动化终端二次设备上工作，与调控人员办理工作许可手续。	Ⅰ类严重违章（第5条）	
	7．监控主机、自动化设备、保信子站内工作时，对检修设备执行隔离措施时，屏柜内二次线裸露部分进行绝缘包扎。	一般违章（第18条）	
	8．监控主机、自动化设备、保信子站屏内二次电（光）缆孔、洞及时进行封堵。	一般违章（第18条）	
	9．在监控主机、自动化设备、保信子站等设备进行参数修改类作业时，应先对设备程序或参数进行备份。	一般违章（第18条）	
	10．按规定使用安全绝缘工具和安全防护用具。	一般违章（第12条）	
督查人员：		离开现场时间：	

编号：DC-BDYJ-25

变电站二次回路（端子箱、智能柜、电缆、光缆等）检修标准督查卡

工作任务：	督查时间：		
督查项目	督查标准	违章性质	督查情况
安全措施	1．按规定得到设备运维单位的许可进场作业。	Ⅰ类严重违章（第5条）	
	2．需一次设备停电作业时，作业点在接地保护范围内。	恶性违章（第4条）	
	3．在变电站内使用高空作业车、作业平台接地牢固可靠。	一般违章（第23条）	
	4．高空作业车、作业平台作业时按规定设置警示围栏。	Ⅱ类严重违章（第36条）	
关键事项	1．关键事项、关键环节作业按施工方案或规定程序开展作业。	Ⅱ类严重违章（第36条）	
	2．作业人员与带电设备、引线安全距离不小于《安规（变电部分）》表3。在35kV及以下的设备处工作，安全距离大于表3、小于表1规定时，有绝缘隔板、安全遮栏措施的设备。	恶性违章（第8条）	
	3．高空作业车、作业平台与带电设备、引线安全距离不小于《安规（变电部分）》表1。	恶性违章（第8条）	
	4．高空作业车、作业平台与带电设备最小安全距离大于《安规（变电部分）》表1、小于表18要求时，制定并落实防止误碰带电设备的安全措施。	Ⅱ类严重违章（第36条）	
	5．作业人员不得擅自穿、跨越安全围栏、安全警戒线。	Ⅱ类严重违章（第37条）	
	6．高空作业车、作业平台工作时负荷不得超铭牌规定使用。	Ⅰ类严重违章（第9条）	
	7．高空作业车、作业平台作业前，支腿全部支好；支腿按规程要求加垫木。	Ⅲ类严重违章（第83条）	
	8．高空作业车过程中斗臂下方，无人逗留和通过。	Ⅱ类严重违章（第38条）	
	9．高处作业、攀登或转移作业位置时正确使用安全带等防高坠用品，全程不失去保护。	恶性违章（第5条）	
	10．高处作业人员不随手上下抛掷工具、材料等物件。	一般违章（第16条）	

续表

督查项目	督查标准	违章性质	督查情况
关键事项	11．在全部或部分带电运行的屏（柜）上工作，已将检修设备与运行设备用明显的标志分开，在保护盘上或附近进行振动较大的工作时，采取防掉闸的安全措施。	II类严重违章（第31条）	
	12．继电保护、直流控保、稳控装置等定值计算、未发生调试错误，误动、误碰、误（漏）接线的情况。	I类严重违章（第11条）	
	13．继电保护及安全自动装置联跳运行开关、启动失灵、启动稳控等压板已退出。	I类严重违章（第11条）	
	14．在互感器二次回路上工作，采取防止电流互感器二次回路开路，电压互感器二次回路短路的措施。	II类严重违章（第43条）	
	15．电缆井、电缆隧道、深度超过2m的基坑、沟（槽）内等工作环境比较复杂且相对密闭的空间，按规定采取通风措施、经气体检测合格后作业。	恶性违章（第6条）	
	16．有限空间作业现场配置并能正确使用安全防护装备、应急救援装备；正确设置监护人。	I类严重违章（第8条）	
	17．二次线裸露部分已绝缘包扎处理。	一般违章（第18条）	
	18．在变电站（开关站）的带电区域内或邻近带电线路处禁止使用钢卷尺、金属梯、带金属丝的测绳等工器具。	恶性违章（第9条）	
	19．使用尾纤自环光口，发光功率过大时，串入合适的衰耗（减）器；使用光时域反射仪（OTDR）进行光缆纤芯测试时，先断开被测纤芯对端的电力通信设备和仪表。	一般违章（第18条）	
督查人员：	离开现场时间：		

编号：DC-BDYJ-26

智能变电站二次设备检修标准督查卡

工作任务：	督查时间：		
督查项目	督查标准	违章性质	督查情况
安全措施	1．按规定得到设备运维单位的许可进场作业。	Ⅰ类严重违章（第 5 条）	
	2．需一次设备停电作业时，作业点在接地保护范围内。	恶性违章（第 4 条）	
关键事项	1．关键事项、关键环节作业按施工方案或规定程序开展作业。	Ⅱ类严重违章（第 36 条）	
	2．作业人员与带电设备、引线安全距离不小于《安规（变电部分）》表 3。在 35kV 及以下的设备处工作，安全距离大于表 3、小于表 1 规定时，有绝缘隔板、安全遮栏措施的设备。	恶性违章（第 8 条）	
	3．作业人员不得擅自穿、跨越安全围栏、安全警戒线。	Ⅱ类严重违章（第 37 条）	
	4．智能变电站二次设备作业已经调控机构继电保护专业负责人批准、已按照流程执行标准化作业。	Ⅱ类严重违章（第 36 条）	
	5．智能变电站继电保护、合并单元、智能终端等未发生配置文件设置错误。	Ⅰ类严重违章（第 11 条）	
	6．已投运的智能变电站二次设备，其作业由公司系统员工进行，未由设备厂家人员进行智能设备作业。	Ⅲ类严重违章（第 50 条）	
	7．对智能设备进行软件（参数）修改、更新等工作，使用各单位专用电脑、U 盘等设备，未使用设备厂家的电脑、U 盘等设备，防止病毒进入智能设备。	Ⅲ类严重违章（第 75 条）	
	8．在继保屏上作业时，将检修设备与运行设备以明显的标志隔开。检修设备所在屏柜上还有其他运行设备，屏柜内的运行设备已与检修设备有明显标志隔离，与运行设备有关的压板、切换开关、空气开关等附件已做禁止操作标志。	Ⅱ类严重违章（第 31 条）	
	9．在运行的继电保护、安全自动装置屏附近开展振动较大的工作，有可能影响运行设备安全时，已采取防止运行设备误动作的措施。	Ⅱ类严重违章（第 31 条）	
	10．在互感器二次回路上工作，采取防止电流互感器二次回路开路，电压互感器二次回路短路的措施。	Ⅱ类严重违章（第 43 条）	
	11．短路电流互感器二次绕组时，短路片或短路线连接牢固，或用导线缠绕。在带电的电压互感器二次回路上工作时，螺丝刀用胶布缠绕。	Ⅱ类严重违章（第 43 条）	

续表

督查项目	督查标准	违章性质	督查情况
关键事项	12．电缆井、电缆隧道、深度超过 2m 的基坑、沟（槽）内等工作环境比较复杂且相对密闭的空间，按规定采取通风措施、经气体检测合格后作业。	恶性违章（第 6 条）	
	13．有限空间作业现场配置并能正确使用安全防护装备、应急救援装备；正确设置监护人。	I 类严重违章（第 8 条）	
	14．二次设备检修现场使用的用电设备拆除后，留有可能带电的部分要进行处理。	III类严重违章（第 87 条）	
	15．智能屏、柜内工作，对检修设备执行隔离措施时，屏柜内二次线裸露部分进行绝缘包扎。	一般违章（第 18 条）	
	16．在变电站（开关站）的带电区域内或邻近带电线路处禁止使用钢卷尺、金属梯、带金属丝的测绳等工器具。	恶性违章（第 9 条）	
	17．智能屏、柜内使用尾纤自环光口，发光功率过大时，串入合适的衰耗（减）器；使用光时域反射仪（OTDR）进行光缆纤芯测试时，先断开被测纤芯对端的电力通信设备和仪表。	一般违章（第 18 条）	
	18．按规定使用安全绝缘工具和安全防护用具。	一般违章（第 12 条）	
督查人员：	离开现场时间：		

3. 土建施工

编号：DC-BDYJ-27

高边坡、挡土墙施工标准督查卡

工作任务：	督查时间：		
督查项目	督查标准	违章性质	督查情况
安全措施	1．按规定得到设备运维单位的许可进场作业。	Ⅰ类严重违章（第 5 条）	
	2．电气设备、电源箱等用电设备外壳接地牢固可靠。	一般违章（第 22 条）	
关键事项	1．关键事项、关键环节作业按施工方案或规定程序开展作业。	Ⅱ类严重违章（第 36 条）	
	2．在没有防护围栏的脚手架上工作，高度超过 1.5m 时，已采用其他可靠的安全措施。	恶性违章（第 5 条）	
	3．脚手架经验收合格，并悬挂验收牌后投入使用。	Ⅲ类严重违章（第 72 条）	
	4．高边坡施工对不良地质构造的高边坡，按设计要求采取锚喷或加固等支护措施。	Ⅲ类严重违章（第 58 条）	
	5．电动设备按照“一机、一闸、一保护”规范使用。	一般违章（第 20 条）	
	6．生产和作业场所按规定配备合格的消防器材。	Ⅲ类严重违章（第 65 条）	
	7．按规定使用安全绝缘工具和安全防护用具。	一般违章（第 12 条）	
督查人员：	离开现场时间：		

编号：DC-BDYJ-28

桩基施工（机械）标准督查卡

工作任务：	督查时间：		
督查项目	督查标准	违章性质	督查情况
安全措施	1．按规定得到设备运维单位的许可进场作业。	Ⅰ类严重违章（第5条）	
	2．停电作业时，作业点在接地保护范围内。	恶性违章（第4条）	
	3．电气设备、电源箱等用电设备外壳接地牢固可靠。	一般违章（第22条）	
	4．起吊作业区域设置警示围栏。	Ⅱ类严重违章（第36条）	
关键事项	1．关键事项、关键环节作业按施工方案或规定程序开展作业。	Ⅱ类严重违章（第36条）	
	2．坠落高度超过1.5m时，已采取可靠的防高坠措施。	恶性违章（第5条）	
	3．作业人员、工具、材料与带电设备、引线安全距离不小于《安规（变电部分）》表3。在35kV及以下的设备处工作，安全距离大于表3、小于表1规定时，有绝缘隔板、安全遮栏措施的设备。	恶性违章（第8条）	
	4．旋挖机、吊车、挖机等大型机械设备与带电设备、引线安全距离不小于《安规（变电部分）》表1。	恶性违章（第8条）	
	5．旋挖机、吊车、挖机等大型机械设备与带电设备最小安全距离大于《安规（变电部分）》表1、小于表18要求时，制定并落实防止误碰带电设备的安全措施。	Ⅱ类严重违章（第36条）	
	6．作业人员不得擅自穿、跨越安全围栏、安全警戒线。	Ⅱ类严重违章（第37条）	
	7．起重作业按规定设有专人指挥。	Ⅲ类严重违章（第69条）	
	8．吊车依法取得使用登记证书、定期检验或检验合格。	Ⅲ类严重违章（第52条）	
	9．吊车作业前，支腿全部支好；支腿按规程要求加垫木。	Ⅲ类严重违章（第83条）	
	10．起吊装置工作负荷不得超铭牌规定使用。	Ⅰ类严重违章（第9条）	
	11．吊臂和起吊物下方，无人逗留和通过。	Ⅱ类严重违章（第38条）	

续表

督查项目	督查标准	违章性质	督查情况
关键事项	12．吊钩有完好的防止脱钩的保险装置。	III类严重违章（第 84 条）	
	13．吊装带完好无破损；钢丝绳套插接长度满足规范要求。	一般违章（第 14 条）	
	14．电动设备按照“一机、一闸、一保护”规定使用。	一般违章（第 20 条）	
	15．生产和作业场所按规定配备合格的消防器材。	III类严重违章（第 65 条）	
	16．按规定使用安全绝缘工具和安全防护用具。	一般违章（第 12 条）	
督查人员：	离开现场时间：		

编号：DC-BDYJ-29

桩基（人工）施工标准督查卡

工作任务：		督查时间：	
督查项目	督查标准	违章性质	督查情况
安全措施	1．按规定得到设备运维单位的许可进场作业。	Ⅰ类严重违章（第5条）	
	2．停电作业时，作业点在接地保护范围内。	恶性违章（第4条）	
	3．电气设备、电源箱等用电设备外壳接地牢固可靠。	一般违章（第22条）	
	4．起吊作业区域设置警示围栏。	Ⅱ类严重违章（第36条）	
关键事项	1．作业人员、工具、材料与带电设备、引线安全距离不小于《安规（变电部分）》表3。在35kV及以下的设备处工作，安全距离大于表3、小于表1规定时，有绝缘隔板、安全遮栏措施的设备。	恶性违章（第8条）	
	2．挖机、吊车等大型机械设备与带电设备、引线安全距离不小于《安规（变电部分）》表1。	恶性违章（第8条）	
	3．挖机、吊车等大型机械设备与带电设备最小安全距离大于《安规（变电部分）》表1、小于表18要求时，制定并落实防止误碰带电设备的安全措施。	Ⅱ类严重违章（第36条）	
	4．作业人员不得擅自穿、跨越安全围栏、安全警戒线。	Ⅱ类严重违章（第37条）	
	5．有限空间作业执行“先通风、再检测、后作业”要求。	恶性违章（第6条）	
	6．有限空间作业现场配置并能正确使用安全防护装备、应急救援装备；正确设置监护人。	Ⅰ类严重违章（第8条）	
	7．根据土质情况和施工图纸采取护壁等防坍塌措施开展作业。	Ⅱ类严重违章（第36条）	
	8．坠落高度超过1.5m时，已采取可靠的防高坠措施。	恶性违章（第5条）	
	9．无作业人员利用吊钩上升或下降。	恶性违章（第10条）	
	10．提土装置吊钩防止脱钩保险装置完好。	Ⅲ类严重违章（第84条）	
	11．自制施工工器具经检测试验合格。	Ⅲ类严重违章（第53条）	

续表

督查项目	督查标准	违章性质	督查情况
关键事项	12．吊车依法取得使用登记证书、定期检验或检验合格。	Ⅲ类严重违章（第52条）	
	13．吊车作业前，支腿全部支好；支腿按规程要求加垫木。	Ⅲ类严重违章（第83条）	
	14．起吊装置工作负荷不得超铭牌规定使用。	Ⅰ类严重违章（第9条）	
	15．吊臂和起吊物下方，无人逗留和通过。	Ⅱ类严重违章（第38条）	
	16．吊钩有完好的防止脱钩的保险装置。	Ⅲ类严重违章（第84条）	
	17．吊装带完好无破损；钢丝绳套插接长度满足规范要求。	一般违章（第14条）	
	18．电动设备按照“一机、一闸、一保护”规定使用。	一般违章（第20条）	
	19．电缆线深埋或采取架空措施。	一般问题	
	20．生产和作业场所按规定配备合格的消防器材。	Ⅲ类严重违章（第65条）	
	21．按规定使用安全绝缘工具和安全防护用具。	一般违章（第12条）	
督查人员：		离开现场时间：	

编号：DC-BDYJ-30

深基坑施工标准督查卡

工作任务：		督查时间：	
督查项目	督查标准	违章性质	督查情况
安全措施	1．按规定得到设备运维单位的许可进场作业。	Ⅰ类严重违章（第 5 条）	
	2．电气设备、电源箱等用电设备外壳接地牢固可靠。	一般违章（第 22 条）	
关键事项	1．作业人员、工具、材料与带电设备、引线安全距离不小于《安规（变电部分）》表 3。在 35kV 及以下的设备处工作，安全距离大于表 3、小于表 1 规定时，有绝缘隔板、安全遮栏措施的设备。	恶性违章（第 8 条）	
	2．挖机等大型机械设备与带电设备、引线安全距离不小于《安规（变电部分）》表 1。	恶性违章（第 8 条）	
	3．挖机等大型机械设备与带电设备最小安全距离大于《安规（变电部分）》表 1、小于表 18 要求时，制定并落实防止误碰带电设备的安全措施。	Ⅱ类严重违章（第 36 条）	
	4．作业人员不得擅自穿、跨越安全围栏、安全警戒线。	Ⅱ类严重违章（第 37 条）	
	5．有限空间作业执行“先通风、再检测、后作业”要求。	恶性违章（第 6 条）	
	6．有限空间作业现场配置并能正确使用安全防护装备、应急救援装备；正确设置监护人。	Ⅰ类严重违章（第 8 条）	
	7．不良地质构造的高边坡，按设计要求采取锚喷或加固等支护措施。	Ⅲ类严重违章（第 58 条）	
	8．脚手架经验收合格，并悬挂验收牌后投入使用。	Ⅲ类严重违章（第 72 条）	
	9．坠落高度超过 1.5m 时，已采取可靠的防高坠措施。	恶性违章（第 5 条）	
	10．自制施工工器具经检测试验合格。	Ⅲ类严重违章（第 53 条）	
	11．电动设备按照“一机、一闸、一保护”规定使用。	一般违章（第 20 条）	
	12．电缆线深埋或采取架空措施。	一般问题	
	13．生产和作业场所按规定配备合格的消防器材。	Ⅲ类严重违章（第 65 条）	
	14．按规定使用安全绝缘工具和安全防护用具。	一般违章（第 12 条）	
督查人员：		离开现场时间：	

编号：DC-BDYJ-31

变电站混凝土基础施工标准督查卡

工作任务：		督查时间：	
督查项目	督查标准	违章性质	督查情况
安全措施	1．按规定得到设备运维单位的许可进场作业。	Ⅰ类严重违章（第 5 条）	
	2．起吊作业区域设置警示围栏。	Ⅱ类严重违章（第 36 条）	
	3．电气设备、电源箱等用电设备外壳接地牢固可靠。	一般违章（第 22 条）	
关键事项	1．作业人员、工具、材料与带电设备、引线安全距离不小于《安规（变电部分）》表 3。在 35kV 及以下的设备处工作，安全距离大于表 3、小于表 1 规定时，有绝缘隔板、安全遮栏措施的设备。	恶性违章（第 8 条）	
	2．吊车、挖机等大型机械设备与带电设备、引线安全距离不小于《安规（变电部分）》表 1。	恶性违章（第 8 条）	
	3．吊车、挖机等大型机械设备与带电设备最小安全距离大于《安规（变电部分）》表 1、小于表 18 要求时，制定并落实防止误碰带电设备的安全措施。	Ⅱ类严重违章（第 36 条）	
	4．作业人员不得擅自穿、跨越安全围栏、安全警戒线。	Ⅱ类严重违章（第 37 条）	
	5．挖土区域设警戒线，各种机械、车辆严禁在开挖的基础边缘 2m 内行驶、停放。	一般问题	
	6．坠落高度超过 1.5m 时，已采取可靠的防高坠措施。	恶性违章（第 5 条）	
	7．自制施工工器具经检测试验合格。	Ⅲ类严重违章（第 53 条）	
	8．电动设备按照“一机、一闸、一保护”规定使用。	一般违章（第 20 条）	
	9．电缆线深埋或采取架空措施。	一般问题	
	10．生产和作业场所按规定配备合格的消防器材。	Ⅲ类严重违章（第 65 条）	
	11．按规定使用安全绝缘工具和安全防护用具。	一般违章（第 12 条）	
督查人员：		离开现场时间：	

编号：DC-BDYJ-32

满堂支撑钢管脚手架系统模板安装与拆除施工标准督查卡

工作任务：		督查时间：	
督查项目	督查标准	违章性质	督查情况
安全措施	1．按规定得到设备运维单位的许可进场作业。	Ⅰ类严重违章（第5条）	
	2．电气设备、电源箱等用电设备外壳接地牢固可靠。	一般违章（第22条）	
关键事项	1．关键事项、关键环节作业按施工方案或规定程序开展作业。	Ⅱ类严重违章（第36条）	
	2．作业人员不得擅自穿、跨越安全围栏、安全警戒线。	Ⅱ类严重违章（第37条）	
	3．坠落高度超过1.5m时，已采取可靠的防高坠措施。	恶性违章（第5条）	
	4．高处作业人员不随手上下抛掷工具、材料等物件。	一般违章（第16条）	
	5．脚手架模板支撑系统经验收合格并挂验收牌后投入使用。	Ⅲ类严重违章（第72条）	
	6．钢管式脚手架架体，按规定设置两点接地并牢固可靠。	一般违章（第19条）	
	7．当脚手架底部为非永久硬化地面时，固定底座材质应为木质或槽钢且应中心承载，长度不少于两跨；木质垫板厚度不小于50mm，宽度不小于200mm。	Ⅲ类严重违章（第72条）	
	8．模板拆除应按照“先支后拆、后支先拆”的原则进行。	Ⅱ类严重违章（第36条）	
	9．自制施工器具经检测试验合格。	Ⅲ类严重违章（第53条）	
	10．电动设备按照“一机、一闸、一保护”规定使用。	一般违章（第20条）	
	11．电缆线深埋或采取架空措施。	一般问题	
	12．生产和作业场所按规定配备合格的消防器材。	Ⅲ类严重违章（第65条）	
	13．按规定使用安全绝缘工具和安全防护用具。	一般违章（第12条）	
督查人员：		离开现场时间：	

编号：DC-BDYJ-33

变电站建筑工程施工标准督查卡

工作任务：		督查时间：	
督查项目	督查标准	违章性质	督查情况
安全措施	1．按规定得到设备运维单位的许可进场作业。	Ⅰ类严重违章（第 5 条）	
	2．电气设备、电源箱等用电设备外壳接地牢固可靠。	一般违章（第 22 条）	
关键事项	1．作业人员、工具、材料与带电设备、引线安全距离不小于《安规（变电部分）》表 3。在 35kV 及以下的设备处工作，安全距离大于表 3、小于表 1 规定时，有绝缘隔板、安全遮栏措施的设备。	恶性违章（第 8 条）	
	2．挖机等大型机械设备与带电设备、引线安全距离不小于《安规（变电部分）》表 1。	恶性违章（第 8 条）	
	3．挖机等大型机械设备与带电设备最小安全距离大于《安规（变电部分）》表 1、小于表 18 要求时，制定并落实防止误碰带电设备的安全措施。	Ⅱ类严重违章（第 36 条）	
	4．作业人员不得擅自穿、跨越安全围栏、安全警戒线。	Ⅱ类严重违章（第 37 条）	
	5．不良地质构造的高边坡，按设计要求采取锚喷或加固等支护措施。	Ⅲ类严重违章（第 58 条）	
	6．施工前基坑顶部按规范要求设置截水沟。基坑底部应做好井点降水或集中排水措施，并按照设计要求进行放坡。	一般问题	
	7．挖土区域设警戒线，各种机械、车辆严禁在开挖的基础边缘 2m 内行驶、停放。	一般问题	
	8．脚手架经验收合格，并悬挂验收牌后投入使用。	Ⅲ类严重违章（第 72 条）	
	9．坠落高度超过 1.5m 时，已采取可靠的防高坠措施。	恶性违章（第 5 条）	
	10．自制施工工器具经检测试验合格。	Ⅲ类严重违章（第 53 条）	
	11．电动设备按照“一机、一闸、一保护”规定使用。	一般违章（第 20 条）	
	12．电缆线深埋或采取架空措施。	一般问题	
	13．生产和作业场所按规定配备合格的消防器材。	Ⅲ类严重违章（第 65 条）	
	14．按规定使用安全绝缘工具和安全防护用具。	一般违章（第 12 条）	
督查人员：		离开现场时间：	

编号：DC-BDYJ-34

落地式钢管脚手架搭拆标准督查卡

工作任务：		督查时间：	
督查项目	督查标准	违章性质	督查情况
安全措施	1．按规定得到设备运维单位的许可进场作业。	I 类严重违章（第 5 条）	
	2．钢管式脚手架架体，按规定设置两点接地并牢固可靠。	一般违章（第 19 条）	
关键事项	1．关键事项、关键环节作业按施工方案或规定程序开展作业。	II 类严重违章（第 36 条）	
	2．作业人员不得擅自穿、跨越安全围栏、安全警戒线。	II 类严重违章（第 37 条）	
	3．坠落高度超过 1.5m 时，已采取可靠的防高坠措施。	恶性违章（第 5 条）	
	4．高处作业人员不随手上下抛掷工具、材料等物件。	一般违章（第 16 条）	
	5．脚手架经验收合格，并悬挂验收牌后投入使用。	III类严重违章（第 72 条）	
	6．脚手架架体应采取附墙措施，连墙件布置最大间距不得超过 3 步 3 跨。	III类严重违章（第 72 条）	
	7．钢管脚手架宜用外径 48～51mm 的钢管，立杆和大横杆应错开搭接，搭接长度不得小于 0.5m。	III类严重违章（第 72 条）	
	8．脚手架两端及每隔 6～7 根立杆应设置剪刀撑、支杆或拉线。	III类严重违章（第 72 条）	
	9．脚手架的立杆、大横杆及小横杆的间距不得大于安规规定要求。	III类严重违章（第 72 条）	
督查人员：		离开现场时间：	

编号：DC-BDYJ-35

构支架（钢结构）安装、拆除施工标准督查卡

工作任务：		督查时间：	
督查项目	督查标准	违章性质	督查情况
安全措施	1．按规定得到设备运维单位的许可进场作业。	Ⅰ类严重违章（第5条）	
	2．电气设备、电源箱等用电设备外壳接地牢固可靠。	一般违章（第22条）	
	3．变电站内吊车、高空作业车接地牢固可靠。	一般违章（第23条）	
	4．起吊作业区域设置警示围栏。	Ⅱ类严重违章（第36条）	
	5．构架（钢结构）组立完成后，及时接地并牢固可靠。	一般违章（第19条）	
关键事项	1．作业人员不得擅自穿、跨越安全围栏、安全警戒线。	Ⅱ类严重违章（第37条）	
	2．高处作业人员在上下构架过程中使用双钩或攀登自锁器；在移位时使用水平绳、双钩或速差自控器；作业时，使用全方位安全带，并固定在牢固的构件上。	恶性违章（第5条）	
	3．无作业人员利用吊钩上升或下降。	恶性违章（第10条）	
	4．高处作业人员不随手上下抛掷工具、材料等物件。	一般违章（第16条）	
	5．吊车依法取得使用登记证书、定期检验或检验合格。	Ⅲ类严重违章（第52条）	
	6．起重作业按规定设有专人指挥。	Ⅲ类严重违章（第69条）	
	7．吊车作业前，支腿全部支好；支腿按规程要求加垫木。	Ⅲ类严重违章（第83条）	
	8．起吊装置工作负荷不得超铭牌规定使用。	Ⅰ类严重违章（第9条）	
	9．吊臂、起吊物下面，无人员逗留或通过。	Ⅱ类严重违章（第38条）	
	10．吊车吊钩有完好的防止脱钩的保险装置。	Ⅲ类严重违章（第84条）	
	11．吊车制动和逆止装置完好齐全。	一般违章（第15条）	

续表

督查项目	督查标准	违章性质	督查情况
关键事项	12．电动设备按照“一机、一闸、一保护”规定使用。	一般违章（第 20 条）	
	13．易燃易爆物品或各种气瓶按规定储运、存放、使用。	一般违章（第 24 条）	
	14．生产和作业场所按规定配备合格的消防器材。	Ⅲ类严重违章（第 65 条）	
	15．按规定使用安全绝缘工具和安全防护用具。	一般违章（第 12 条）	
督查人员：	离开现场时间：		

编号：DC-BDYJ-36

装配式防火墙、围墙施工标准督查卡

工作任务：		督查时间：	
督查项目	督查标准	违章性质	督查情况
安全措施	1．按规定得到设备运维单位的许可进场作业。	Ⅰ类严重违章（第5条）	
	2．起吊作业区域设置警示围栏。	Ⅱ类严重违章（第36条）	
	3．变电站内吊车、高空作业车应接地牢固可靠。	一般违章（第23条）	
关键事项	1．作业人员不得擅自穿、跨越安全围栏、安全警戒线。	Ⅱ类严重违章（第37条）	
	2．脚手架经验收合格，并悬挂验收牌后投入使用。	Ⅲ类严重违章（第72条）	
	3．钢管式脚手架架体，按规定设置两点接地并牢固可靠。	一般违章（第19条）	
	4．高处作业人员在上下构架过程中使用双钩或攀登自锁器；在移位时使用水平绳、双钩或速差自控器；作业时，使用全方位安全带，并固定在牢固的构件上。	恶性违章（第5条）	
	5．无作业人员利用吊钩上升或下降。	恶性违章（第10条）	
	6．高处作业人员不随手上下抛掷工具、材料等物件。	一般违章（第16条）	
	7．吊车依法取得使用登记证书、定期检验或检验合格。	Ⅲ类严重违章（第52条）	
	8．起重作业按规定设有专人指挥。	Ⅲ类严重违章（第69条）	
	9．吊车作业前，支腿全部支好；支腿按规程要求加垫木。	Ⅲ类严重违章（第83条）	
	10．起吊装置工作负荷不得超铭牌规定使用。	Ⅰ类严重违章（第9条）	
	11．吊臂、起吊物下面，无人员逗留或通过。	Ⅱ类严重违章（第38条）	
	12．吊车吊钩有完好的防止脱钩的保险装置。	Ⅲ类严重违章（第84条）	
	13．吊车制动和逆止装置完好齐全。	一般违章（第15条）	
督查人员：		离开现场时间：	

编号：DC-BDYJ-37

变电站接地工程施工标准督查卡

工作任务：		督查时间：	
督查项目	督查标准	违章性质	督查情况
安全措施	1．按规定得到设备运维单位的许可进场作业。	I 类严重违章（第 5 条）	
	2．电气设备、电源箱等用电设备外壳接地牢固可靠。	一般违章（第 22 条）	
关键事项	1．作业人员、工具、材料与带电设备、引线安全距离不小于《安规（变电部分）》表 3。在 35kV 及以下的设备处工作，安全距离大于表 3、小于表 1 规定时，有绝缘隔板、安全遮栏措施的设备。	恶性违章（第 8 条）	
	2．挖机等大型机械设备与带电设备、引线安全距离不小于《安规（变电部分）》表 1。	恶性违章（第 8 条）	
	3．挖机等大型机械设备与带电设备最小安全距离大于《安规（变电部分）》表 1、小于表 18 要求时，制定并落实防止误碰带电设备的安全措施。	II 类严重违章（第 36 条）	
	4．作业人员不得擅自穿、跨越安全围栏、安全警戒线。	II 类严重违章（第 37 条）	
	5．挖土区域设警戒线，各种机械、车辆严禁在开挖的基础边缘 2m 内行驶、停放。	一般问题	
	6．电动设备按照“一机、一闸、一保护”规定使用。	一般违章（第 20 条）	
	7．生产和作业场所按规定配备合格的消防器材。	III类严重违章（第 65 条）	
	8．按规定使用安全绝缘工具和安全防护用具。	一般违章（第 12 条）	
督查人员：		离开现场时间：	

（三）配电运检

1. 线路（电缆）检修

编号：DC-PDYJ-01

吊车更换电杆标准督查卡

工作任务：	督查时间：		
督查项目	督查标准	违章性质	督查情况
安全措施	1. 按规定得到设备运维单位的许可进场作业（大型施工机械的作业点距离输电线路边线 30m 以内时，由设备运维单位进行许可）。	I 类严重违章（第 5 条）	
	2. 停电作业时，作业点在接地保护范围内。	恶性违章（第 4 条）	
	3. 配合停电线路在工作点附近装设的接地线牢固可靠。	I 类严重违章（第 7 条）	
	4. 邻近或交叉跨越带电设备时，吊车、斗臂车等机械设备接地牢固可靠。	一般违章（第 23 条）	
	5. 吊车作业时按规定设置警示围栏。	II 类严重违章（第 36 条）	
关键事项	1. 关键事项、关键环节作业按施工方案或规定程序开展作业。作业人员经批准后改变已设置的安全措施。	II 类严重违章（第 36 条）	
	2. 登杆作业时，杆塔根部、基础和拉线夯实牢固。拆除或更换受损（倾斜）电杆已采取防倒（断）杆措施。	恶性违章（第 17 条）	
	3. 未采取突然剪断导线、拉线等方式撤杆、撤线。	恶性违章（第 18 条）	
	4. 高处作业、攀登或转移作业位置时正确使用安全带、后备保护绳、围杆带或单钩双环、速差器等防高坠用品，全程不失去保护。	恶性违章（第 5 条）	
	5. 高处作业人员不随手上下抛掷工具、材料等物件。	一般违章（第 16 条）	
	6. 吊车吊臂、吊具、辅具、钢丝绳及吊物与邻近、平行、交叉跨越带电线路安全距离不小于《安规（配电部分）》表 3-1。	恶性违章（第 8 条）	
	7. 吊车吊臂、吊具、辅具、钢丝绳及吊物与邻近、平行、交叉跨越带电线路安全距离大于《安规（配电部分）》表 3-1、大于表 6-1 要求时，制定并落实误碰带电设备安全措施。	II 类严重违章（第 36 条）	

续表

督查项目	督查标准	违章性质	督查情况
关键事项	8. 起重作业按规定设有专人指挥。	Ⅲ类严重违章（第69条）	
	9. 吊车作业前，支腿全部支好；支腿按规程要求加垫枕木。	Ⅲ类严重违章（第83条）	
	10. 吊车工作负荷不得超铭牌规定使用。	Ⅰ类严重违章（第9条）	
	11. 起吊过程中吊臂和起吊物下方，无人逗留和通过。	Ⅱ类严重违章（第38条）	
	12. 无作业人员利用吊钩上升或下降。	恶性违章（第10条）	
	13. 链条葫芦、手扳葫芦、吊钩式滑车等装置的吊钩和起重作业使用的吊钩有完好的防止脱钩的保险装置。	Ⅲ类严重违章（第84条）	
	14. 吊装带完好无破损；钢丝绳套插接长度满足规范要求。	一般违章（第14条）	
	15. 未使用金具U型环代替卸扣；未使用普通材料的螺栓取代卸扣销轴。	Ⅲ类严重违章（第63条）	
督查人员：		离开现场时间：	

编号：DC-PDYJ-02

抱杆立（撤）杆标准督查卡

工作任务：　　　　　　　　　　　　　　督查时间：

督查项目	督查标准	违章性质	督查情况
安全措施	1．按规定得到设备运维单位的许可进场作业。	Ⅰ类严重违章（第 5 条）	
	2．停电作业时，作业点在接地保护范围内。	恶性违章（第 4 条）	
	3．配合停电线路在工作点附近装设的接地线牢固可靠。	Ⅰ类严重违章（第 7 条）	
	4．邻近或交叉跨越带电设备时，机动绞磨等机械设备接地牢固可靠。	一般违章（第 23 条）	
	5．起吊作业时，作业区域设置警示围栏。	Ⅱ类严重违章（第 36 条）	
关键事项	1．关键事项、关键环节作业按施工方案或规定程序开展作业。作业人员经批准后改变已设置的安全措施。	Ⅱ类严重违章（第 36 条）	
	2．登杆作业时，杆塔根部、基础和拉线夯实牢固。拆除或更换受损（倾斜）电杆已采取防倒（断）杆措施。	恶性违章（第 17 条）	
	3．未采取突然剪断导线、拉线等方式撤杆、撤线。	恶性违章（第 18 条）	
	4．高处作业、攀登或转移作业位置时正确使用安全带、后备保护绳、围杆带或单钩双环、速差器等防高坠用品，全程不失去保护。	恶性违章（第 5 条）	
	5．高处作业人员不随手上下抛掷工具、材料等物件。	一般违章（第 16 条）	
	6．抱杆、钢丝绳及吊物与邻近、平行、交叉跨越带电线路安全距离不小于《安规（配电部分）》表 5-1。	恶性违章（第 8 条）	
	7．抱杆、钢丝绳及吊物与邻近、平行、交叉跨越带电线路安全距离大于《安规（配电部分）》表 3-1、大于表 6-1 要求时，制定并落实误碰带电设备安全措施。	Ⅱ类严重违章（第 36 条）	
	8．起吊装置工作负荷不得超铭牌规定使用。	Ⅰ类严重违章（第 9 条）	
	9．绞磨应放置平稳、锚固可靠；受力前方无人员逗留；拉磨尾绳人员位于锚桩后面并站在绳圈外。	Ⅲ类严重违章（第 85 条）	
	10．机动绞磨磨绳缠绕不少于 5 圈，拉磨尾绳不少于 2 人。	一般违章（第 14 条）	

续表

督查项目	督查标准	违章性质	督查情况
关键事项	11．起吊过程中起吊物下方，无人员逗留和通过。	Ⅱ类严重违章（第38条）	
	12．链条葫芦、手扳葫芦、吊钩式滑车等装置的吊钩和起重作业使用的吊钩有完好的防止脱钩的保险装置。	Ⅲ类严重违章（第84条）	
	13．吊装带完好无破损；钢丝绳套插接长度满足规范要求。	一般违章（第14条）	
	14．未使用金具U型环代替卸扣；未使用普通材料的螺栓取代卸扣销轴。	Ⅲ类严重违章（第63条）	
督查人签名：		离开现场时间：	

编号：DC-PDYJ-03

放线、紧线与撤线施工标准督查卡

工作任务：	督查时间：		
督查项目	督查标准	违章性质	督查情况
安全措施	1．按规定得到设备运维单位的许可进场作业。	Ⅰ类严重违章（第 5 条）	
	2．停电作业时，作业点在接地保护范围内。	恶性违章（第 4 条）	
	3．配合停电线路在工作点附近装设的接地线牢固可靠。	Ⅰ类严重违章（第 7 条）	
	4．放紧线施工作业中，同杆架设的 10（20）kV 线路均已采取停电、验电、接地措施。	恶性违章（第 4 条）	
	5．邻近或交叉跨越带电设备时，机动绞磨等机械设备接地牢固可靠。	一般违章（第 23 条）	
	6．在公路、铁路等交通要道上架拆线路，双向设置标志进行警示、隔离，设专人手持旗帜看管。	一般违章（第 25 条）	
关键事项	1．关键事项、关键环节作业按施工方案或规定程序开展作业。作业人员经批准后改变已设置的安全措施。	Ⅱ类严重违章（第 36 条）	
	2．登杆作业时，杆塔根部、基础和拉线夯实牢固。	恶性违章（第 17 条）	
	3．撤、紧线前，终端杆、转角杆受力反方向已装好临时拉线且牢固可靠。	恶性违章（第 11 条）	
	4．严禁采取突然剪断导线、地线、拉线等方式撤线。	恶性违章（第 18 条）	
	5．高处作业、攀登或转移作业位置时正确使用安全带、后备保护绳、围杆带或单钩双环、速差器等防高坠用品，全程不失去保护。	恶性违章（第 5 条）	
	6．高处作业人员不随手上下抛掷工具、材料等物件。	一般违章（第 16 条）	
	7．跨越带电线路展放导线作业，采取搭设跨越架、封网等措施。	恶性违章（第 15 条）	
	8．邻近带电线路工作时，人体、导线、施工机具等与带电线路的安全距离不小于《安规（配电部分）》表 5-1 规定。	恶性违章（第 8 条）	
	9．绞磨应放置平稳、锚固可靠；受力前方无人员逗留；拉磨尾绳人员位于锚桩后面并站在绳圈外。	Ⅲ类严重违章（第 85 条）	
	10．机动绞磨磨绳缠绕不少于 5 圈，拉磨尾绳不少于 2 人。	一般违章（第 14 条）	

续表

督查项目	督查标准	违章性质	督查情况
关键事项	11．使用绞磨放（紧）线牵引过程中，受力导线或牵引绳的周围、上下方、转向滑车内角侧，无人逗留和通过。	Ⅱ类严重违章（第 38 条）	
	12．链条葫芦、手扳葫芦、吊钩式滑车等装置的吊钩和起重作业使用的吊钩有完好的防止脱钩的保险装置。	Ⅲ类严重违章（第 84 条）	
	13．吊装带完好无破损；钢丝绳套插接长度满足规范要求。	一般违章（第 14 条）	
	14．未使用金具 U 型环代替卸扣；未使用普通材料的螺栓取代卸扣销轴。	Ⅲ类严重违章（第 63 条）	
督查人签名：	离开现场时间：		

编号：DC-PDYJ-04

电力电缆检修标准督查卡

工作任务：	督查时间：		
督查项目	督查标准	违章性质	督查情况
安全措施	1．按规定得到设备运维单位的许可进场作业。	Ⅰ类严重违章（第5条）	
	2．停电作业时，作业点在接地保护范围内。	恶性违章（第4条）	
	3．配合停电线路在工作点附近装设的接地线牢固可靠。	Ⅰ类严重违章（第7条）	
	4．邻近或交叉跨越带电设备时，高空作业车、机动绞磨等机械设备接地牢固可靠。	一般违章（第23条）	
关键事项	1．关键事项、关键环节作业按施工方案或规定程序开展作业。作业人员经批准后改变已设置的安全措施。	Ⅱ类严重违章（第36条）	
	2．登杆作业时，杆塔根部、基础和拉线夯实牢固。	恶性违章（第17条）	
	3．高处作业、攀登或转移作业位置时正确使用安全带、后备保护绳、围杆带或单钩双环、速差器等防高坠用品，全程不失去保护。	恶性违章（第5条）	
	4．高处作业人员不随手上下抛掷工具、材料等物件。	一般违章（第16条）	
	5．电缆井、电缆隧道、深度超过2m的基坑、沟（槽）内等工作环境比较复杂且相对密闭的空间，按规定采取通风措施、经气体检测合格后作业。	恶性违章（第6条）	
	6．有限空间作业时按规定配置呼吸器、照明设备等安全防护装备、应急救援装备，正确设置监护人。	Ⅰ类严重违章（第8条）	
	7．邻近带电线路工作时，人体、导线、施工机具等与带电线路的安全距离不小于《安规（配电部分）》表5-1规定。	恶性违章（第8条）	
	8．在带电设备周围未使用钢卷尺、皮卷尺和线尺（夹有金属丝者）进行测量，在带电区域内或邻近带电线路处，未使用金属梯子。	恶性违章（第9条）	
	9．开断电缆时操作人员站在绝缘垫上，用带绝缘手柄的铁钎或专用射钉打入电缆后方可工作。	Ⅱ类严重违章（第36条）	
	10．使用携带型火炉或喷灯作业时，火焰与带电部分的安全距离：电压在10kV及以下者，大于1.5m；电压在10kV以上者，大于3m。	恶性违章（第8条）	
	11．动火作业前清除动火现场及周围的易燃物品。	Ⅱ类严重违章（第40条）	

续表

督查项目	督查标准	违章性质	督查情况
关键事项	12．动火作业现场按规定配备消防器材。	III类严重违章（第65条）	
	13．绞磨应放置平稳、锚固可靠；受力前方无人员逗留；拉磨尾绳人员位于锚桩后面并站在绳圈外。	III类严重违章（第85条）	
	14．机动绞磨磨绳缠绕不少于5圈，拉磨尾绳不少于2人。	一般违章（第14条）	
	15．使用绞磨展放电缆牵引过程中，受力导线或牵引绳的周围、上下方、转向滑车内角侧，无人逗留和通过。	II类严重违章（第38条）	
督查人签名：	离开现场时间：		

2. 通道清理

编号：DC-PDYJ-05

停电通道清理标准督查卡

工作任务：		督查时间：	
督查项目	督查标准	违章性质	督查情况
安全措施	1. 按规定得到设备运维单位的许可进场作业。	Ⅰ类严重违章（第5条）	
	2. 停电作业时，作业点在接地保护范围内。	恶性违章（第4条）	
关键事项	1. 登杆作业时，杆塔根部、基础和拉线夯实牢固。	恶性违章（第17条）	
	2. 高处作业、攀登或转移作业位置时不失去保护。安全带不准系在待砍剪树枝的断口附近或以上部位。	恶性违章（第5条）	
	3. 安全带不得系在待砍剪树枝的断口附近或以上。	恶性违章（第5条）	
	4. 高处作业人员不随手上下抛掷工具、材料等物件。	一般违章（第16条）	
督查人签名：		离开现场时间：	

编号：DC-PDYJ-06

不停电通道清理标准督查卡

工作任务：		督查时间：	
督查项目	督查标准	违章性质	督查情况
安全措施	1．按规定得到设备运维单位的许可进场作业。	Ⅰ类严重违章（第5条）	
	2．需要停用重合闸或直流线路再启动功能的带电作业由值班调控人员履行许可手续。	Ⅰ类严重违章（第5条）	
	3．未采取约时方式停用或恢复重合闸或直流线路再启动功能。	恶性违章（第7条）	
关键事项	1．高处作业、攀登或转移作业位置时不失去保护。	恶性违章（第5条）	
	2．安全带未系在待砍剪树枝的断口附近或以上。未攀登已经锯过或砍过的未断树木。	恶性违章（第5条）	
	3．高处作业人员不随手上下抛掷工具、材料等物件。	一般违章（第16条）	
	4．人员、树木、绳索应与导线安全距离不小于《安规（配电部分）》表5-1。	恶性违章（第8条）	
	5．风力超过5级时，未砍剪高出或接近带电线路的树木。	Ⅱ类严重违章（第36条）	
	6．为防止树木（树枝）倒落在线路上，应使用绝缘绳索将其拉向与线路相反的方向。	Ⅱ类严重违章（第36条）	
督查人签名：		离开现场时间：	

3. 设备检修

编号：DC-PDYJ-07

柱上变压器检修（更换）标准督查卡

工作任务：	督查时间：		
督查项目	督查标准	违章性质	督查情况
安全措施	1. 按规定得到设备运维单位的许可进场作业。	I类严重违章（第5条）	
	2. 停电作业时，作业点在接地保护范围内。	恶性违章（第4条）	
	3. 配合停电线路在工作点附近装设的接地线牢固可靠。	I类严重违章（第7条）	
	4. 起吊作业时，作业区域设置警示围栏。	II类严重违章（第36条）	
	5. 邻近或交叉跨越带电设备时，吊车、高空作业车等接地牢固可靠。	一般违章（第23条）	
关键事项	1. 关键事项、关键环节作业按施工方案或规定程序开展作业。作业人员经批准后改变已设置的安全措施。	II类严重违章（第36条）	
	2. 登杆作业时，杆塔根部、基础和拉线夯实牢固。	恶性违章（第17条）	
	3. 高处作业、攀登或转移作业位置时正确使用安全带、后备保护绳、围杆带或单钩双环、速差器等防高坠用品，全程不失去保护。	恶性违章（第5条）	
	4. 高处作业人员不随手上下抛掷工具、材料等物件。	一般违章（第16条）	
	5. 作业人员与10kV高压线路或跌落式熔断器上部带电部分安全距离不小于《安规（配电部分）》表3-1。	恶性违章（第8条）	
	6. 作业点如有邻近、平行、交叉跨越带电线路，吊车吊臂、起吊的变压器与带电线路安全距离不小于《安规（配电部分）》表3-1。	恶性违章（第8条）	
	7. 吊车吊臂、吊具、辅具、钢丝绳及吊物与邻近、平行、交叉跨越带电线路安全距离大于《安规（配电部分）》表3-1、大于表6-1要求时，制定并落实误碰带电设备安全措施。	II类严重违章（第36条）	
	8. 在带电设备周围未使用钢卷尺、皮卷尺和线尺（夹有金属丝者）进行测量，在带电区域内或邻近带电线路处，未使用金属梯子。	恶性违章（第9条）	

续表

督查项目	督查标准	违章性质	督查情况
关键事项	9．起吊装置工作负荷不得超铭牌规定使用。	Ⅰ类严重违章（第9条）	
	10．吊车作业前，支腿全部支好；支腿按规程要求加垫枕木。	Ⅲ类严重违章（第83条）	
	11．吊车或链条葫芦的吊钩防止脱钩保险装置完好。	Ⅲ类严重违章（第84条）	
	12．吊装带完好无破损；钢丝绳套插接长度满足规范要求。	一般违章（第14条）	
	13．未使用金具U型环代替卸扣；未使用普通材料的螺栓取代卸扣销轴。	Ⅲ类严重违章（第63条）	
督查人签名：	离开现场时间：		

编号：DC-PDYJ-08

箱式变压器检修（更换）标准督查卡

工作任务：	督查时间：		
督查项目	督查标准	违章性质	督查情况
安全措施	1. 按规定得到设备运维单位的许可进场作业。	I 类严重违章（第 5 条）	
	2. 停电作业时，作业点在接地保护范围内。	恶性违章（第 4 条）	
	3. 配合停电线路在工作点附近装设的接地线牢固可靠。	I 类严重违章（第 7 条）	
	4. 起吊作业时，作业区域设置警示围栏。	II 类严重违章（第 36 条）	
	5. 邻近或交叉跨越带电设备时，吊车、高空作业车等接地牢固可靠。	一般违章（第 23 条）	
关键事项	1. 关键事项、关键环节作业按施工方案或规定程序开展作业。作业人员经批准后改变已设置的安全措施。	II 类严重违章（第 36 条）	
	2. 高压电缆头已逐相放电。	II 类严重违章（第 29 条）	
	3. 登杆作业时，杆塔根部、基础和拉线夯实牢固。	恶性违章（第 17 条）	
	4. 高处作业、攀登或转移作业位置时正确使用安全带、后备保护绳、围杆带或单钩双环、速差器等防高坠用品，全程不失去保护。	恶性违章（第 5 条）	
	5. 高处作业人员不随手上下抛掷工具、材料等物件。	一般违章（第 16 条）	
	6. 作业人员与 10kV 高压线路或跌落式熔断器上部带电部分保持 0.7m 以上的安全距离。	恶性违章（第 8 条）	
	7. 作业点如有邻近、平行、交叉跨越带电线路，吊车吊臂、起吊的变压器与带电线路安全距离不小于《安规（配电部分）》表 3-1。	恶性违章（第 8 条）	
	8. 吊车吊臂、吊具、辅具、钢丝绳及吊物与邻近、平行、交叉跨越带电线路安全距离大于《安规（配电部分）》表 3-1、大于表 6-1 要求时，制定并落实误碰带电设备安全措施。	II 类严重违章（第 36 条）	
	9. 在带电设备周围未使用钢卷尺、皮卷尺和线尺（夹有金属丝者）进行测量，在带电区域内或邻近带电线路处，未使用金属梯子。	恶性违章（第 9 条）	
	10. 起吊装置工作负荷不得超铭牌规定使用。	I 类严重违章（第 9 条）	

续表

督查项目	督查标准	违章性质	督查情况
关键事项	11．吊车作业前，支腿全部支好；支腿按规程要求加垫枕木。	Ⅲ类严重违章（第 83 条）	
	12．吊车或链条葫芦的吊钩防止脱钩保险装置完好。	Ⅲ类严重违章（第 84 条）	
	13．吊装带完好无破损；钢丝绳套插接长度满足规范要求。	一般违章（第 14 条）	
	14．未使用金具 U 型环代替卸扣；未使用普通材料的螺栓取代卸扣销轴。	Ⅲ类严重违章（第 63 条）	
督查人签名：		离开现场时间：	

编号：DC-PDYJ-09

配电站、开闭所设备检修标准督查卡

工作任务：		督查时间：	
督查项目	督查标准	违章性质	督查情况
安全措施	1．按规定得到设备运维单位的许可进场作业。	Ⅰ类严重违章（第5条）	
	2．停电作业时，作业点在接地保护范围内。	恶性违章（第4条）	
	3．邻近或交叉跨越带电设备时，吊车、高空作业车等接地牢固可靠。	一般违章（第23条）	
关键事项	1．作业人员不得擅自穿、跨越安全围栏、安全警戒线。	Ⅱ类严重违章（第37条）	
	2．高处作业、攀登或转移作业位置时正确使用安全带、后备保护绳、围杆带或单钩双环、速差器等防高坠用品，全程不失去保护。	恶性违章（第5条）	
	3．在配电站、开闭所内工作，人体与带电部分的安全距离不小于《安规（配电部分）》表3-1。	恶性违章（第8条）	
	4．在带电设备周围未使用钢卷尺、皮卷尺和线尺（夹有金属丝者）进行测量，在带电区域内或邻近带电线路处，未使用金属梯子。	恶性违章（第9条）	
	5．严禁擅自开启高压开关柜门、检修小窗，擅自移动绝缘挡板。	恶性违章（第13条）	
	6．严禁随意解除闭锁装置，或擅自使用解锁工具（钥匙）。	恶性违章（第14条）	
	7．电缆井、电缆隧道、深度超过2m的基坑、沟（槽）内等工作环境比较复杂且相对密闭的空间，按规定采取通风措施、经气体检测合格后作业。	恶性违章（第6条）	
	8．在电缆井（沟）、夹层、管道等有限空间作业，作业人员配置或正确使用安全防护装备、应急救援装备，正确设置监护人。	Ⅰ类严重违章（第8条）	
	9．在电容性设备检修前对其进行放电并接地，或检修结束后对其充分放电。	Ⅱ类严重违章（第29条）	
	10．在互感器二次回路上工作，已采取防止电流互感器二次回路开路，电压互感器二次回路短路的措施。	Ⅱ类严重违章（第43条）	
	11．不得擅自将自动灭火装置、火灾自动报警装置退出运行。	Ⅲ类严重违章（第60条）	
	12．动火作业现场应配备合格的消防器材。	Ⅲ类严重违章（第65条）	
	13．按规定使用安全绝缘工具和安全防护用具。	一般违章（第12条）	
督查人签名：		离开现场时间：	

编号：DC-PDYJ-10

低压电气工作标准督查卡

工作任务：		督查时间：	
督查项目	督查标准	违章性质	督查情况
安全措施	1．按规定得到设备运维单位的许可进场作业。	Ⅰ类严重违章（第5条）	
	2．停电作业时，工作点在接地保护范围内；无法装设接地线时，采取不停电作业方式。	恶性违章（第4条）	
	3．邻近或交叉跨越带电设备时，吊车、高空作业车等接地牢固可靠。	一般违章（第23条）	
	4．在公路、铁路等交通要道上架拆线路，双向设置标志进行警示、隔离，设专人手持旗帜看管。	一般违章（第25条）	
	5．发电机、配电箱等用电设备外壳接地牢固可靠。	一般违章（第22条）	
关键事项	1．作业人员不得擅自穿、跨越安全围栏、安全警戒线。	Ⅱ类严重违章（第37条）	
	2．登杆作业时，杆塔根部、基础和拉线夯实牢固。	恶性违章（第17条）	
	3．作业人员与带电部分安全距离不小《安规（配电部分）》表3-1。	恶性违章（第8条）	
	4．在带电设备周围未使用钢卷尺、皮卷尺和线尺（夹有金属丝者）进行测量，在带电区域内或邻近带电线路处，未使用金属梯子。	恶性违章（第9条）	
	5．不得带负荷断、接引线。	Ⅱ类严重违章（第42条）	
	6．开展电容器工作时，已断开电容器的电源，并逐相充分放电。	Ⅱ类严重违章（第29条）	
	7．在互感器二次回路上工作，已采取防止电流互感器二次回路开路，电压互感器二次回路短路的措施。	Ⅱ类严重违章（第43条）	
	8．不停电作业时，采取绝缘隔离措施防止触电、相间短路和单相接地。	Ⅲ类严重违章（第68条）	
	9．高处作业、攀登或转移作业位置时正确使用安全带、后备保护绳、围杆带或单钩双环、速差器等防高坠用品，全程不失去保护。	恶性违章（第5条）	
	10．高处作业人员不随手上下抛掷工具、材料等物件。	一般违章（第16条）	

续表

督查项目	督查标准	违章性质	督查情况
关键事项	11．使用电动设备严格执行“一机、一闸、一保护”规定。	一般违章（第20条）	
	12．低压带电工作时，作业人员应戴手套、护目镜，并保持对地绝缘。	一般违章（第12条）	
	13．低压带电工作时，应使用带绝缘柄的工具，外露的导电部位应采取绝缘包裹措施。	一般违章（第12条）	
督查人签名：		离开现场时间：	

编号：DC-PDYJ-11

二次设备检修标准督查卡

工作任务：	督查时间：		
督查项目	督查标准	违章性质	督查情况
安全措施	1．按规定得到设备运维单位的许可进场作业。	Ⅰ类严重违章（第5条）	
	2．需一次设备停电作业时，作业点在接地保护范围内。	恶性违章（第4条）	
关键事项	1．关键事项、关键环节作业按施工方案或规定程序开展作业。	Ⅱ类严重违章（第36条）	
	2．作业人员与高压线路和跌落式熔断器上部10kV带电部分保持0.7m以上的安全距离。	恶性违章（第8条）	
	3．作业人员不得擅自穿、跨越安全围栏、安全警戒线。	Ⅱ类严重违章（第37条）	
	4．在继保屏上作业时，将检修设备与运行设备以明显的标志隔开。检修设备所在屏柜上还有其他运行设备，屏柜内的运行设备已与检修设备有明显标志隔离，与运行设备有关的压板、切换开关、空气开关等附件已做禁止操作标志。	Ⅱ类严重违章（第31条）	
	5．在运行的继电保护、安全自动装置屏附近开展振动较大的工作，有可能影响运行设备安全时，已采取防止运行设备误动作的措施。	Ⅱ类严重违章（第31条）	
	6．继电保护、直流控保、稳控装置等定值计算、未发生调试错误，误动、误碰、误（漏）接线的情况。	Ⅰ类严重违章（第11条）	
	7．在互感器二次回路上工作，采取防止电流互感器二次回路开路，电压互感器二次回路短路的措施。	Ⅱ类严重违章（第43条）	
	8．短路电流互感器二次绕组时，短路片或短路线连接牢固，或用导线缠绕。在带电的电压互感器二次回路上工作时，螺丝刀用胶布缠绕。	Ⅱ类严重违章（第43条）	
	9．电缆井、电缆隧道、深度超过2m的基坑、沟（槽）内等工作环境比较复杂且相对密闭的空间，按规定采取通风措施、经气体检测合格后作业。	恶性违章（第6条）	
	10．有限空间作业现场配置并能正确使用安全防护装备、应急救援装备；正确设置监护人。	Ⅰ类严重违章（第8条）	
	11．电动设备按照“一机、一闸、一保护”规定使用。	一般违章（第20条）	
督查人员：	离开现场时间：		

4. 高压试验与测量

编号：DC-PDYJ-12

高压试验与测量标准督查卡

工作任务：		督查时间：	
督查项目	督查标准	违章性质	督查情况
安全措施	1. 按规定得到设备运维单位的许可进场作业。	Ⅰ类严重违章（第 5 条）	
	2. 停电作业时，作业点在接地保护范围内。	恶性违章（第 4 条）	
	3. 变更接线或试验结束后，将升压设备的高压部分放电、短路接地。	Ⅱ类严重违章（第 29 条）	
	4. 电气设备、电源箱等用电设备接地牢固可靠。	一般违章（第 23 条）	
	5. 邻近或交叉跨越带电设备时，电气设备、高空作业车等接地牢固可靠。	一般违章（第 23 条）	
	6. 高压试验现场规范装设遮栏或围栏。	Ⅱ类严重违章（第 36 条）	
关键事项	1. 关键事项、关键环节作业按施工方案或规定程序开展作业。作业人员经批准后改变已设置的安全措施。	Ⅱ类严重违章（第 36 条）	
	2. 登杆作业时，杆塔根部、基础和拉线夯实牢固。	恶性违章（第 17 条）	
	3. 作业人员不得擅自穿、跨越安全围栏、安全警戒线。	Ⅱ类严重违章（第 37 条）	
	4. 测量时，人体与高压带电部位不得小于《安规（配电部分）》表 3-1 规定的安全距离。	恶性违章（第 8 条）	
	5. 邻近带电线路工作时，人体、作业机具等与带电线路的安全距离满足《安规（配电部分）》表 5-1 规定。	恶性违章（第 8 条）	
	6. 高处作业、攀登或转移作业位置时正确使用安全带、后备保护绳、速差器等防高坠用品，全程不失去保护。	恶性违章（第 5 条）	
	7. 高处作业人员不随手上下抛掷工具、材料等物件。	一般违章（第 16 条）	
	8. 电动设备按照“一机、一闸、一保护”规定使用。	一般违章（第 20 条）	
	9. 按规定使用安全绝缘工具和安全防护用具。	一般违章（第 12 条）	
督查人签名：		离开现场时间：	

编号：DC-PDYJ-13

电力电缆试验标准督查卡

工作任务：		督查时间：	
督查项目	督查标准	违章性质	督查情况
安全措施	1．按规定得到设备运维单位的许可进场作业。	Ⅰ类严重违章（第5条）	
	2．停电作业时，作业点在接地保护范围内。	恶性违章（第4条）	
	3．变更接线或试验结束后，将升压设备的高压部分放电、短路接地。	Ⅱ类严重违章（第29条）	
	4．电缆耐压试验分相进行时，另两相电缆应接地牢固可靠。	Ⅱ类严重违章（第29条）	
	5．电气设备、电源箱接地牢固可靠。	一般违章（第23条）	
	6．邻近或交叉跨越带电设备时，高空作业车等接地牢固可靠。	一般违章（第23条）	
	7．高压试验现场规范装设遮栏或围栏。	Ⅱ类严重违章（第36条）	
关键事项	1．关键事项、关键环节作业按施工方案或规定程序开展作业。作业人员经批准后改变已设置的安全措施。	Ⅱ类严重违章（第36条）	
	2．登杆作业时，杆塔根部、基础和拉线夯实牢固。	恶性违章（第17条）	
	3．电缆井、电缆隧道、深度超过2m的基坑、沟（槽）内等工作环境比较复杂且相对密闭的空间，按规定采取通风措施、经气体检测合格后作业。	恶性违章（第6条）	
	4．在有限空间作业时按规定配置呼吸器、照明设备等安全防护装备、应急救援装备，正确设置监护人。	Ⅰ类严重违章（第8条）	
	5．邻近带电线路工作时，人体、作业机具等与带电线路的安全距离不小于《安规（配电部分）》表5-1规定。	恶性违章（第8条）	
	6．高处作业、攀登或转移作业位置时正确使用安全带、后备保护绳、速差器等防高坠用品，全程不失去保护。	恶性违章（第5条）	
	7．高处作业人员不随手上下抛掷工具、材料等物件。	一般违章（第16条）	
	8．电动设备按照“一机、一闸、一保护”规定使用。	一般违章（第20条）	
	9．按规定使用安全绝缘工具和安全防护用具。	一般违章（第12条）	
督查人签名：		离开现场时间：	

5. 带电作业

编号：DC-PDYJ-14

绝缘手套法带电断（接）支接线路引线标准督查卡

工作任务：	督查时间：		
督查项目	督查标准	违章性质	督查情况
安全措施	1. 按规定得到设备运维单位的许可进场作业。	Ⅰ类严重违章（第5条）	
	2. 需要停用重合闸或直流线路再启动功能的带电作业由值班调控人员履行许可手续。	Ⅰ类严重违章（第5条）	
	3. 带电作业需负荷侧设备进行停电操作时，应由设备运维人员（客户）现场履行工作许可手续。	Ⅰ类严重违章（第6条）	
	4. 不得约时停用或恢复重合闸。	恶性违章（第7条）	
	5. 带电作业车接地牢固可靠。	一般违章（第23条）	
	6. 高空作业车作业区域设置警示围栏。	Ⅱ类严重违章（第36条）	
	7. 在公路、铁路等交通要道上架拆线路，双向设置标志进行警示、隔离，设专人手持旗帜看管。	一般违章（第25条）	
关键事项	1. 关键事项、关键环节作业按施工方案或规定程序开展作业。作业人员经批准后改变已设置的安全措施。	Ⅱ类严重违章（第36条）	
	2. 高处作业、攀登或转移作业位置时正确使用安全带、后备保护绳、速差器等防高坠用品，全程不失去保护。	恶性违章（第5条）	
	3. 禁止带负荷断（接）支接线路引线。	Ⅱ类严重违章（第42条）	
	4. 10kV带电作业时，作业人员应保持对地不小于0.4m，对相邻导线不小于0.6m的安全距离，如不能确保该距离时，采取有效的绝缘遮蔽措施。	恶性违章（第8条）	
	5. 作业过程中有可能引起不同电位设备之间发生短路或接地故障时，应对设备设置绝缘遮蔽。	恶性违章（第8条）	
	6. 高压带电作业穿戴绝缘手套等绝缘防护用具（绝缘安全帽、绝缘服或绝缘披肩、绝缘手套、绝缘鞋等）；高压带电断引线或带电断空载线路时戴护目镜。	Ⅲ类严重违章（第82条）	
督查人签名：	离开现场时间：		

编号：DC-PDYJ-15

绝缘手套法带电更换避雷器标准督查卡

工作任务：		督查时间：	
督查项目	督查标准	违章性质	督查情况
安全措施	1．按规定得到设备运维单位的许可进场作业。	Ⅰ类严重违章（第 5 条）	
	2．需要停用重合闸或直流线路再启动功能的带电作业由值班调控人员履行许可手续。	Ⅰ类严重违章（第 5 条）	
	3．带电作业需负荷侧设备进行停电操作时，应由设备运维人员（客户）现场履行工作许可手续。	Ⅰ类严重违章（第 6 条）	
	4．不得约时停用或恢复重合闸。	恶性违章（第 7 条）	
	5．带电作业车接地牢固可靠。	一般违章（第 23 条）	
	6．高空作业车作业区域设置警示围栏。	Ⅱ类严重违章（第 36 条）	
	7．在公路、铁路等交通要道上架拆线路，双向设置标志进行警示、隔离，设专人手持旗帜看管。	一般违章（第 25 条）	
关键事项	1．关键事项、关键环节作业按施工方案或规定程序开展作业。作业人员经批准后改变已设置的安全措施。	Ⅱ类严重违章（第 36 条）	
	2．高处作业、攀登或转移作业位置时正确使用安全带、后备保护绳、速差器等防高坠用品，全程不失去保护。	恶性违章（第 5 条）	
	3．10kV 带电作业时，作业人员应保持对地不小于 0.4m，对相邻导线不小于 0.6m 的安全距离，如不能确保该距离时，采取有效的绝缘遮蔽措施。	恶性违章（第 8 条）	
	4．作业过程中有可能引起不同电位设备之间发生短路或接地故障时，应对设备设置绝缘遮蔽。	恶性违章（第 8 条）	
	5．高压带电作业穿戴绝缘手套等绝缘防护用具（绝缘安全帽、绝缘服或绝缘披肩、绝缘手套、绝缘鞋等）；高压带电断引线或带电断空载线路时戴护目镜。	Ⅲ类严重违章（第 82 条）	
督查人签名：		离开现场时间：	

编号：DC-PDYJ-16

绝缘杆法带电断（接）支接线路引线标准督查卡

工作任务：		督查时间：	
督查项目	督查标准	违章性质	督查情况
安全措施	1．按规定得到设备运维单位的许可进场作业。	Ⅰ类严重违章（第 5 条）	
	2．需要停用重合闸或直流线路再启动功能的带电作业由值班调控人员履行许可手续。	Ⅰ类严重违章（第 5 条）	
	3．带电作业需负荷侧设备进行停电操作时，应由设备运维人员（客户）现场履行工作许可手续。	Ⅰ类严重违章（第 6 条）	
	4．不得约时停用或恢复重合闸。	恶性违章（第 7 条）	
	5．带电作业车接地牢固可靠。	一般违章（第 23 条）	
	6．高空作业车作业区域设置警示围栏。	Ⅱ类严重违章（第 36 条）	
	7．在公路、铁路等交通要道上架拆线路，双向设置标志进行警示、隔离，设专人手持旗帜看管。	一般违章（第 25 条）	
关键事项	1．关键事项、关键环节作业按施工方案或规定程序开展作业。作业人员经批准后改变已设置的安全措施。	Ⅱ类严重违章（第 36 条）	
	2．登杆作业时，杆塔根部、基础和拉线夯实牢固。	恶性违章（第 17 条）	
	3．高处作业、攀登或转移作业位置时正确使用安全带、后备保护绳、速差器等防高坠用品，全程不失去保护。	恶性违章（第 5 条）	
	4．10kV 带电作业时，作业人员应保持对地不小于 0.4m，对相邻导线不小于 0.6m 的安全距离，如不能确保该距离时，采取有效的绝缘遮蔽措施。	恶性违章（第 8 条）	
	5．作业过程中有可能引起不同电位设备之间发生短路或接地故障时，应对设备设置绝缘遮蔽。	恶性违章（第 8 条）	
	6．禁止带负荷断（接）支接线路引线。	Ⅱ类严重违章（第 42 条）	
	7．高压带电作业穿戴绝缘手套等绝缘防护用具；高压带电断引线或带电断空载线路时戴护目镜。	Ⅲ类严重违章（第 82 条）	
督查人签名：		离开现场时间：	

编号：DC-PDYJ-17

综合不停电作业标准督查卡

工作任务：		督查时间：	
督查项目	督查标准	违章性质	督查情况
安全措施	1．按规定得到设备运维单位的许可进场作业。	Ⅰ类严重违章（第5条）	
	2．需要停用重合闸或直流线路再启动功能的带电作业由值班调控人员履行许可手续。	Ⅰ类严重违章（第5条）	
	3．带电作业需负荷侧设备进行停电操作时，应由设备运维人员（客户）现场履行工作许可手续。	Ⅰ类严重违章（第6条）	
	4．不得约时停用或恢复重合闸。	恶性违章（第7条）	
	5．带电作业车接地牢固可靠。	一般违章（第23条）	
	6．高空作业车作业区域设置警示围栏。	Ⅱ类严重违章（第36条）	
	7．使用移动箱变车或发电车时，应接地牢固可靠。	一般违章（第23条）	
	8．在公路、铁路等交通要道上架拆线路，双向设置标志进行警示、隔离，设专人手持旗帜看管。	一般违章（第25条）	
关键事项	1．关键事项、关键环节作业按施工方案或规定程序开展作业。作业人员经批准后改变已设置的安全措施。	Ⅱ类严重违章（第36条）	
	2．登杆作业时，杆塔根部、基础和拉线夯实牢固。	恶性违章（第17条）	
	3．高处作业、攀登或转移作业位置时正确使用安全带、后备保护绳、速差器等防高坠用品，全程不失去保护。	恶性违章（第5条）	
	4．10kV带电作业时，作业人员应保持对地不小于0.4m，对相邻导线不小于0.6m的安全距离，如不能确保该距离时，采取有效的绝缘遮蔽措施。	恶性违章（第8条）	
	5．作业过程中有可能引起不同电位设备之间发生短路或接地故障时，应对设备设置绝缘遮蔽。	恶性违章（第8条）	
	6．高压带电作业穿戴绝缘手套等绝缘防护用具；高压带电断引线或带电断空载线路时戴护目镜。	Ⅲ类严重违章（第82条）	
	7．带电立、撤杆时，吊车吊臂与有电线路应按规定保持安全距离。	恶性违章（第8条）	
	8．旁路设备绝缘电阻检测完毕后，应对其进行充分放电。	Ⅱ类严重违章（第29条）	
	9．拆除旁路作业设备前应进行整体充分放电。	Ⅱ类严重违章（第29条）	
督查人签名：		离开现场时间：	

6. 土建施工

编号：DC-PDYJ-18

基础施工（电缆土建）标准督查卡

施工任务：	督查时间：		
督查项目	督查标准	违章性质	督查情况
安全措施	1. 按规定得到设备运维单位的许可进场作业。	Ⅰ类严重违章（第5条）	
	2. 停电作业时，作业点在接地保护范围内。	恶性违章（第4条）	
	3. 吊车、高空作业车作业区域设置警示围栏。	Ⅱ类严重违章（第36条）	
	4. 电气设备、电源箱等用电设备外壳接地牢固可靠。	一般违章（第22条）	
关键事项	1. 关键事项、关键环节作业按施工方案或规定程序开展作业。	Ⅱ类严重违章（第36条）	
	2. 挖机、吊车等大型机械设备与带电设备安全距离不小于《安规（配电部分）》表3-1。	恶性违章（第8条）	
	3. 吊车吊臂、吊具、辅具、钢丝绳及吊物、挖机斗臂与邻近、平行、交叉跨越带电线路安全距离大于《安规（配电部分）》表3-1、大于表6-1要求时，制定并落实误碰带电设备安全措施。	Ⅱ类严重违章（第36条）	
	4. 作业人员不得擅自穿、跨越安全围栏、安全警戒线。	Ⅱ类严重违章（第37条）	
	5. 不良地质构造的高边坡，按设计要求采取锚喷或加固等支护措施。	Ⅲ类严重违章（第58条）	
	6. 挖土区域设警戒线，各种机械、车辆严禁在开挖的基础边缘2m内行驶、停放。	一般问题	
	7. 电缆井、电缆隧道、深度超过2m的基坑、沟（槽）内等工作环境比较复杂且相对密闭的空间，按规定采取通风措施、经气体检测合格后作业。	恶性违章（第6条）	
	8. 在有限空间作业时按规定配置呼吸器、照明设备等安全防护装备、应急救援装备，正确设置监护人。	Ⅰ类严重违章（第8条）	
	9. 人工开挖基坑深度达2m时，必须用取土器械取土；人力提土绞架刹车装置、电动葫芦提土机械自动卡紧保险装置应安全可靠。	一般违章（第15条）	

续表

督查项目	督查标准	违章性质	督查情况
关键事项	10．脚手架经验收合格，并悬挂验收牌后投入使用。	Ⅲ类严重违章（第 72 条）	
	11．坠落高度超过 1.5m 时，已采取可靠的防高坠措施。	恶性违章（第 5 条）	
	12．自制施工工器具经检测试验合格。	Ⅲ类严重违章（第 53 条）	
	13．吊车依法取得使用登记证书、定期检验或检验合格。	Ⅲ类严重违章（第 52 条）	
	14．吊车作业前，支腿全部支好；支腿按规程要求加垫木。	Ⅲ类严重违章（第 83 条）	
	15．起吊装置工作负荷不得超铭牌规定使用。	Ⅰ类严重违章（第 9 条）	
	16．吊臂和起吊物下方，无人逗留和通过。	Ⅱ类严重违章（第 38 条）	
	17．吊钩有完好的防止脱钩的保险装置。	Ⅲ类严重违章（第 84 条）	
	18．吊装带完好无破损；钢丝绳套插接长度满足规范要求。	一般违章（第 14 条）	
	19．电动设备按照“一机、一闸、一保护”规定使用。	一般违章（第 20 条）	
	20．电缆线深埋或采取架空措施。	一般问题	
	21．生产和作业场所按规定配备合格的消防器材。	Ⅲ类严重违章（第 65 条）	
	22．按规定使用安全绝缘工具和安全防护用具。	一般违章（第 12 条）	
督查人员：	离开现场时间：		

（四）发电运检

1. 一次检修作业

编号：DC-FDYJ-01

水轮发电机电气一次部分检修标准督查卡

工作任务：	到现场时间：		
督查项目	督查标准	违章性质	督查情况
安全措施	1．按规定得到设备运维单位的许可进场作业。	Ⅰ类严重违章（第5条）	
	2．水轮发电机组已停运，作业点在接地保护范围内。	恶性违章（第4条）	
	3．变更接线或试验结束后，将升压设备的高压部分放电、短路接地。	Ⅱ类严重违章（第29条）	
	4．电气设备、电源箱外壳接地牢固可靠。	一般违章（第22条）	
	5．行车吊作业时，按规定设置警示围栏。	Ⅱ类严重违章（第36条）	
	6．高压试验现场规范设置遮栏或围栏。	Ⅱ类严重违章（第36条）	
关键事项	1．发电机定子、转子绝缘检查及试验等关键环节按作业方案或规定程序开展作业；作业人员未随意改变已设置的安全措施。	Ⅱ类严重违章（第36条）	
	2．作业人员不得擅自穿、跨越安全围栏、安全警戒线。	Ⅱ类严重违章（第37条）	
	3．发电机风洞等有限空间作业，执行“先通风、再检测、后作业”要求。	恶性违章（第6条）	
	4．有限空间作业，执行“先通风、再检测、后作业”要求。	Ⅰ类严重违章（第8条）	
	5．起重作业按规定设有专人指挥。	Ⅲ类严重违章（第69条）	
	6．起吊装置工作负荷不得超铭牌规定使用。	Ⅰ类严重违章（第9条）	
	7．起吊过程中，起吊物下面，无人逗留和通过。	Ⅱ类严重违章（第38条）	

续表

督查项目	督查标准	违章性质	督查情况
关键事项	8．行车吊的吊钩有防止脱钩的保险装置。	Ⅲ类严重违章（第 84 条）	
	9．无作业人员利用吊钩来上升或下降。	恶性违章（第 10 条）	
	10．施工用电线路、电动机械及照明设备拆除后，带电部分按规定处理。	Ⅲ类严重违章（第 87 条）	
	11．试验电源应从试验电源屏或检修电源箱取得；电动机械或电动工具做到“一机一闸一保护”。	一般违章（第 20 条）	
	12．脚手架经验收合格并挂牌后投入使用。	Ⅲ类严重违章（第 72 条）	
	13．高处作业、攀登或转移作业位置时正确使用安全带等防高坠用品，全程不失去保护。	恶性违章（第 5 条）	
	14．高处作业人员不随手上下抛掷工具、材料等物件。	一般违章（第 16 条）	
	15．使用危险化学品严格执行“一书一签”（化学品安全技术说明书、化学品安全标签）的规定。	Ⅲ类严重违章（第 48 条）	
	16．不得擅自倾倒、堆放、丢弃或遗撒危险化学品。	Ⅲ类严重违章（第 67 条）	
	17．易燃易爆物品按规定储运存放。	一般违章（第 24 条）	
	18．生产和施工场所按规定配备消防器材，配备的消防器材合格。	Ⅲ类严重违章（第 65 条）	
	19．不得在易燃易爆或禁火区域携带火种、使用明火、吸烟；在易燃物品及重要设备上方进行焊接，下方设有监护人。	Ⅱ类严重违章（第 39 条）	
	20．动火作业前，清除动火现场及周围的易燃物品。	Ⅱ类严重违章（第 41 条）	
	21．按规定使用安全绝缘工具和安全防护用具。	一般违章（第 12 条）	
督查人签名：		离开现场时间：	

编号：DC-FDYJ-02

水轮发电机组主变压器检修标准督查卡

工作任务：	到现场时间：		
督查项目	督查标准	违章性质	督查情况
安全措施	1．按规定得到设备运维单位的许可进场作业。	Ⅰ类严重违章（第 5 条）	
	2．停电作业时，作业点在接地保护范围内。	恶性违章（第 4 条）	
	3．变更接线或试验结束后，将升压设备的高压部分放电、短路接地。	Ⅱ类严重违章（第 29 条）	
	4．在变电站内使用吊车、作业平台、高空作业车时，接地牢固可靠。	一般违章（第 23 条）	
	5．电气设备、电源箱外壳接地牢固可靠。	一般违章（第 22 条）	
	6．高空作业车、吊车作业时按规定设置警示围栏。	Ⅱ类严重违章（第 36 条）	
	7．高压试验现场规范设置遮栏或围栏。	Ⅱ类严重违章（第 36 条）	
关键事项	1．关键事项、关键环节作业按施工方案或规定程序开展作业。	Ⅱ类严重违章（第 36 条）	
	2．作业人员与带电设备、引线安全距离不小于《安规（变电部分）》表 3。在 35kV 及以下的设备处工作，安全距离大于表 3、小于表 1 规定时，有绝缘隔板、安全遮栏措施的设备。	恶性违章（第 8 条）	
	3．吊车、高空作业车与带电设备、引线安全距离不小于《安规（变电部分）》表 1。	恶性违章（第 8 条）	
	4．吊车、高空作业车与带电设备最小安全距离大于《安规（变电部分）》表 1、小于表 18 要求时，制定并落实防止误碰带电设备的安全措施。	Ⅱ类严重违章（第 36 条）	
	5．作业人员不得擅自穿、跨越安全围栏、安全警戒线。	Ⅱ类严重违章（第 37 条）	
	6．起重作业按规定设有专人指挥。	Ⅲ类严重违章（第 69 条）	
	7．起吊装置工作负荷不得超铭牌规定使用。	Ⅰ类严重违章（第 9 条）	
	8．吊车、高空作业车作业前，支腿全部支好；支腿按规程要求加垫木。	Ⅲ类严重违章（第 83 条）	

续表

督查项目	督查标准	违章性质	督查情况
关键事项	9．起吊过程中吊臂和起吊物下方，无人逗留和通过。	Ⅱ类严重违章（第38条）	
	10．吊车吊钩有防止脱钩的保险装置。	Ⅲ类严重违章（第84条）	
	11．在开关站的带电区域内未使用钢卷尺、金属梯等禁止使用的工器具。	恶性违章（第9条）	
	12．施工用电线路、电动机械及照明设备拆除后，带电部分按规定处理。	Ⅲ类严重违章（第87条）	
	13．电动设备按照“一机、一闸、一保护”规定使用。	一般违章（第20条）	
	14．有限空间作业，执行“先通风、再检测、后作业”要求。	恶性违章（第6条）	
	15．有限空间作业现场配置并能正确使用安全防护装备、应急救援装备；正确设置监护人。	Ⅰ类严重违章（第8条）	
	16．高处作业、攀登或转移作业位置时正确使用安全带等防高坠用品，全程不失去保护。	恶性违章（第5条）	
	17．高处作业人员不随手上下抛掷工具、材料等物件。	一般违章（第16条）	
	18．易燃易爆物品或各种气瓶按规定储运、存放、使用。	一般违章（第24条）	
	19．油务工作、动火作业现场应按规定配备合格的消防器材。	Ⅲ类严重违章（第65条）	
	20．动火作业前，清除动火现场及周围的易燃物品。	Ⅱ类严重违章（第41条）	
	21．使用危险化学品严格执行“一书一签”（化学品安全技术说明书、化学品安全标签）的规定。	Ⅲ类严重违章（第48条）	
	22．不得擅自倾倒、堆放、丢弃或遗撒危险化学品。	Ⅲ类严重违章（第67条）	
	23．按规定使用安全绝缘工具和安全防护用具。	一般违章（第12条）	
督查人签名：	离开现场时间：		

编号：DC-FDYJ-03

水电厂高压断路器检修标准督查卡

工作任务：	到现场时间：		
督查项目	督查标准	违章性质	督查情况
安全措施	1．按规定得到设备运维单位的许可进场作业。	Ⅰ类严重违章（第5条）	
	2．停电作业时，作业点在接地保护范围内。	恶性违章（第4条）	
	3．变更接线或试验结束后，将升压设备的高压部分放电、短路接地。	Ⅱ类严重违章（第29条）	
	4．在变电站内使用吊车、作业平台、高空作业车时，接地牢固可靠。	一般违章（第23条）	
	5．电气设备、电源箱外壳接地牢固可靠。	一般违章（第22条）	
	6．高空作业车、吊车作业时按规定设置警示围栏。	Ⅱ类严重违章（第36条）	
	7．高压试验现场规范设置遮栏或围栏。	Ⅱ类严重违章（第36条）	
关键事项	1．关键事项、关键环节作业按施工方案或规定程序开展作业。	Ⅱ类严重违章（第36条）	
	2．作业人员与带电设备、引线安全距离不小于《安规（变电部分）》表3。在35kV及以下的设备处工作，安全距离大于表3、小于表1规定时，有绝缘隔板、安全遮栏措施的设备。	恶性违章（第8条）	
	3．吊车、高空作业车与带电设备、引线安全距离不小于《安规（变电部分）》表1。	恶性违章（第8条）	
	4．吊车、高空作业车与带电设备最小安全距离大于《安规（变电部分）》表1、小于表18要求时，制定并落实防止误碰带电设备的安全措施。	Ⅱ类严重违章（第36条）	
	5．作业人员不得擅自穿、跨越安全围栏、安全警戒线。	Ⅱ类严重违章（第37条）	
	6．起重作业按规定设有专人指挥。	Ⅲ类严重违章（第69条）	
	7．起吊装置工作负荷不得超铭牌规定使用。	Ⅰ类严重违章（第9条）	
	8．吊车、高空作业车作业前，支腿全部支好；支腿按规程要求加垫木。	Ⅲ类严重违章（第83条）	

续表

督查项目	督查标准	违章性质	督查情况
关键事项	9. 起吊过程中吊臂和起吊物下方，无人逗留和通过。	Ⅱ类严重违章（第 38 条）	
	10. 吊车吊钩有防止脱钩的保险装置。	Ⅲ类严重违章（第 84 条）	
	11. 在开关站的带电区域内未使用钢卷尺、金属梯等禁止使用的工器具。	恶性违章（第 9 条）	
	12. 施工用电线路、电动机械及照明设备拆除后，带电部分按规定处理。	Ⅲ类严重违章（第 87 条）	
	13. 电动设备按照“一机、一闸、一保护”规定使用。	一般违章（第 20 条）	
	14. 有限空间作业，执行“先通风、再检测、后作业”要求。	恶性违章（第 6 条）	
	15. 有限空间作业现场配置并能正确使用安全防护装备、应急救援装备；正确设置监护人。	Ⅰ类严重违章（第 8 条）	
	16. 高处作业、攀登或转移作业位置时正确使用安全带等防高坠用品，全程不失去保护。	恶性违章（第 5 条）	
	17. 高处作业人员不随手上下抛掷工具、材料等物件。	一般违章（第 16 条）	
	18. 易燃易爆物品或各种气瓶按规定储运、存放、使用。	一般违章（第 24 条）	
	19. 油务工作、动火作业现场应按规定配备合格的消防器材。	Ⅲ类严重违章（第 65 条）	
	20. 动火作业前，清除动火现场及周围的易燃物品。	Ⅱ类严重违章（第 41 条）	
	21. 按规定使用安全绝缘工具和安全防护用具。	一般违章（第 12 条）	
督查人签名：		离开现场时间：	

编号：DC-FDYJ-04

水电厂高压隔离开关检修标准督查卡

工作任务：	到现场时间：		
督查项目	督查标准	违章性质	督查情况
安全措施	1．按规定得到设备运维单位的许可进场作业。	Ⅰ类严重违章（第5条）	
	2．停电作业时，作业点在接地保护范围内。	恶性违章（第4条）	
	3．变更接线或试验结束后，将升压设备的高压部分放电、短路接地。	Ⅱ类严重违章（第29条）	
	4．在变电站内使用吊车、作业平台、高空作业车时，接地牢固可靠。	一般违章（第23条）	
	5．电气设备、电源箱外壳接地牢固可靠。	一般违章（第22条）	
	6．高空作业车、吊车作业时按规定设置警示围栏。	Ⅱ类严重违章（第36条）	
	7．高压试验现场规范设置遮栏或围栏。	Ⅱ类严重违章（第36条）	
关键事项	1．关键事项、关键环节作业按施工方案或规定程序开展作业。	Ⅱ类严重违章（第36条）	
	2．作业人员与带电设备、引线安全距离不小于《安规（变电部分）》表3。在35kV及以下的设备处工作，安全距离大于表3、小于表1规定时，有绝缘隔板、安全遮栏措施的设备。	恶性违章（第8条）	
	3．吊车、高空作业车与带电设备、引线安全距离不小于《安规（变电部分）》表1。	恶性违章（第8条）	
	4．吊车、高空作业车与带电设备最小安全距离大于《安规（变电部分）》表1、小于表18要求时，制定并落实防止误碰带电设备的安全措施。	Ⅱ类严重违章（第36条）	
	5．作业人员不得擅自穿、跨越安全围栏、安全警戒线。	Ⅱ类严重违章（第37条）	
	6．起重作业按规定设有专人指挥。	Ⅲ类严重违章（第69条）	
	7．起吊装置工作负荷不得超铭牌规定使用。	Ⅰ类严重违章（第9条）	
	8．吊车、高空作业车作业前，支腿全部支好；支腿按规程要求加垫木。	Ⅲ类严重违章（第83条）	

续表

督查项目	督查标准	违章性质	督查情况
关键事项	9．起吊过程中吊臂和起吊物下方，无人逗留和通过。	Ⅱ类严重违章（第38条）	
	10．吊车吊钩有防止脱钩的保险装置。	Ⅲ类严重违章（第84条）	
	11．在开关站的带电区域内未使用钢卷尺、金属梯等禁止使用的工器具。	恶性违章（第9条）	
	12．施工用电线路、电动机械及照明设备拆除后，带电部分按规定处理。	Ⅲ类严重违章（第87条）	
	13．电动设备按照“一机、一闸、一保护”规定使用。	一般违章（第20条）	
	14．高处作业、攀登或转移作业位置时正确使用安全带等防高坠用品，全程不失去保护。	恶性违章（第5条）	
	15．高处作业人员不随手上下抛掷工具、材料等物件。	一般违章（第16条）	
	16．易燃易爆物品或各种气瓶按规定储运、存放、使用。	一般违章（第24条）	
	17．油务工作、动火作业现场应按规定配备合格的消防器材。	Ⅲ类严重违章（第65条）	
	18．动火作业前，清除动火现场及周围的易燃物品。	Ⅱ类严重违章（第41条）	
	19．按规定使用安全绝缘工具和安全防护用具。	一般违章（第12条）	
督查人签名：		离开现场时间：	

编号：DC-FDYJ-05

水电厂高压互感器检修标准督查卡

工作任务：	到现场时间：		
督查项目	督查标准	违章性质	督查情况
安全措施	1．按规定得到设备运维单位的许可进场作业。	Ⅰ类严重违章（第 5 条）	
	2．停电作业时，作业点在接地保护范围内。	恶性违章（第 4 条）	
	3．变更接线或试验结束后，将升压设备的高压部分放电、短路接地。	Ⅱ类严重违章（第 29 条）	
	4．在变电站内使用吊车、作业平台、高空作业车时，接地牢固可靠。	一般违章（第 23 条）	
	5．电气设备、电源箱外壳接地牢固可靠。	一般违章（第 22 条）	
	6．高空作业车、吊车作业时按规定设置警示围栏。	Ⅱ类严重违章（第 36 条）	
	7．高压试验现场规范设置遮栏或围栏。	Ⅱ类严重违章（第 36 条）	
关键事项	1．短路电流互感器二次绕组时，使用的短路片和短路线连接牢固，不得用导线缠绕。	Ⅱ类严重违章（第 43 条）	
	2．在带电的电压互感器二次回路上工作时，使用绝缘工具。	Ⅱ类严重违章（第 43 条）	
	3．关键事项、关键环节作业按施工方案或规定程序开展作业。	Ⅱ类严重违章（第 36 条）	
	4．作业人员与带电设备、引线安全距离不小于《安规（变电部分）》表 3。在 35kV 及以下的设备处工作，安全距离大于表 3、小于表 1 规定时，有绝缘隔板、安全遮栏措施的设备。	恶性违章（第 8 条）	
	5．吊车、高空作业车与带电设备、引线安全距离不小于《安规（变电部分）》表 1。	恶性违章（第 8 条）	
	6．吊车、高空作业车与带电设备最小安全距离大于《安规（变电部分）》表 1、小于表 18 要求时，制定并落实防止误碰带电设备的安全措施。	Ⅱ类严重违章（第 36 条）	
	7．作业人员不得擅自穿、跨越安全围栏、安全警戒线。	Ⅱ类严重违章（第 37 条）	
	8．起重作业按规定设有专人指挥。	Ⅲ类严重违章（第 69 条）	

续表

督查项目	督查标准	违章性质	督查情况
关键事项	9．起吊装置工作负荷不得超铭牌规定使用。	Ⅰ类严重违章（第 9 条）	
	10．吊车、高空作业车作业前，支腿全部支好；支腿按规程要求加垫木。	Ⅲ类严重违章（第 83 条）	
	11．起吊过程中吊臂和起吊物下方，无人逗留和通过。	Ⅱ类严重违章（第 38 条）	
	12．吊车吊钩有防止脱钩的保险装置。	Ⅲ类严重违章（第 84 条）	
	13．在开关站的带电区域内未使用钢卷尺、金属梯等禁止使用的工器具。	恶性违章（第 9 条）	
	14．施工用电线路、电动机械及照明设备拆除后，带电部分按规定处理。	Ⅲ类严重违章（第 87 条）	
	15．电动设备按照“一机、一闸、一保护”规定使用。	一般违章（第 20 条）	
	16．高处作业、攀登或转移作业位置时正确使用安全带等防高坠用品，全程不失去保护。	恶性违章（第 5 条）	
	17．高处作业人员不随手上下抛掷工具、材料等物件。	一般违章（第 16 条）	
	18．易燃易爆物品或各种气瓶按规定储运、存放、使用。	一般违章（第 24 条）	
	19．油务工作、动火作业现场应按规定配备合格的消防器材。	Ⅲ类严重违章（第 65 条）	
	20．动火作业前，清除动火现场及周围的易燃物品。	Ⅱ类严重违章（第 41 条）	
	21．按规定使用安全绝缘工具和安全防护用具。	一般违章（第 12 条）	
督查人签名：		离开现场时间：	

编号：DC-FDYJ-06

水电厂组合电器检修标准督查卡

工作任务：	到现场时间：		
督查项目	督查标准	违章性质	督查情况
安全措施	1．按规定得到设备运维单位的许可进场作业。	Ⅰ类严重违章（第5条）	
	2．停电作业时，作业点在接地保护范围内。	恶性违章（第4条）	
	3．变更接线或试验结束后，将升压设备的高压部分放电、短路接地。	Ⅱ类严重违章（第29条）	
	4．在变电站内使用吊车、作业平台、高空作业车时，接地牢固可靠。	一般违章（第23条）	
	5．电气设备、电源箱外壳接地牢固可靠。	一般违章（第22条）	
	6．高空作业车、吊车作业时按规定设置警示围栏。	Ⅱ类严重违章（第36条）	
	7．高压试验现场规范设置遮栏或围栏。	Ⅱ类严重违章（第36条）	
关键事项	1．关键事项、关键环节作业按施工方案或规定程序开展作业。	Ⅱ类严重违章（第36条）	
	2．作业人员与带电设备、引线安全距离不小于《安规（变电部分）》表3。在35kV及以下的设备处工作，安全距离大于表3、小于表1规定时，有绝缘隔板、安全遮栏措施的设备。	恶性违章（第8条）	
	3．吊车、高空作业车与带电设备、引线安全距离不小于《安规（变电部分）》表1。	恶性违章（第8条）	
	4．吊车、高空作业车与带电设备最小安全距离大于《安规（变电部分）》表1、小于表18要求时，制定并落实防止误碰带电设备的安全措施。	Ⅱ类严重违章（第36条）	
	5．作业人员不得擅自穿、跨越安全围栏、安全警戒线。	Ⅱ类严重违章（第37条）	
	6．起重作业按规定设有专人指挥。	Ⅲ类严重违章（第69条）	
	7．起吊装置工作负荷不得超铭牌规定使用。	Ⅰ类严重违章（第9条）	
	8．吊车、高空作业车作业前，支腿全部支好；支腿按规程要求加垫木。	Ⅲ类严重违章（第83条）	

续表

督查项目	督查标准	违章性质	督查情况
关键事项	9．起吊过程中吊臂和起吊物下方，无人逗留和通过。	Ⅱ类严重违章（第38条）	
	10．吊车吊钩有防止脱钩的保险装置。	Ⅲ类严重违章（第84条）	
	11．在开关站的带电区域内未使用钢卷尺、金属梯等禁止使用的工器具。	恶性违章（第9条）	
	12．施工用电线路、电动机械及照明设备拆除后，带电部分按规定处理。	Ⅲ类严重违章（第87条）	
	13．电动设备按照“一机、一闸、一保护”规定使用。	一般违章（第20条）	
	14．高处作业、攀登或转移作业位置时正确使用安全带等防高坠用品，全程不失去保护。	恶性违章（第5条）	
	15．高处作业人员不随手上下抛掷工具、材料等物件。	一般违章（第16条）	
	16．易燃易爆物品或各种气瓶按规定储运、存放、使用。	一般违章（第24条）	
	17．油务工作、动火作业现场应按规定配备合格的消防器材。	Ⅲ类严重违章（第65条）	
	18．动火作业前，清除动火现场及周围的易燃物品。	Ⅱ类严重违章（第41条）	
	19．按规定使用安全绝缘工具和安全防护用具。	一般违章（第12条）	
督查人签名：		离开现场时间：	

编号：DC-FDYJ-07

水电厂高压开关柜检修标准督查卡

工作任务：	到现场时间：		
督查项目	督查标准	违章性质	督查情况
安全措施	1．按规定得到设备运维单位的许可进场作业。	Ⅰ类严重违章（第 5 条）	
	2．停电作业时，作业点在接地保护范围内。	恶性违章（第 4 条）	
	3．变更接线或试验结束后，将升压设备的高压部分放电、短路接地。	Ⅱ类严重违章（第 29 条）	
	4．在变电站内使用吊车、作业平台、高空作业车时，接地牢固可靠。	一般违章（第 23 条）	
	5．电气设备、电源箱外壳接地牢固可靠。	一般违章（第 22 条）	
	6．高压试验现场规范设置遮栏或围栏。	Ⅱ类严重违章（第 36 条）	
关键事项	1．开关柜各高压隔室设有泄压通道或压力释放装置；开关柜泄压通道或压力释放装置，与设计图纸一致。	Ⅲ类严重违章（第 54 条）	
	2．高压开关柜内手车开关拉出后，隔离带电部位的挡板已封闭；严禁擅自开启高压开关柜门、检修小窗、移动绝缘挡板。	恶性违章（第 13 条）	
	3．关键事项、关键环节作业按施工方案或规定程序开展作业。	Ⅱ类严重违章（第 36 条）	
	4．作业人员与带电设备、引线安全距离不小于《安规（变电部分）》表 3。在 35kV 及以下的设备处工作，安全距离大于表 3、小于表 1 规定时，有绝缘隔板、安全遮栏措施的设备。	恶性违章（第 8 条）	
	5．作业人员不得擅自穿、跨越安全围栏、安全警戒线。	Ⅱ类严重违章（第 37 条）	
	6．施工用电线路、电动机械及照明设备拆除后，带电部分按规定处理。	Ⅲ类严重违章（第 87 条）	
	7．电动设备按照“一机、一闸、一保护”规定使用。	一般违章（第 20 条）	
	8. 在带电区域未使用钢卷尺、金属梯等禁止使用的工器具。	恶性违章（第 9 条）	
	9．链条葫芦、手扳葫芦、吊钩式滑车等装置的吊钩和起重作业使用的吊钩有完好的防止脱钩的保险装置。	Ⅲ类严重违章（第 84 条）	

续表

督查项目	督查标准	违章性质	督查情况
关键事项	10．起吊装置工作负荷不得超铭牌规定使用。	Ⅰ类严重违章（第9条）	
	11．起重作业按规定设有专人指挥。	Ⅲ类严重违章（第69条）	
	12．动火作业现场应按规定配备合格的消防器材。	Ⅲ类严重违章（第65条）	
	13．动火作业前，清除动火现场及周围的易燃物品。	Ⅱ类严重违章（第41条）	
	14．按规定使用安全绝缘工具和安全防护用具。	一般违章（第12条）	
督查人签名：	离开现场时间：		

编号：DC-FDYJ-08

水电厂高压母线及绝缘子检修标准督查卡

工作任务：	到现场时间：		
督查项目	督查标准	违章性质	督查情况
安全措施	1．按规定得到设备运维单位的许可进场作业。	Ⅰ类严重违章（第5条）	
	2．停电作业时，作业点在接地保护范围内。	恶性违章（第4条）	
	3．变更接线或试验结束后，将升压设备的高压部分放电、短路接地。	Ⅱ类严重违章（第29条）	
	4．在变电站内使用吊车、作业平台、高空作业车时，接地牢固可靠。	一般违章（第23条）	
	5．电气设备、电源箱外壳接地牢固可靠。	一般违章（第22条）	
	6．高空作业车、吊车作业时按规定设置警示围栏。	Ⅱ类严重违章（第36条）	
	7．高压试验现场规范设置遮栏或围栏。	Ⅱ类严重违章（第36条）	
关键事项	1．关键事项、关键环节作业按施工方案或规定程序开展作业。	Ⅱ类严重违章（第36条）	
	2．作业人员与带电设备、引线安全距离不小于《安规（变电部分）》表3。在35kV及以下的设备处工作，安全距离大于表3、小于表1规定时，有绝缘隔板、安全遮栏措施的设备。	恶性违章（第8条）	
	3．吊车、高空作业车与带电设备、引线安全距离不小于《安规（变电部分）》表1。	恶性违章（第8条）	
	4．吊车、高空作业车与带电设备最小安全距离大于《安规（变电部分）》表1、小于表18要求时，制定并落实防止误碰带电设备的安全措施。	Ⅱ类严重违章（第36条）	
	5．作业人员不得擅自穿、跨越安全围栏、安全警戒线。	Ⅱ类严重违章（第37条）	
	6．起重作业按规定设有专人指挥。	Ⅲ类严重违章（第69条）	
	7．起吊装置工作负荷不得超铭牌规定使用。	Ⅰ类严重违章（第9条）	
	8．吊车、高空作业车作业前，支腿全部支好；支腿按规程要求加垫木。	Ⅲ类严重违章（第83条）	

续表

督查项目	督查标准	违章性质	督查情况
关键事项	9．起吊过程中，受力钢丝绳的周围、上下方、转向滑车内角侧、吊臂和起吊物下方，无人逗留和通过。	Ⅱ类严重违章（第 38 条）	
	10．吊车吊钩有防止脱钩的保险装置。	Ⅲ类严重违章（第 84 条）	
	11．高处作业、攀登或转移作业位置时正确使用安全带等防高坠用品，全程不失去保护。	恶性违章（第 5 条）	
	12．无作业人员利用吊钩上升或下降。	恶性违章（第 10 条）	
	13．高处作业人员不随手上下抛掷工具、材料等物件。	一般违章（第 16 条）	
	14．在开关站的带电区域内未使用钢卷尺、金属梯等禁止使用的工器具。	恶性违章（第 9 条）	
	15．施工用电线路、电动机械及照明设备拆除后，带电部分按规定处理。	Ⅲ类严重违章（第 87 条）	
	16．电动设备按照“一机、一闸、一保护”规定使用。	一般违章（第 20 条）	
	17．按规定使用安全绝缘工具和安全防护用具。	一般违章（第 12 条）	
督查人签名：		离开现场时间：	

编号：DC-FDYJ-09

水电厂避雷器检修标准督查卡

工作任务：	到现场时间：		
督查项目	督查标准	违章性质	督查情况
安全措施	1. 按规定得到设备运维单位的许可进场作业。	Ⅰ类严重违章（第 5 条）	
	2. 停电作业时，作业点在接地保护范围内。	恶性违章（第 4 条）	
	3. 变更接线或试验结束后，将升压设备的高压部分放电、短路接地。	Ⅱ类严重违章（第 29 条）	
	4. 在变电站内使用吊车、作业平台、高空作业车时，接地牢固可靠。	一般违章（第 23 条）	
	5. 电气设备、电源箱外壳接地牢固可靠。	一般违章（第 22 条）	
	6. 高空作业车、吊车作业时按规定设置警示围栏。	Ⅱ类严重违章（第 36 条）	
	7. 高压试验现场规范设置遮栏或围栏。	Ⅱ类严重违章（第 36 条）	
关键事项	1. 关键事项、关键环节作业按施工方案或规定程序开展作业。	Ⅱ类严重违章（第 36 条）	
	2. 作业人员与带电设备、引线安全距离不小于《安规（变电部分）》表 3。在 35kV 及以下的设备处工作，安全距离大于表 3、小于表 1 规定时，有绝缘隔板、安全遮栏措施的设备。	恶性违章（第 8 条）	
	3. 吊车、高空作业车与带电设备、引线安全距离不小于《安规（变电部分）》表 1。	恶性违章（第 8 条）	
	4. 吊车、高空作业车与带电设备最小安全距离大于《安规（变电部分）》表 1、小于表 18 要求时，制定并落实防止误碰带电设备的安全措施。	Ⅱ类严重违章（第 36 条）	
	5. 作业人员不得擅自穿、跨越安全围栏、安全警戒线。	Ⅱ类严重违章（第 37 条）	
	6. 起重作业按规定设有专人指挥。	Ⅲ类严重违章（第 69 条）	
	7. 起吊装置工作负荷不得超铭牌规定使用。	Ⅰ类严重违章（第 9 条）	
	8. 吊车、高空作业车作业前，支腿全部支好；支腿按规程要求加垫木。	Ⅲ类严重违章（第 83 条）	

续表

督查项目	督查标准	违章性质	督查情况
关键事项	9．起吊过程中，吊臂和起吊物下方，无人逗留和通过。	Ⅱ类严重违章（第 38 条）	
	10．吊车吊钩有防止脱钩的保险装置。	Ⅲ类严重违章（第 84 条）	
	11．施工用电线路、电动机械及照明设备拆除后，带电部分按规定处理。	Ⅲ类严重违章（第 87 条）	
	12．电动设备按照“一机、一闸、一保护”规定使用。	一般违章（第 20 条）	
	13．在开关站的带电区域内未使用钢卷尺、金属梯等禁止使用的工器具。	恶性违章（第 9 条）	
	14．高处作业、攀登或转移作业位置时正确使用安全带等防高坠用品，全程不失去保护。	恶性违章（第 5 条）	
	15．高处作业人员不随手上下抛掷工具、材料等物件。	一般违章（第 16 条）	
	16．动火作业现场应按规定配备合格的消防器材。	Ⅲ类严重违章（第 65 条）	
	17．动火作业前，清除动火现场及周围的易燃物品。	Ⅱ类严重违章（第 41 条）	
	18．按规定使用安全绝缘工具和安全防护用具。	一般违章（第 12 条）	
督查人签名：		离开现场时间：	

编号：DC-FDYJ-10

水电厂开关站防腐工作标准督查卡

工作任务：	到现场时间：		
督查项目	督查标准	违章性质	督查情况
安全措施	1. 按规定得到设备运维单位的许可进场作业。	Ⅰ类严重违章（第5条）	
	2. 需一次设备停电作业时，作业点在接地保护范围内。	恶性违章（第4条）	
	3. 在变电站内使用高空作业车接地牢固可靠。	一般违章（第23条）	
	4. 电气设备、电源箱外壳接地牢固可靠。	一般违章（第22条）	
	5. 高空作业车作业时按规定设置警示围栏。	Ⅱ类严重违章（第36条）	
关键事项	1. 作业人员与带电设备、引线安全距离不小于《安规（变电部分）》表3。在35kV及以下的设备处工作，安全距离大于表3、小于表1规定时，有绝缘隔板、安全遮栏措施的设备。	恶性违章（第8条）	
	2. 高空作业车与带电设备、引线安全距离不小于《安规（变电部分）》表1。	恶性违章（第8条）	
	3. 高空作业车与带电设备最小安全距离大于《安规（变电部分）》表1、小于表18要求时，制定并落实防止误碰带电设备的安全措施。	Ⅱ类严重违章（第36条）	
	4. 作业人员不得擅自穿、跨越安全围栏、安全警戒线。	Ⅱ类严重违章（第37条）	
	5. 施工电源应从检修电源箱取得；电动机械或电动工具做到“一机一闸一保护”。	一般违章（第20条）	
	6. 在开关站的带电区域内未使用钢卷尺、金属梯等禁止使用的工器具。	恶性违章（第9条）	
	7. 进行高处作业时，应正确使用安全带等防高坠用品，全程不失去保护。	恶性违章（第5条）	
	8. 未将安全带系在移动或不牢固的物件上。	恶性违章（第5条）	
	9. 高处作业人员不随手上下抛掷工具、材料等物件。	一般违章（第16条）	
	10. 不得擅自倾倒、堆放、丢弃或遗撒危险化学品。	Ⅲ类严重违章（第67条）	
督查人签名：	离开现场时间：		

编号：DC-FDYJ-11

水电厂厂用交流电源系统检修标准督查卡

工作任务：		到现场时间：	
督查项目	督查标准	违章性质	督查情况
安全措施	1．按规定得到设备运维单位的许可进场作业。	Ⅰ类严重违章（第5条）	
	2．停电作业时，作业点在接地保护范围内。	恶性违章（第4条）	
	3．电气设备、电源箱外壳接地牢固可靠。	一般违章（第22条）	
关键事项	1．有限空间作业，执行“先通风、再检测、后作业”要求。	恶性违章（第6条）	
	2．有限空间作业现场配置并能正确使用安全防护装备、应急救援装备；正确设置监护人。	Ⅰ类严重违章（第8条）	
	3．作业人员不得擅自穿、跨越安全围栏、安全警戒线。	Ⅱ类严重违章（第37条）	
	4．在交流屏、柜开展检修作业时，与运行设备采取明显标志隔开，或在带电的屏、柜附近进行振动较大的工作时，采取防掉闸的安全措施。	Ⅱ类严重违章（第31条）	
	5．作业现场不得擅自开启高压开关柜门、检修小窗，不得擅自移动绝缘挡板。	恶性违章（第21条）	
	6．施工用电线路、电动机械及照明设备拆除后，带电部分按规定处理。	Ⅲ类严重违章（第87条）	
	7．交流屏、柜内工作，对屏柜内二次线裸露部分进行绝缘包扎。	一般违章（第18条）	
	8．电动设备按照“一机、一闸、一保护”规定使用。	一般违章（第20条）	
	9．动火作业现场应按规定配备合格的消防器材。	Ⅲ类严重违章（第65条）	
	10．动火作业前，清除动火现场及周围的易燃物品。	Ⅱ类严重违章（第41条）	
	11．交流电源回路作业时，按规定使用安全绝缘工具。	一般违章（第12条）	
督查人签名：		离开现场时间：	

编号：DC-FDYJ-12

水电厂厂用直流电源系统检修标准化督查卡

工作任务：		到现场时间：	
督查项目	督查标准	违章性质	督查情况
安全措施	1. 按规定得到设备运维单位的许可进场作业。	I类严重违章（第5条）	
	2. 需一次设备停电作业时，作业点在接地保护范围内。	恶性违章（第4条）	
	3. 电气设备、电源箱外壳接地牢固可靠。	一般违章（第22条）	
关键事项	1. 在直流电源屏、柜开展检修作业时，与运行设备采取明显标志隔开，或在带电的屏、柜附近进行振动较大的工作时，采取防掉闸的安全措施。	II类严重违章（第31条）	
	2. 有限空间作业，执行“先通风、再检测、后作业”要求。	恶性违章（第6条）	
	3. 有限空间作业现场配置并能正确使用安全防护装备、应急救援装备；正确设置监护人。	I类严重违章（第8条）	
	4. 作业人员不得擅自穿、跨越安全围栏、安全警戒线。	II类严重违章（第37条）	
	5. 施工用电线路、电动机械及照明设备拆除后，带电部分按规定处理。	III类严重违章（第87条）	
	6. 直流电源屏、柜内工作，对屏柜内二次线裸露部分进行绝缘包扎。	一般违章（第18条）	
	7. 电动设备按照“一机、一闸、一保护”规定使用。	一般违章（第20条）	
	8. 动火作业现场应按规定配备合格的消防器材。	III类严重违章（第65条）	
	9. 动火作业前，清除动火现场及周围的易燃物品。	II类严重违章（第41条）	
	10. 直流电源回路作业时，按规定使用安全绝缘工具。	一般违章（第12条）	
督查人签名：		离开现场时间：	

2. 二次检修作业

编号：DC-FDYJ-13

水电厂继电保护及安全自动装置检修标准督查卡

工作任务：	到现场时间：		
督查项目	督查标准	违章性质	督查情况
安全措施	1．按规定得到设备运维单位的许可进场作业。	Ⅰ类严重违章（第5条）	
	2．需一次设备停电作业时，作业点在接地保护范围内。	恶性违章（第4条）	
	3．电气设备及调试设备外壳接地牢固可靠。	一般违章（第22条）	
关键事项	1．关键事项、关键环节作业按施工方案或规定程序开展作业。	Ⅱ类严重违章（第36条）	
	2．作业人员与带电设备、引线安全距离不小于《安规（变电部分）》表3。在35kV及以下的设备处工作，安全距离大于表3、小于表1规定时，有绝缘隔板、安全遮栏措施的设备。	恶性违章（第8条）	
	3．在开关站带电区域内未使用钢卷尺、金属梯等禁止使用的工器具。	恶性违章（第9条）	
	4．在全部或部分带电运行的屏（柜）上工作，已将检修设备与运行设备用明显的标志分开，在保护盘上或附近进行振动较大的工作时，采取防掉闸的安全措施。	Ⅱ类严重违章（第31条）	
	5．继电保护、直流控保、稳控装置等定值计算、未发生调试错误，误动、误碰、误（漏）接线的情况。	Ⅰ类严重违章（第11条）	
	6．继电保护及安全自动装置联跳运行开关、启动失灵、启动稳控等压板已退出。	Ⅰ类严重违章（第11条）	
	7．在互感器二次回路上工作，采取防止电流互感器二次回路开路，电压互感器二次回路短路的措施。	Ⅱ类严重违章（第43条）	
	8．作业人员不得擅自穿、跨越安全围栏、安全警戒线。	Ⅱ类严重违章（第37条）	
	9．用电设备裸露带电部分有防护措施，电动机械及照明设备拆除后留有可能带电的部分已进行处理。	Ⅲ类严重违章（第87条）	
	10．继电保护屏内工作，对屏柜内二次线裸露部分进行绝缘包扎。	一般违章（第18条）	
	11．继电保护及安全自动装置屏内二次电（光）缆孔、洞及时进行封堵。	一般违章（第18条）	

续表

督查项目	督查标准	违章性质	督查情况
关键事项	12．施工电源从检修电源箱取得；电动设备做到“一机一闸一保护”。	一般违章（第 20 条）	
	13．动火作业现场应按规定配备合格的消防器材。	Ⅲ类严重违章（第 65 条）	
	14．动火作业前，清除动火现场及周围的易燃物品。	Ⅱ类严重违章（第 41 条）	
	15．二次回路作业时，按规定使用安全绝缘工具。	一般违章（第 12 条）	
督查人签名：	离开现场时间：		

编号：DC-FDYJ-14

水电厂自动化设备（保信子站、后台、五防等）检修标准督查卡

工作任务：	到现场时间：		
督查项目	督查标准	违章性质	督查情况
安全措施	1. 按规定得到设备运维单位的许可进场作业。	Ⅰ类严重违章（第5条）	
	2. 需一次设备停电作业时，作业点在接地保护范围内。	恶性违章（第4条）	
关键事项	1. 关键事项、关键环节作业按施工方案或规定程序开展作业。	Ⅱ类严重违章（第36条）	
	2. 在全部或部分带电运行的屏（柜）上工作，已将检修设备与运行设备用明显的标志分开，在保护盘上或附近进行振动较大的工作时，采取防掉闸的安全措施。	Ⅱ类严重违章（第31条）	
	3. 监控主机、自动化设备、保信子站等工作时，未发生调试错误，误动、误碰、误（漏）接线的情况。	Ⅰ类严重违章（第11条）	
	4. 停用防误闭锁装置按规定履行审批手续。	恶性违章（第14条）	
	5. 作业过程中，不发生未经授权接入非专用调试设备，或调试计算机接入外网的违规外联等行为。	Ⅲ类严重违章（第75条）	
	6. 在监控主机、自动化设备、保信子站等设备进行参数修改类作业时，先对设备程序或参数进行备份。	一般违章（第18条）	
	7. 监控主机、自动化设备、保信子站内工作时，对屏柜内二次线裸露部分进行绝缘包扎。	一般违章（第18条）	
	8. 监控主机、自动化设备、保信子站屏内二次电（光）缆孔、洞及时进行封堵。	一般违章（第18条）	
	9. 按规定使用安全绝缘工具。	一般违章（第12条）	
督查人签名：	离开现场时间：		

编号：DC-FDYJ-15

水电厂二次回路（端子箱、智能柜、电缆、光缆等）检修标准督查卡

工作任务：		到现场时间：	
督查项目	督查标准	违章性质	督查情况
安全措施	1．按规定得到设备运维单位的许可进场作业。	Ⅰ类严重违章（第5条）	
	2．需一次设备停电作业时，作业点在接地保护范围内。	恶性违章（第4条）	
	3．在变电站内使用高空作业车、作业平台时，接地牢固可靠。	一般违章（第23条）	
	4．高空作业车、作业平台作业时按规定设置警示围栏。	Ⅱ类严重违章（第36条）	
关键事项	1．关键事项、关键环节作业按施工方案或规定程序开展作业。	Ⅱ类严重违章（第36条）	
	2．作业人员与带电设备、引线安全距离不小于《安规（变电部分）》表3。在35kV及以下的设备处工作，安全距离大于表3、小于表1规定时，有绝缘隔板、安全遮栏措施的设备。	恶性违章（第8条）	
	3．高空作业车、作业平台与带电设备、引线安全距离不小于《安规（变电部分）》表1。	恶性违章（第8条）	
	4．高空作业车、作业平台与带电设备最小安全距离大于《安规（变电部分）》表1、小于表18要求时，制定并落实防止误碰带电设备的安全措施。	Ⅱ类严重违章（第36条）	
	5．在全部或部分带电运行的屏（柜）上工作，已将检修设备与运行设备用明显的标志分开，在保护盘上或附近进行振动较大的工作时，采取防掉闸的安全措施。	Ⅱ类严重违章（第31条）	
	6．作业人员不得擅自穿、跨越安全围栏、安全警戒线。	Ⅱ类严重违章（第37条）	
	7．高空作业车、作业平台工作时负荷不得超铭牌规定使用。	Ⅰ类严重违章（第9条）	
	8．高空作业车、作业平台作业前，支腿全部支好；支腿按规程要求加垫木。	Ⅲ类严重违章（第83条）	
	9．高空作业车作业过程中斗臂下方，无人逗留和通过。	Ⅱ类严重违章（第38条）	
	10．继电保护、直流控保、稳控装置等定值计算、未发生调试错误，误动、误碰、误（漏）接线的情况。	Ⅰ类严重违章（第11条）	

续表

督查项目	督查标准	违章性质	督查情况
关键事项	11．继电保护及安全自动装置联跳运行开关、启动失灵、启动稳控等压板已退出。	Ⅰ类严重违章（第 11 条）	
	12．在互感器二次回路上工作，采取防止电流互感器二次回路开路，电压互感器二次回路短路的措施。	Ⅱ类严重违章（第 43 条）	
	13．电缆井、电缆隧道、深度超过 2m 的基坑、沟（槽）内等工作环境比较复杂且相对密闭的空间，按规定采取通风措施、经气体检测合格后作业。	恶性违章（第 6 条）	
	14．有限空间作业现场配置并能正确使用安全防护装备、应急救援装备；正确设置监护人。	Ⅰ类严重违章（第 8 条）	
	15．电缆沟、电缆竖井等作业区域盖板揭开后应设置警示标志，深度超过 2m 时应设置围栏、遮栏，作业完毕及时恢复盖板。	Ⅱ类严重违章（第 36 条）	
	16．对屏柜内二次线裸露部分进行绝缘包扎。	一般违章（第 18 条）	
	17．对二次回路各处电（光）缆孔、洞及时进行封堵。	一般违章（第 18 条）	
	18．施工电源从检修电源箱取得；电动设备做到“一机一闸一保护”。	一般违章（第 20 条）	
	19．在开关站带电区域内未使用钢卷尺、金属梯等禁止使用的工器具。	恶性违章（第 9 条）	
	20．进行高处作业时，应正确使用安全带等防高坠用品，全程不失去保护。	恶性违章（第 5 条）	
	21．高处作业人员不随手上下抛掷工具、材料等物件。	一般违章（第 16 条）	
	22．动火作业现场应按规定配备合格的消防器材。	Ⅲ类严重违章（第 65 条）	
	23．动火作业前，清除动火现场及周围的易燃物品。	Ⅱ类严重违章（第 41 条）	
	24．二次回路作业时，按规定使用安全绝缘工具。	一般违章（第 12 条）	
	25．使用尾纤自环光口，发光功率过大时，串入合适的衰耗（减）器；使用光时域反射仪（OTDR）进行光缆纤芯测试时，先断开被测纤芯对端的电力通信设备和仪表。	一般违章（第 18 条）	
督查人签名：	离开现场时间：		

3. 机械部分检修作业

编号：DC-FDYJ-16

水轮发电机组动力部分检修标准督查卡

工作任务：	到现场时间：		
督查项目	督查标准	违章性质	督查情况
安全措施	1. 按规定得到设备运维单位的许可进场作业。	Ⅰ类严重违章（第5条）	
	2. 确认发电机组已停运，电气安全措施已执行，作业点在接地保护范围内。	恶性违章（第4条）	
	3. 电气设备、电源箱外壳接地牢固可靠。	一般违章（第22条）	
	4. 吊车作业时按规定设置警示围栏。	Ⅱ类严重违章（第37条）	
关键事项	1. 关键事项、关键环节作业按施工（检修）方案或规定程序开展作业；作业人员不得擅自改变已设置的安全措施。	Ⅱ类严重违章（第36条）	
	2. 蜗壳、尾水管、风洞内等工作环境比较复杂且相对密闭的空间，按规定采取通风措施、经气体检测合格后作业。	恶性违章（第6条）	
	3. 有限空间作业现场配置并能正确使用安全防护装备、应急救援装备；正确设置监护人。	Ⅰ类严重违章（第8条）	
	4. 作业区域内检修孔洞盖板揭开后应设置警示标志，深度超过2m时应设置围栏、遮栏，作业完毕及时恢复盖板。	Ⅱ类严重违章（第36条）	
	5. 在蜗壳、尾水管内使用的照明电源应按规定使用安全电压。	一般违章（第21条）	
	6. 在蜗壳、尾水管、风洞内工作有3人及以上，工作完毕后，工作负责人清查人数和工具。	Ⅱ类严重违章（第36条）	
	7. 抡大锤时作业人员未戴手套，周围不准有人靠近。	一般问题	
	8. 作业人员不得擅自穿、跨越安全围栏、安全警戒线。	Ⅱ类严重违章（第37条）	
	9. 电动机械或电动工具做到“一机一闸一保护”。	一般违章（第20条）	
	10. 起吊装置工作负荷不得超铭牌规定使用。	Ⅰ类严重违章（第9条）	
	11. 链条葫芦、手扳葫芦、吊钩式滑车等装置的吊钩和起重作业使用的吊钩有完好的防止脱钩的保险装置。	Ⅲ类严重违章（第84条）	
	12. 起吊过程中，起吊物下面，无人逗留和通过。	Ⅱ类严重违章（第38条）	

续表

督查项目	督查标准	违章性质	督查情况
关键事项	13．无作业人员利用吊钩上升或下降。	恶性违章（第10条）	
	14．起重作业按规定设有专人指挥。	Ⅲ类严重违章（第69条）	
	15．脚手架经验收合格并挂牌后投入使用。	Ⅲ类严重违章（第72条）	
	16．高处作业、攀登或转移作业位置时正确使用安全带、双钩、速差器、攀登绳等防高坠用品，全程不失去保护。	恶性违章（第5条）	
	17．高处作业人员不随手上下抛掷工具、材料等物件。	一般违章（第16条）	
	18．使用危险化学品严格执行“一书一签”（化学品安全技术说明书、化学品安全标签）的规定。	Ⅲ类严重违章（第48条）	
	19．不得擅自倾倒、堆放、丢弃或遗撒危险化学品。	Ⅲ类严重违章（第67条）	
	20．易燃易爆物品按规定储运存放。	一般违章（第24条）	
	21．动火作业现场按规定配备消防器材，配备的消防器材合格。	Ⅲ类严重违章（第65条）	
	22．动火作业前，清除动火现场及周围的易燃物品。	Ⅱ类严重违章（第41条）	
	23．不得在易燃易爆或禁火区域携带火种、使用明火、吸烟；在易燃物品及重要设备上方进行焊接，下方设有监护人。	Ⅱ类严重违章（第39条）	
督查人签名：		离开现场时间：	

编号：DC-FDYJ-17

水轮发电机组调速系统检修标准督查卡

工作任务：	到现场时间：		
督查项目	督查标准	违章性质	督查情况
安全措施	1．按规定得到设备运维单位的许可进场作业。	I 类严重违章（第 5 条）	
	2．电气设备、电源箱外壳接地牢固可靠。	一般违章（第 22 条）	
	3．吊车作业时按规定设置警示围栏。	II 类严重违章（第 37 条）	
关键事项	1．关键事项、关键环节作业按施工（检修）方案或规定程序开展作业；作业人员不得擅自改变已设置的安全措施。	II 类严重违章（第 36 条）	
	2．进入集油槽等工作环境比较复杂且相对密闭的空间，按规定采取通风措施、经气体检测合格工作。	恶性违章（第 6 条）	
	3．有限空间作业现场配置并能正确使用安全防护装备、应急救援装备；正确设置监护人。	I 类严重违章（第 8 条）	
	4．作业区域内检修孔洞盖板揭开后应设置警示标志，深度超过 2m 时应设置围栏、遮栏，作业完毕及时恢复盖板。	II 类严重违章（第 36 条）	
	5．在集油槽内使用的照明电源应按规定使用安全电压。	一般违章（第 21 条）	
	6．作业人员不得擅自穿、跨越安全围栏、安全警戒线。	II 类严重违章（第 37 条）	
	7．电动机械或电动工具做到“一机一闸一保护”。	一般违章（第 20 条）	
	8．起吊装置工作负荷不得超铭牌规定使用。	I 类严重违章（第 9 条）	
	9．链条葫芦、手扳葫芦、吊钩式滑车等装置的吊钩和起重作业使用的吊钩有完好的防止脱钩的保险装置。	III类严重违章（第 84 条）	
	10．起吊过程中，起吊物下面，无人逗留和通过。	II 类严重违章（第 38 条）	
	11．无作业人员利用吊钩上升或下降。	恶性违章（第 10 条）	
	12．起重作业按规定设有专人指挥。	III类严重违章（第 69 条）	
	13．脚手架经验收合格并挂牌后投入使用。	III类严重违章（第 72 条）	

续表

督查项目	督查标准	违章性质	督查情况
关键事项	14．高处作业、攀登或转移作业位置时正确使用安全带、双钩、速差器、攀登绳等防高坠用品，全程不失去保护。	恶性违章（第5条）	
	15．高处作业人员不随手上下抛掷工具、材料等物件。	一般违章（第16条）	
	16．使用危险化学品严格执行“一书一签”（化学品安全技术说明书、化学品安全标签）的规定。	Ⅲ类严重违章（第48条）	
	17．不得擅自倾倒、堆放、丢弃或遗撒危险化学品。	Ⅲ类严重违章（第67条）	
	18．易燃易爆物品按规定储运存放。	一般违章（第24条）	
	19．动火作业现场按规定配备消防器材，配备的消防器材合格。	Ⅲ类严重违章（第65条）	
	20．动火作业前，清除动火现场及周围的易燃物品。	Ⅱ类严重违章（第41条）	
	21．未在易燃易爆或禁火区域携带火种、使用明火、吸烟；在易燃物品及重要设备上方进行焊接，下方设有监护人。	Ⅱ类严重违章（第39条）	
督查人签名：		离开现场时间：	

编号：DC-FDYJ-18

水轮发电机组液压启闭机检修标准督查卡

工作任务：	到现场时间：		
督查项目	督查标准	违章性质	督查情况
安全措施	1．按规定得到设备运维单位的许可进场作业。	Ⅰ类严重违章（第5条）	
	2．电气设备、电源箱外壳接地牢固可靠。	一般违章（第22条）	
	3．吊车作业时按规定设置警示围栏。	Ⅱ类严重违章（第37条）	
关键事项	1．关键事项、关键环节作业按施工（检修）方案或规定程序开展作业；作业人员不得擅自改变已设置的安全措施。	Ⅱ类严重违章（第36条）	
	2．进入工作油箱等工作环境比较复杂且相对密闭的空间，按规定采取通风措施、经气体检测合格工作。	恶性违章（第6条）	
	3．有限空间作业现场配置并能正确使用安全防护装备、应急救援装备；正确设置监护人。	Ⅰ类严重违章（第8条）	
	4．作业区域内检修孔洞盖板揭开后应设置警示标志，深度超过2m时应设置围栏、遮栏，作业完毕及时恢复盖板。	Ⅱ类严重违章（第36条）	
	5．在工作油箱内使用的照明电源应按规定使用安全电压。	一般违章（第21条）	
	6．作业人员不得擅自穿、跨越安全围栏、安全警戒线。	Ⅱ类严重违章（第37条）	
	7．电动机械或电动工具做到“一机一闸一保护”。	一般违章（第20条）	
	8．起吊装置工作负荷不得超铭牌规定使用。	Ⅰ类严重违章（第9条）	
	9．链条葫芦、手扳葫芦、吊钩式滑车等装置的吊钩和起重作业使用的吊钩有完好的防止脱钩的保险装置。	Ⅲ类严重违章（第84条）	
	10．起吊过程中，起吊物下面，无人逗留和通过。	Ⅱ类严重违章（第38条）	
	11．无作业人员利用吊钩上升或下降。	恶性违章（第10条）	
	12．起重作业按规定设有专人指挥。	Ⅲ类严重违章（第69条）	
	13．脚手架经验收合格并挂牌后投入使用。	Ⅲ类严重违章（第72条）	

续表

督查项目	督查标准	违章性质	督查情况
关键事项	14．高处作业、攀登或转移作业位置时正确使用安全带、双钩、速差器、攀登绳等防高坠用品，全程不失去保护。	恶性违章（第5条）	
	15．高处作业人员不随手上下抛掷工具、材料等物件。	一般违章（第16条）	
	16．使用危险化学品严格执行“一书一签”（化学品安全技术说明书、化学品安全标签）的规定。	Ⅲ类严重违章（第48条）	
	17．不得擅自倾倒、堆放、丢弃或遗撒危险化学品。	Ⅲ类严重违章（第67条）	
	18．易燃易爆物品按规定储运存放。	一般违章（第24条）	
	19．动火作业现场按规定配备消防器材，配备的消防器材合格。	Ⅲ类严重违章（第65条）	
	20．动火作业前，清除动火现场及周围的易燃物品。	Ⅱ类严重违章（第41条）	
	21．未在易燃易爆或禁火区域携带火种、使用明火、吸烟；在易燃物品及重要设备上方进行焊接，下方设有监护人。	Ⅱ类严重违章（第39条）	
督查人签名：		离开现场时间：	

编号：DC-FDYJ-19

水轮发电机组闸门检修标准督查卡

工作任务：	到现场时间：		
督查项目	督查标准	违章性质	督查情况
安全措施	1．按规定得到设备运维单位的许可进场作业。	Ⅰ类严重违章（第5条）	
	2．电气设备、电源箱外壳接地牢固可靠。	一般违章（第22条）	
	3．吊车作业时按规定设置警示围栏。	Ⅱ类严重违章（第37条）	
关键事项	1．关键事项、关键环节作业按施工（检修）方案或规定程序开展作业；作业人员不得擅自改变已设置的安全措施。	Ⅱ类严重违章（第36条）	
	2．作业区域内检修孔洞盖板揭开后应设置警示标志，深度超过2m时应设置围栏、遮栏，作业完毕及时恢复盖板。	Ⅱ类严重违章（第36条）	
	3．作业人员不得擅自穿、跨越安全围栏、安全警戒线。	Ⅱ类严重违章（第37条）	
	4．电动机械或电动工具做到“一机一闸一保护”。	一般违章（第20条）	
	5．起吊装置工作负荷不得超铭牌规定使用。	Ⅰ类严重违章（第9条）	
	6．链条葫芦、手扳葫芦、吊钩式滑车等装置的吊钩和起重作业使用的吊钩有完好的防止脱钩的保险装置。	Ⅲ类严重违章（第84条）	
	7．起吊过程中，起吊物下面，无人逗留和通过。	Ⅱ类严重违章（第38条）	
	8．无作业人员利用吊钩上升或下降。	恶性违章（第10条）	
	9．起重作业按规定设有专人指挥。	Ⅲ类严重违章（第69条）	
	10．脚手架经验收合格并挂牌后投入使用。	Ⅲ类严重违章（第72条）	
	11．高处作业、攀登或转移作业位置时正确使用安全带、双钩、速差器、攀登绳等防高坠用品，全程不失去保护。	恶性违章（第5条）	
	12．高处作业人员不随手上下抛掷工具、材料等物件。	一般违章（第16条）	
	13．易燃易爆物品按规定储运存放。	一般违章（第24条）	

续表

督查项目	督查标准	违章性质	督查情况
关键事项	14．动火作业现场按规定配备消防器材，配备的消防器材合格。	III类严重违章（第65条）	
	15．动火作业前，清除动火现场及周围的易燃物品。	II类严重违章（第41条）	
	16．不得在易燃易爆或禁火区域携带火种、使用明火、吸烟；在易燃物品及重要设备上方进行焊接，下方设有监护人。	II类严重违章（第39条）	
督查人签名：	离开现场时间：		

编号：DC-FDYJ-20

水电厂辅助设备检修标准督查卡

工作任务：	到现场时间：		
督查项目	督查标准	违章性质	督查情况
安全措施	1．按规定得到设备运维单位的许可进场作业。	Ⅰ类严重违章（第 5 条）	
	2．电气设备、电源箱外壳接地牢固可靠。	一般违章（第 22 条）	
	3．吊车作业时按规定设置警示围栏。	Ⅱ类严重违章（第 37 条）	
关键事项	1．关键事项、关键环节作业按施工（检修）方案或规定程序开展作业；作业人员不得擅自改变已设置的安全措施。	Ⅱ类严重违章（第 36 条）	
	2．进入集水井等工作环境比较复杂且相对密闭的空间，按规定采取通风措施、经气体检测合格工作。	恶性违章（第 6 条）	
	3．有限空间作业现场配置并能正确使用安全防护装备、应急救援装备；正确设置监护人。	Ⅰ类严重违章（第 8 条）	
	4．作业区域内检修孔洞盖板揭开后应设置警示标志，深度超过 2m 时应设置围栏、遮栏，作业完毕及时恢复盖板。	Ⅱ类严重违章（第 36 条）	
	5．在集水井内使用的照明电源应按规定使用安全电压。	一般违章（第 21 条）	
	6．作业人员不得擅自穿、跨越安全围栏、安全警戒线。	Ⅱ类严重违章（第 37 条）	
	7．电动机械或电动工具做到“一机一闸一保护”。	一般违章（第 20 条）	
	8．起吊装置工作负荷不得超铭牌规定使用。	Ⅰ类严重违章（第 9 条）	
	9．链条葫芦、手扳葫芦、吊钩式滑车等装置的吊钩和起重作业使用的吊钩有完好的防止脱钩的保险装置。	Ⅲ类严重违章（第 84 条）	
	10．起吊过程中，起吊物下面，无人逗留和通过。	Ⅱ类严重违章（第 38 条）	
	11．无作业人员利用吊钩来上升或下降。	恶性违章（第 10 条）	
	12．起重作业按规定设有专人指挥。	Ⅲ类严重违章（第 69 条）	
	13．脚手架经验收合格并挂牌后投入使用。	Ⅲ类严重违章（第 72 条）	

续表

督查项目	督查标准	违章性质	督查情况
关键事项	14．高处作业、攀登或转移作业位置时正确使用安全带、双钩、速差器、攀登绳等防高坠用品，全程不失去保护。	恶性违章（第5条）	
	15．高处作业人员不随手上下抛掷工具、材料等物件。	一般违章（第16条）	
	16．易燃易爆物品按规定储运存放。	一般违章（第24条）	
	17．动火作业现场按规定配备消防器材，配备的消防器材合格。	III类严重违章（第65条）	
	18．动火作业前，清除动火现场及周围的易燃物品。	II类严重违章（第41条）	
	19．不得在易燃易爆或禁火区域携带火种、使用明火、吸烟；在易燃物品及重要设备上方进行焊接，下方设有监护人。	II类严重违章（第39条）	
督查人签名：		离开现场时间：	

4. 水工维护作业

编号：DC-FDYJ-21

引水钢管检查标准督查卡

工作任务：	到现场时间：		
督查项目	督查标准	违章性质	督查情况
安全措施	按规定得到设备运维单位的许可进场作业。	Ⅰ类严重违章（第 5 条）	
关键事项	1．关键事项、关键环节作业按施工（检修）方案或规定程序开展作业；作业人员不得擅自改变已设置的安全措施。	Ⅱ类严重违章（第 36 条）	
	2．进入引水钢管等工作环境比较复杂且相对密闭的空间，按规定采取通风措施、经气体检测合格工作。	恶性违章（第 6 条）	
	3．引水钢管的有限空间作业，配置安全防护装备、应急救援装备齐全、正确使用，正确设置监护人。	Ⅰ类严重违章（第 8 条）	
	4．作业区域内检修孔洞盖板揭开后应设置警示标志，深度超过 2m 时应设置围栏、遮栏，作业完毕及时恢复盖板。	Ⅱ类严重违章（第 36 条）	
	5．在引水钢管内使用的照明电源应按规定使用安全电压。	一般违章（第 21 条）	
	6．作业人员不得擅自穿、跨越安全围栏、安全警戒线。	Ⅱ类严重违章（第 37 条）	
	7．脚手架应经验收合格并挂牌。	Ⅲ类严重违章（第 72 条）	
	8．高处作业、攀登或转移作业位置时正确使用安全带、双钩、速差器、攀登绳等防高坠用品，全程不失去保护。	恶性违章（第 5 条）	
	9．高处作业人员不随手上下抛掷工具、材料等物件。	一般违章（第 16 条）	
督查人签名：	离开现场时间：		

编号：DC-FDYJ-22

大坝迎水面检查标准督查卡

工作任务：		到现场时间：	
督查项目	督查标准	违章性质	督查情况
安全措施	1．按规定得到设备运维单位的许可进场作业。	I类严重违章（第5条）	
	2．水上作业人员穿有救生衣，乘坐的船舶有救生装备，且未超载。	II类严重违章（第28条）	
	3．潜水作业应由经考试合格的专门潜水人员担任。	III类严重违章（第51条）	
关键事项	1．关键事项、关键环节作业按施工（检修）方案或规定程序开展作业；作业人员不得擅自改变已设置的安全措施。	II类严重违章（第36条）	
	2．在大风、大雨、雷电、浓雾天气未开展水上作业。	II类严重违章（第36条）	
	3．潜水作业人员按规定速度下潜，按不同深度减压上升。	II类严重违章（第36条）	
督查人签名：		离开现场时间：	

（五）线路施工

1．运输作业

编号：DC-XLSG-01

常规材料运输作业（畜力、人力、机动车、水上等）标准督查卡

工作任务：	督查时间：		
督查项目	督查标准	违章性质	督查情况
安全措施	1．按规定得到设备运维单位的许可进场作业（大型施工机械的作业点距离输电线路边线 30m 以内时，由设备运维单位许可）。	Ⅰ类严重违章（第 5 条）	
	2．邻近带电设备时，吊车接地牢固可靠。	一般违章（第 23 条）	
	3．起吊作业时，作业区域设置警示围栏。	Ⅱ类严重违章（第 36 条）	
关键事项	1．关键事项、关键环节作业按施工方案或规定程序开展作业。	Ⅱ类严重违章（第 36 条）	
	2．畜力运输货物过程中，人员不得骑驭。	Ⅱ类严重违章（第 36 条）	
	3．载货机动车载物高度超过车厢栏板时，货物上不得坐人。	Ⅱ类严重违章（第 36 条）	
	4．乘船、押运及装卸人员正确穿戴救生衣。	Ⅱ类严重违章（第 28 条）	
	5．吊车、挖机与邻近带电线路安全距离不小于《安规（建设第二部分）》表 5。	恶性违章（第 8 条）	
	6．吊车依法取得使用登记证书、定期检验或检验合格。	Ⅲ类严重违章（第 52 条）	
	7．吊车作业前，支腿全部支好；支腿按规程要求加垫木。	Ⅲ类严重违章（第 83 条）	
	8．起重作业按规定设有专人指挥。	Ⅲ类严重违章（第 69 条）	
	9．起吊装置工作负荷不得超铭牌规定使用。	Ⅰ类严重违章（第 9 条）	

续表

督查项目	督查标准	违章性质	督查情况
关键事项	10．起吊过程中，吊臂和起吊物下方，无人员逗留和通过。	Ⅱ类严重违章（第 38 条）	
	11．未使用金具 U 型环代替卸扣；未使用普通材料的螺栓取代卸扣销轴。	Ⅲ类严重违章（第 63 条）	
	12．使用的机械设备和施工器具安全装置齐全，如传动部分有防护罩。	一般违章（第 15 条）	
	13．吊装带完好无破损；钢丝绳套插接长度满足规范要求。	一般违章（第 14 条）	
	14．链条葫芦、手扳葫芦、吊钩式滑车等装置的吊钩和起重作业使用的吊钩有防止脱钩的保险装置。	Ⅲ类严重违章（第 84 条）	
	15．施工场所（如林区、牧区等）按规定配备合格消防器材。	Ⅲ类严重违章（第 65 条）	
督查人员：	离开现场时间：		

编号：DC-XLSG-02

索道运输作业（架设）标准督查卡

工作任务：	督查时间：		
督查项目	督查标准	违章性质	督查情况
安全措施	1．按规定得到设备运维单位的许可进场作业（大型施工机械的作业点距离输电线路边线 30m 以内时，由设备运维单位进行许可）。	Ⅰ类严重违章（第 5 条）	
	2．索道架设后在各支架及牵引设备处安装临时接地装置。	一般违章（第 19 条）	
	3．起吊作业时，作业区域设置警示围栏。	Ⅱ类严重违章（第 36 条）	
关键事项	1．关键事项、关键环节作业按施工方案或规定程序开展作业。	Ⅱ类严重违章（第 36 条）	
	2．校核吊车、挖机等大型机械与邻近带电线路安全距离满足《安规（建设第二部分）》表 5 要求。	恶性违章（第 8 条）	
	3．拉线、地锚、索道投入使用前，计算校核受力情况，且验收合格。	Ⅱ类严重违章（第 20 条）	
	4．吊车依法取得使用登记证书、定期检验或检验合格。	Ⅲ类严重违章（第 52 条）	
	5．货运索道未超载使用。	Ⅲ类严重违章（第 62 条）	
	6．索道驱动装置未设置在承载索下方；索道牵引过程中，受力钢丝绳周围、上下方、内角侧和起吊物下面，无人员逗留和通过。	Ⅱ类严重违章（第 38 条）	
	7．绞磨、卷扬机放置平稳；锚固可靠；受力前方无人员逗留；拉磨尾绳人员站在锚桩后面、绳圈外。	Ⅲ类严重违章（第 85 条）	
	8．未使用金具 U 型环代替卸扣；未使用普通材料的螺栓取代卸扣销轴。	Ⅲ类严重违章（第 63 条）	
	9．使用的机械设备和施工器具安全装置齐全，如传动部分有防护罩	一般违章（第 15 条）	
	10．钢丝绳套插接长度满足规范要求。	一般违章（第 14 条）	
	11．索道运行时，牵引机卷筒上的钢索至少缠绕 5 圈；山坡下方的装、卸料处设置安全隔挡。	一般违章（第 14 条）	
	12．索道日常检查、运行、维护及保养记录齐全且规范。	一般问题	
	13．未发现货运索道载人。	恶性违章（第 12 条）	

续表

督查项目	督查标准	违章性质	督查情况
关键事项	14．索道使用的吊钩防脱钩的保险装置完好。	Ⅲ类严重违章（第 84 条）	
	15．施工场所（如林区、牧区等）按规定配备合格消防器材。	Ⅲ类严重违章（第 65 条）	
	16．临时锚桩按要求设置，有防雨水浸泡措施。	一般违章（第 14 条）	
督查人员：	离开现场时间：		

2. 基础施工

编号：DC-XLSG-03

桩基基础（冲击钻、旋挖钻、循环钻）标准督查卡

工作任务：	督查时间：		
督查项目	督查标准	违章性质	督查情况
安全措施	1. 按规定得到设备运维单位的许可进场作业（大型施工机械的作业点距离输电线路边线 30m 以内时，由设备运维单位进行许可）。	Ⅰ类严重违章（第 5 条）	
	2. 配合停电线路在工作点附近装设的接地线牢固可靠。	Ⅰ类严重违章（第 7 条）	
	3. 邻近带电设备时，吊车、机械设备本体接地牢固可靠。	一般违章（第 23 条）	
	4. 发电机、配电箱及桩机等用电设备外壳接地牢固可靠。	一般违章（第 22 条）	
	5. 起吊作业时，作业区域设置警示围栏。	Ⅱ类严重违章（第 36 条）	
关键事项	1. 关键事项、关键环节作业按施工方案或规定程序开展作业。	Ⅰ类严重违章（第 5 条）	
	2. 吊车、挖机与邻近带电线路安全距离不小于《安规（建设第二部分）》表 5。	Ⅰ类严重违章（第 7 条）	
	3. 有限空间作业，执行“先通风、再检测、后作业”要求。	一般违章（第 23 条）	
	4. 有限空间作业现场配置并能正确使用安全防护装备、应急救援装备；正确设置监护人。	一般违章（第 22 条）	
	5. 坠落高度超过 1.5m 时，已采取可靠的防高坠措施。	Ⅱ类严重违章（第 36 条）	
	6. 无作业人员利用吊钩上升或下降。	Ⅱ类严重违章（第 36 条）	
	7. 起吊装置工作负荷不得超铭牌规定使用。	Ⅱ类严重违章（第 36 条）	
	8. 吊车作业前，支腿全部支好；支腿按规程要求加垫木。	恶性违章（第 8 条）	
	9. 起吊过程中，吊臂和起吊物下方，无人逗留和通过。	恶性违章（第 6 条）	
	10. 起重作业按规定设有专人指挥。	Ⅰ类严重违章（第 8 条）	

续表

督查项目	督查标准	违章性质	督查情况
关键事项	11．自制施工工器具经检测试验合格。	恶性违章（第5条）	
	12．使用的机械设备和施工器具安全装置齐全，如传动部分有防护罩。	恶性违章（第10条）	
	13．链条葫芦、手扳葫芦、吊钩式滑车等装置的吊钩和起重作业使用的吊钩有完好的防止脱钩的保险装置。	Ⅰ类严重违章（第9条）	
	14．未使用金具U型环代替卸扣；未使用普通材料的螺栓取代卸扣销轴。	Ⅲ类严重违章（第83条）	
	15．吊装带完好无破损；钢丝绳套插接长度满足规范要求。	Ⅱ类严重违章（第38条）	
	16．电动设备按照“一机、一闸、一保护”规定使用。	Ⅲ类严重违章（第69条）	
	17．施工场所（如电气设备、易燃易爆物品存放处、林区、牧区等）按规定配备合格消防器材。	Ⅲ类严重违章（第53条）	
督查人员：	离开现场时间：		

编号：DC-XLSG-04

挖孔基础（机械、人工成孔）标准督查卡

<table>
<tr><td colspan="2">工作任务：</td><td colspan="2">督查时间：</td></tr>
<tr><td>督查项目</td><td>督查标准</td><td>违章性质</td><td>督查情况</td></tr>
<tr><td rowspan="5">安全措施</td><td>1．按规定得到设备运维单位的许可进场作业（大型施工机械的作业点距离输电线路边线 30m 以内时，由设备运维单位进行许可）。</td><td>Ⅰ类严重违章（第 5 条）</td><td></td></tr>
<tr><td>2．配合停电线路在工作点附近装设的接地线牢固可靠。</td><td>Ⅰ类严重违章（第 7 条）</td><td></td></tr>
<tr><td>3．邻近带电设备时，吊车、机械设备本体接地牢固可靠。</td><td>一般违章（第 23 条）</td><td></td></tr>
<tr><td>4．发电机、配电箱及桩机等用电设备外壳接地牢固可靠。</td><td>一般违章（第 22 条）</td><td></td></tr>
<tr><td>5．起吊作业时，作业区域设置警示围栏。</td><td>Ⅱ类严重违章（第 36 条）</td><td></td></tr>
<tr><td rowspan="11">关键事项</td><td>1．关键事项、关键环节作业按施工方案或规定程序开展作业。</td><td>Ⅱ类严重违章（第 36 条）</td><td></td></tr>
<tr><td>2．吊车、挖机与邻近带电线路安全距离不小于《安规（建设第二部分）》表 5。</td><td>恶性违章（第 8 条）</td><td></td></tr>
<tr><td>3．有限空间作业，执行“先通风、再检测、后作业”要求。</td><td>恶性违章（第 6 条）</td><td></td></tr>
<tr><td>4．有限空间作业现场配置并能正确使用安全防护装备、应急救援装备；正确设置监护人。</td><td>Ⅰ类严重违章（第 8 条）</td><td></td></tr>
<tr><td>5．人工挖孔桩根据土质情况、按照设计图纸采取护壁的防塌方措施。</td><td>Ⅱ类严重违章（第 36 条）</td><td></td></tr>
<tr><td>6．坠落高度超过 1.5m 时，已采取可靠的防高坠措施。</td><td>恶性违章（第 5 条）</td><td></td></tr>
<tr><td>7．无作业人员利用吊钩上升或下降。</td><td>恶性违章（第 10 条）</td><td></td></tr>
<tr><td>8．起吊装置工作负荷不得超铭牌规定使用。</td><td>Ⅰ类严重违章（第 9 条）</td><td></td></tr>
<tr><td>9．吊车作业前，支腿全部支好；支腿按规程要求加垫木。</td><td>Ⅲ类严重违章（第 83 条）</td><td></td></tr>
<tr><td>10．起吊过程中，吊臂和起吊物下方，无人逗留和通过。</td><td>Ⅱ类严重违章（第 38 条）</td><td></td></tr>
<tr><td>11．起重作业按规定设有专人指挥。</td><td>Ⅲ类严重违章（第 69 条）</td><td></td></tr>
</table>

续表

督查项目	督查标准	违章性质	督查情况
关键事项	12．自制施工工器具经检测试验合格。	Ⅲ类严重违章（第53条）	
	13．使用的机械设备和施工器具安全装置齐全，如传动部分有防护罩。	一般违章（第15条）	
	14．链条葫芦、手扳葫芦、吊钩式滑车等装置的吊钩和起重作业使用的吊钩有完好的防止脱钩的保险装置。	Ⅲ类严重违章（第84条）	
	15．未使用金具U型环代替卸扣；未使用普通材料的螺栓取代卸扣销轴。	Ⅲ类严重违章（第63条）	
	16．吊装带完好无破损；钢丝绳套插接长度满足规范要求。	一般违章（第14条）	
	17．吊车、提土装置的吊钩防止脱钩保险装置完好。	Ⅲ类严重违章（第84条）	
	18．施工场所（如电气设备、易燃易爆物品存放处、林区、牧区等）按规定配备合格消防器材。	Ⅲ类严重违章（第65条）	
	19．电动设备按照“一机、一闸、一保护”规定使用。	一般违章（第20条）	
督查人员：	离开现场时间：		

编号：DC-XLSG-05

板式基础（机械、人工开挖）标准督查卡

工作任务：		督查时间：	
督查项目	督查标准	违章性质	督查情况
安全措施	1．按规定得到设备运维单位的许可进场作业（大型施工机械的作业点距离输电线路边线 30m 以内时，由设备运维单位进行许可）。	Ⅰ类严重违章（第 5 条）	
	2．配合停电线路在工作点附近装设的接地线牢固可靠。	Ⅰ类严重违章（第 7 条）	
	3．发电机、配电箱及桩机等用电设备外壳接地牢固可靠。	一般违章（第 22 条）	
关键事项	1．关键事项、关键环节作业按施工方案或规定程序开展作业。	Ⅱ类严重违章（第 36 条）	
	2．吊车、挖机与邻近带电线路安全距离不小于《安规（建设第二部分）》表 5。	恶性违章（第 8 条）	
	3．坠落高度超过 1.5m 时，已采取可靠的防高坠措施。	恶性违章（第 5 条）	
	4．高边坡施工已按要求设置安全防护设施；对不良地质构造的高边坡，已按设计要求采取锚喷或加固等支护措施。	Ⅲ类严重违章（第 58 条）	
	5．电动设备按照“一机、一闸、一保护”规定使用。	一般违章（第 20 条）	
	6．施工场所（如电气设备、易燃易爆物品存放处、林区、牧区等）按规定配备合格消防器材。	Ⅲ类严重违章（第 65 条）	
	7．吊装带完好无破损；钢丝绳套插接长度满足规范要求。	一般违章（第 14 条）	
	8．使用的机械设备和施工器具安全装置齐全，如传动部分有防护罩。	一般违章（第 15 条）	
督查人员：		离开现场时间：	

编号：DC-XLSG-06

岩石嵌固基础标准督查卡

工作任务：		督查时间：	
督查项目	督查标准	违章性质	督查情况
安全措施	1．按规定得到设备运维单位的许可进场作业（大型施工机械的作业点距离输电线路边线 30m 以内时，由设备运维单位进行许可）。	Ⅰ类严重违章（第 5 条）	
	2．配合停电线路在工作点附近装设的接地线牢固可靠。	Ⅰ类严重违章（第 7 条）	
	3．发电机、配电箱及桩机等用电设备外壳接地牢固可靠。	一般违章（第 22 条）	
关键事项	1．关键事项、关键环节作业按施工方案或规定程序开展作业。	Ⅱ类严重违章（第 36 条）	
	2．有限空间作业，执行“先通风、再检测、后作业”要求。	恶性违章（第 6 条）	
	3．有限空间作业现场配置并能正确使用安全防护装备、应急救援装备；正确设置监护人。	Ⅰ类严重违章（第 8 条）	
	4．坠落高度超过 1.5m 时，已采取可靠的防高坠措施。	恶性违章（第 5 条）	
	5．无作业人员利用吊钩上升或下降。	恶性违章（第 10 条）	
	6．提土装置吊钩防止脱钩保险装置完好。	Ⅲ类严重违章（第 84 条）	
	7．使用的机械设备和施工器具安全装置齐全，如传动部分有防护罩。	一般违章（第 15 条）	
	8．吊装带完好无破损；钢丝绳套插接长度满足规范要求。	一般违章（第 14 条）	
	9．电动设备按照“一机、一闸、一保护”规定使用。	一般违章（第 20 条）	
督查人员：		离开现场时间：	

编号：DC-XLSG-07

岩石锚杆基础标准督查卡

工作任务：		督查时间：	
督查项目	督查标准	违章性质	督查情况
安全措施	1．按规定得到设备运维单位的许可进场作业。	I类严重违章（第5条）	
	2．配合停电线路在工作点附近装设的接地线牢固可靠。	I类严重违章（第7条）	
	3．发电机、配电箱及桩机等用电设备外壳接地牢固可靠。	一般违章（第22条）	
关键事项	1．关键事项、关键环节作业按施工方案或规定程序开展作业。	II类严重违章（第36条）	
	2．吊车、挖机与邻近带电线路安全距离不小于《安规（建设第二部分）》表5。	恶性违章（第8条）	
	3．施工场所（如电气设备、易燃易爆物品存放处、林区、牧区等）按规定配备合格消防器材。	III类严重违章（第65条）	
	4．使用的机械设备和施工器具安全装置齐全，如传动部分有防护罩。	一般违章（第15条）	
	5．电动设备按照“一机、一闸、一保护”规定使用。	一般违章（第20条）	
督查人员：		离开现场时间：	

编号：DC-XLSG-08

掏挖基础标准督查卡

工作任务：		督查时间：	
督查项目	督查标准	违章性质	督查情况
安全措施	1．按规定得到设备运维单位的许可进场作业。	Ⅰ类严重违章（第 5 条）	
	2．配合停电线路在工作点附近装设的接地线牢固可靠。	Ⅰ类严重违章（第 7 条）	
	3．发电机、配电箱及桩机等用电设备外壳接地牢固可靠。	一般违章（第 22 条）	
关键事项	1．关键事项、关键环节作业按施工方案或规定程序开展作业。	Ⅱ类严重违章（第 36 条）	
	2．有限空间作业，执行“先通风、再检测、后作业”要求。	恶性违章（第 6 条）	
	3．有限空间作业现场配置并能正确使用安全防护装备、应急救援装备；正确设置监护人。	Ⅰ类严重违章（第 8 条）	
	4．坠落高度超过 1.5m 时，已采取可靠的防高坠措施。	恶性违章（第 5 条）	
	5．无作业人员利用吊钩上升或下降。	恶性违章（第 10 条）	
	6．掏挖基础根据土质情况、按照设计图纸采取护壁的防塌方措施。	Ⅱ类严重违章（第 36 条）	
	7．提土装置吊钩防止脱钩保险装置完好。	Ⅲ类严重违章（第 84 条）	
	8．吊装带完好无破损；钢丝绳套插接长度满足规范要求。	一般违章（第 14 条）	
	9．使用的机械设备和施工器具安全装置齐全，如传动部分有防护罩。	一般违章（第 15 条）	
	10．电动设备按照“一机、一闸、一保护”规定使用。	一般违章（第 20 条）	
	11．施工场所（如电气设备、易燃易爆物品存放处、林区、牧区等）按规定配备合格消防器材。	Ⅲ类严重违章（第 65 条）	
督查人员：		离开现场时间：	

编号：DC-XLSG-09

其他基础（特殊地质或新型基础）标准督查卡

工作任务：	督查时间：		
督查项目	督查标准	违章性质	督查情况
安全措施	1．按规定得到设备运维单位的许可进场作业（大型施工机械的作业点距离输电线路边线 30m 以内时，由设备运维单位进行许可）。	Ⅰ类严重违章（第 5 条）	
	2．配合停电线路在工作点附近装设的接地线牢固可靠。	Ⅰ类严重违章（第 7 条）	
	3．邻近带电设备时，吊车、机械设备本体接地牢固可靠。	一般违章（第 23 条）	
	4．发电机、配电箱及桩机等用电设备外壳接地牢固可靠。	一般违章（第 22 条）	
	5．起吊作业时，作业区域设置警示围栏。	Ⅱ类严重违章（第 36 条）	
关键事项	1．关键事项、关键环节作业按施工方案或规定程序开展作业。	Ⅱ类严重违章（第 36 条）	
	2．吊车、挖机与邻近带电线路安全距离不小于《安规（建设第二部分）》表 5。	恶性违章（第 8 条）	
	3．坠落高度超过 1.5m 时，已采取可靠的防高坠措施。	恶性违章（第 5 条）	
	4．无作业人员利用吊钩上升或下降。	恶性违章（第 10 条）	
	5．高边坡施工按要求设置安全防护设施；对不良地质构造的高边坡，按设计要求采取锚喷或加固等支护措施。	Ⅲ类严重违章（第 58 条）	
	6．根据土质情况、按照设计图纸采取护壁的防塌方措施。	Ⅱ类严重违章（第 36 条）	
	7．起吊装置工作负荷不得超铭牌规定使用。	Ⅰ类严重违章（第 9 条）	
	8．起吊过程中，吊臂和起吊物下方，无人逗留和通过。	Ⅱ类严重违章（第 38 条）	
	9．起重作业按规定设有专人指挥。	Ⅲ类严重违章（第 69 条）	
	10．吊车作业前，支腿全部支好；支腿按规程要求加垫木。	Ⅲ类严重违章（第 83 条）	
	11．起重吊钩防止脱钩保险装置完好。	Ⅲ类严重违章（第 84 条）	

续表

督查项目	督查标准	违章性质	督查情况
关键事项	12．未使用金具 U 型环代替卸扣；未使用普通材料的螺栓取代卸扣销轴。	Ⅲ类严重违章（第 63 条）	
	13．吊装带完好无破损；钢丝绳套插接长度满足规范要求。	一般违章（第 14 条）	
	14．使用的机械设备和施工器具安全装置齐全，如传动部分有防护罩。	一般违章（第 15 条）	
	15．电动设备按照“一机、一闸、一保护”规定使用。	一般违章（第 20 条）	
	16．施工场所（如电气设备、易燃易爆物品存放处、林区、牧区等）按规定配备合格消防器材。	Ⅲ类严重违章（第 65 条）	
督查人员：	离开现场时间：		

3. 组塔施工

编号：DC-XLSG-10

悬浮抱杆组塔标准督查卡

工作任务：	督查时间：		
督查项目	督查标准	违章性质	督查情况
安全措施	1．按规定得到设备运维单位的许可进场作业。	Ⅰ类严重违章（第5条）	
	2．停电作业时，作业点在接地保护范围内。	恶性违章（第4条）	
	3．配合停电线路在工作点附近装设的接地线牢固可靠。	Ⅰ类严重违章（第7条）	
	4．邻近或交叉跨越带电设备时机械设备本体、吊车、机动绞磨接地。	一般违章（第23条）	
	5．起吊作业时，作业区域设置警示围栏。	Ⅱ类严重违章（第36条）	
	6．铁塔塔腿接地全部安装。	一般违章（第19条）	
关键事项	1．重要工序、关键环节作业按施工方案、规定程序开展作业。	Ⅱ类严重违章（第36条）	
	2．吊车、拉线、钢丝绳、吊件与邻近带电线路安全距离不小于《安规（建设第二部分）》表5。	恶性违章（第8条）	
	3．登杆作业杆塔根部、基础和拉线牢固。	恶性违章（第17条）	
	4．拉线、地锚入使用前，受力情况经过计算校核并符合实际。	Ⅱ类严重违章（第20条）	
	5．拉线、地锚投入使用前，经验收合格。	Ⅱ类严重违章（第21条）	
	6．临时锚桩按要求设置，有防雨水浸泡措施。	一般违章（第14条）	
	7．高处作业、攀登或转移作业位置时正确使用安全带、后备保护绳、速差器等防高坠用品，全程不失去保护。	恶性违章（第5条）	
	8．抱杆无法一次性整体组立时，未采用正装法对接组立悬浮抱杆。	Ⅱ类严重违章（第26条）	
	9．起吊装置工作负荷不得超铭牌规定使用。	Ⅰ类严重违章（第9条）	

续表

督查项目	督查标准	违章性质	督查情况
关键事项	10．起重作业按规定设有专人指挥。	Ⅲ类严重违章（第 69 条）	
	11．绞磨、卷扬机放置平稳；锚固可靠；受力前方无人员逗留；拉磨尾绳人员站在锚桩后面、绳圈外。	Ⅲ类严重违章（第 85 条）	
	12．起吊、牵引过程中，受力钢丝绳的周围、上下方、转向滑车内角侧、吊臂和起吊物下方，无人逗留和通过。	Ⅱ类严重违章（第 38 条）	
	13．起吊作业时，作业区域设置警示围栏。	Ⅱ类严重违章（第 36 条）	
	14．机动绞磨磨绳缠绕不少于 5 圈，拉磨尾绳不少于 2 人。	一般违章（第 14 条）	
	15．链条葫芦、手扳葫芦、吊钩式滑车等装置的吊钩和起重作业使用的吊钩有防止脱钩的保险装置。	Ⅲ类严重违章（第 84 条）	
	16．自制施工工器具经检测试验合格。	Ⅲ类严重违章（第 53 条）	
	17．未使用金具 U 型环代替卸扣；未使用普通材料的螺栓取代卸扣销轴。	Ⅲ类严重违章（第 63 条）	
	18．卸扣未横向受力；手扳葫芦长期锚固后尾链与手柄缠绕；锦纶绳、吊装带完好无破损；钢丝绳套插接长度满足规范要求。	一般违章（第 14 条）	
	19．使用安全装置齐全的机械设备和施工器具（如绞磨、汽车吊、卷扬机等制动和逆止装置，或制动装置灵敏；安全防护装置齐全）。	一般违章（第 15 条）	
	20．高处作业人员不随手上下抛掷工具、材料等物件。	一般违章（第 16 条）	
	21．施工场所（如电气设备、易燃易爆物品存放处、林区、牧区等）按规定配备合格消防器材。	Ⅲ类严重违章（第 65 条）	
	22．山地地面组装时，杆塔地面组装时塔材未顺斜坡堆放，山坡上的塔片垫物应稳固，且应有防止构件滑动的措施；组装管形构件时，构件间未连接应采取防止滚动的措施。	一般问题	
督查人员：	离开现场时间：		

编号：DC-XLSG-11

摇（平）臂抱杆组塔标准督查卡

工作任务：	督查时间：		
督查项目	督查标准	违章性质	督查情况
安全措施	1．按规定得到设备运维单位的许可进场作业（大型施工机械的作业点距离输电线路边线 30m 以内时，由设备运维单位进行许可）。	Ⅰ类严重违章（第 5 条）	
	2．停电作业时，作业点在接地保护范围内。	恶性违章（第 4 条）	
	3．配合停电线路在工作点附近装设的接地线牢固可靠。	Ⅰ类严重违章（第 7 条）	
	4．邻近或交叉跨越带电设备时机械设备本体、吊车、机动绞磨接地。	一般违章（第 23 条）	
	5．起吊作业时，作业区域设置警示围栏。	Ⅱ类严重违章（第 36 条）	
	6．铁塔塔腿接地全部安装。	一般违章（第 19 条）	
关键事项	1．重要工序、关键环节作业按施工方案、规定程序开展作业。	Ⅱ类严重违章（第 36 条）	
	2．吊车、拉线、钢丝绳、吊件与邻近带电线路安全距离不小于《安规（建设第二部分）》表 5。	恶性违章（第 8 条）	
	3．登杆作业杆塔根部、基础牢固。	恶性违章（第 17 条）	
	4．拉线、地锚投入使用前，经验收合格。	Ⅱ类严重违章（第 21 条）	
	5．拉线、地锚入使用前，受力情况经过计算校核并符合实际。	Ⅱ类严重违章（第 20 条）	
	6．临时锚桩按要求设置，有防雨水浸泡措施。	一般违章（第 14 条）	
	7．高处作业、攀登或转移作业位置时正确使用安全带、后备保护绳、速差器等防高坠用品，全程不失去保护。	恶性违章（第 5 条）	
	8．吊车依法取得使用登记证书、定期检验或检验合格。	Ⅲ类严重违章（第 52 条）	
	9．摇（平）臂抱杆地基处理完毕经监理检查合格；摇（平）臂抱杆组塔坐落在坚实稳固平整的地基或设计规定的基础上。	Ⅱ类严重违章（第 36 条）	

续表

督查项目	督查标准	违章性质	督查情况
关键事项	10．起吊装置工作负荷不得超铭牌规定使用，抱杆两侧同时起吊时重量差符合使用说明，单侧摇臂起吊构件时采取配重措施。	Ⅰ类严重违章（第9条）	
	11．起重作业按规定设有专人指挥。	Ⅲ类严重违章（第69条）	
	12．绞磨、卷扬机放置平稳；锚固可靠；受力前方无人员逗留；拉磨尾绳人员站在锚桩后面、绳圈外。	Ⅲ类严重违章（第85条）	
	13．吊车作业前，支腿全部支好；支腿按规程要求加垫木。	Ⅲ类严重违章（第83条）	
	14．起吊、牵引过程中，受力钢丝绳的周围、上下方、转向滑车内角侧、吊臂和起吊物下方，无人逗留和通过。	Ⅱ类严重违章（第38条）	
	15．起吊作业时，作业区域设置警示围栏。	Ⅱ类严重违章（第36条）	
	16．机动绞磨磨绳缠绕不少于5圈，拉磨尾绳不少于2人。	一般违章（第14条）	
	17．链条葫芦、手扳葫芦、吊钩式滑车等装置的吊钩和起重作业使用的吊钩有防止脱钩的保险装置。	Ⅲ类严重违章（第84条）	
	18．自制施工工器具经检测试验合格。	Ⅲ类严重违章（第53条）	
	19．未使用金具U型环代替卸扣；未使用普通材料的螺栓取代卸扣销轴。	Ⅲ类严重违章（第63条）	
	20．卸扣未横向受力；手扳葫芦长期锚固后尾链与手柄缠绕；锦纶绳、吊装带完好无破损；钢丝绳套插接长度满足规范要求。	一般违章（第14条）	
	21．使用安全装置齐全的机械设备和施工器具（如绞磨、汽车吊、卷扬机等制动和逆止装置，或制动装置灵敏；安全防护装置齐全）。	一般违章（第15条）	
	22．高处作业人员不随手上下抛掷工具、材料等物件。	一般违章（第16条）	
	23．施工场所（如电气设备、易燃易爆物品存放处、林区、牧区等）按规定配备合格消防器材。	Ⅲ类严重违章（第65条）	
	24．山地地面组装时，杆塔地面组装时塔材未顺斜坡堆放，山坡上的塔片垫物应稳固，且应有防止构件滑动的措施；组装管形构件时，构件间未连接应采取防止滚动的措施。	一般问题	
督查人员：		离开现场时间：	

编号：DC-XLSG-12

流动式起重机组塔作业标准督查卡

工作任务：	督查时间：		
督查项目	督查标准	违章性质	督查情况
安全措施	1. 按规定得到设备运维单位的许可进场作业（大型施工机械的作业点距离输电线路边线 30m 以内时，由设备运维单位进行许可）。	Ⅰ类严重违章（第 5 条）	
	2. 停电作业时，作业点在接地保护范围内。	恶性违章（第 4 条）	
	3. 配合停电线路在工作点附近装设的接地线牢固可靠。	Ⅰ类严重违章（第 7 条）	
	4. 邻近或交叉跨越带电设备时机械设备本体、吊车、机动绞磨接地。	一般违章（第 23 条）	
	5. 铁塔塔腿接地全部安装。	一般违章（第 19 条）	
	6. 起吊作业时，作业区域设置警示围栏。	Ⅱ类严重违章（第 36 条）	
关键事项	1. 重要工序、关键环节作业按施工方案、规定程序开展作业。	Ⅱ类严重违章（第 36 条）	
	2. 吊车、拉线、钢丝绳、吊件与邻近带电线路安全距离不小于《安规（建设第二部分）》表 5。	恶性违章（第 8 条）	
	3. 登杆作业杆塔根部、基础牢固。	恶性违章（第 17 条）	
	4. 高处作业、攀登或转移作业位置时正确使用安全带、后备保护绳、速差器等防高坠用品，全程不失去保护。	恶性违章（第 5 条）	
	5. 吊车依法取得使用登记证书、定期检验或检验合格。	Ⅲ类严重违章（第 52 条）	
	6. 起重作业按规定设有专人指挥。	Ⅲ类严重违章（第 69 条）	
	7. 起吊装置工作负荷不得超铭牌规定使用。	Ⅰ类严重违章（第 9 条）	
	8. 吊车作业前，支腿全部支好；支腿按规程要求加垫木。	Ⅲ类严重违章（第 83 条）	
	9. 起吊、牵引过程中，吊臂和起吊物下方，无人逗留和通过。	Ⅱ类严重违章（第 38 条）	
	10. 链条葫芦、手扳葫芦、吊钩式滑车等装置的吊钩和起重作业使用的吊钩有防止脱钩的保险装置。	Ⅲ类严重违章（第 84 条）	

续表

督查项目	督查标准	违章性质	督查情况
关键事项	11．自制施工工器具经检测试验合格。	Ⅲ类严重违章（第 53 条）	
	12．未使用金具 U 型环代替卸扣；未使用普通材料的螺栓取代卸扣销轴。	Ⅲ类严重违章（第 63 条）	
	13．卸扣未横向受力；手扳葫芦长期锚固后尾链与手柄缠绕；锦纶绳、吊装带完好无破损；钢丝绳套插接长度满足规范要求。	一般违章（第 14 条）	
	14．使用安全装置齐全的机械设备和施工器具（如绞磨、汽车吊、卷扬机等制动和逆止装置，或制动装置灵敏；安全防护装置齐全）。	一般违章（第 15 条）	
	15．高处作业人员不随手上下抛掷工具、材料等物件。	一般违章（第 16 条）	
	16．施工场所（如电气设备、易燃易爆物品存放处、林区、牧区等）按规定配备合格消防器材。	Ⅲ类严重违章（第 65 条）	
	17．山地地面组装时，杆塔地面组装时塔材未顺斜坡堆放，山坡上的塔片垫物应稳固，且应有防止构件滑动的措施；组装管形构件时，构件间未连接应采取防止滚动的措施。	一般问题	
督查人员：		离开现场时间：	

4. 架线施工

编号：DC-XLSG-13

导、地线及光缆展放作业标准督查卡

工作任务：	督查时间：		
督查项目	督查标准	违章性质	督查情况
安全措施	1. 按规定得到设备运维单位的许可进场作业（大型施工机械的作业点距离输电线路边线 30m 以内时，由设备运维单位进行许可）。	Ⅰ类严重违章（第 5 条）	
	2. 需要停用重合闸或直流线路再启动功能的带电作业由值班调控人员履行许可手续。	Ⅰ类严重违章（第 5 条）	
	3. 未采取约时方式停用或恢复重合闸或直流线路再启动功能。	恶性违章（第 7 条）	
	4. 停电作业时，作业点在接地保护范围内。	恶性违章（第 4 条）	
	5. 配合停电线路在工作点附近装设的接地线牢固可靠。	Ⅰ类严重违章（第 7 条）	
	6. 放线区段有跨越、平行输电线路时，导、地线或牵引绳采取接地措施。	Ⅲ类严重违章（第 64 条）	
	7. 起吊作业时，作业区域设置警示围栏。	Ⅱ类严重违章（第 36 条）	
	8. 跨越带电线路展放导、地线作业，采取跨越架、封网等安全措施。	恶性违章（第 15 条）	
关键事项	1. 重要工序、关键环节作业按施工方案或规定程序开展作业。	Ⅱ类严重违章（第 36 条）	
	2. 架线施工前，地脚螺栓加装垫板并拧紧双螺帽，采取防卸措施。	恶性违章（第 11 条）	
	3. 架线前对地脚螺栓开展验收，验收不合格的整改并重新验收合格并挂验收牌后投入使用。	Ⅱ类严重违章（第 21 条）	
	4. 重要跨越（二级作业风险）导、地线高空锚线设置二道保护。	恶性违章（第 16 条）	
	5. 导、地线高空锚线设置二道保护。	Ⅱ类严重违章（第 36 条）	
	6. 地锚入使用前，受力情况经过计算校核并符合实际。	Ⅱ类严重违章（第 20 条）	
	7. 地锚投入使用前，经验收合格。	Ⅱ类严重违章（第 21 条）	

续表

督查项目	督查标准	违章性质	督查情况
关键事项	8．临时锚桩按要求设置，有防雨水浸泡措施。	一般违章（第 14 条）	
	9．高处作业、攀登或转移作业位置时正确使用安全带、后备保护绳、速差器等防高坠用品，全程不失去保护。	恶性违章（第 5 条）	
	10．起吊装置工作负荷不得超铭牌规定使用。	Ⅰ类严重违章（第 9 条）	
	11．起重作业按规定设有专人指挥。	Ⅲ类严重违章（第 69 条）	
	12．绞磨、卷扬机放置平稳；锚固可靠；受力前方无人员逗留；拉磨尾绳人员站在锚桩后面、绳圈外。	Ⅲ类严重违章（第 85 条）	
	13．牵引过程中，牵引机、张力机进出口前方无人通过或逗留。	Ⅰ类严重违章（第 13 条）	
	14．起吊、牵引过程中，受力钢丝绳的周围、上下方、转向滑车内角侧、吊臂和起吊物下方，无人逗留和通过。	Ⅱ类严重违章（第 38 条）	
	15．机动绞磨磨绳缠绕不少于 5 圈，拉磨尾绳不少于 2 人。	一般违章（第 14 条）	
	16．链条葫芦、手扳葫芦、吊钩式滑车等装置的吊钩和起重作业使用的吊钩有防止脱钩的保险装置。	Ⅲ类严重违章（第 84 条）	
	17．自制施工工器具经检测试验合格。	Ⅲ类严重违章（第 53 条）	
	18．未使用金具 U 型环代替卸扣；未使用普通材料的螺栓取代卸扣销轴。	Ⅲ类严重违章（第 63 条）	
	19．卸扣未横向受力；手扳葫芦长期锚固后尾链与手柄缠绕；锦纶绳、吊装带完好无破损；钢丝绳套插接长度满足规范要求。	一般违章（第 14 条）	
	20．使用安全装置齐全的机械设备和施工器具（如绞磨、汽车吊、卷扬机等制动和逆止装置，或制动装置灵敏；安全防护装置齐全）。	一般违章（第 15 条）	
	21．高处作业人员不随手上下抛掷工具、材料等物件。	一般违章（第 16 条）	
	22．施工场所（如电气设备、易燃易爆物品存放处、林区、牧区等）按规定配备合格消防器材。	Ⅲ类严重违章（第 65 条）	
	23．在公路、铁路、航道等交通要道上架拆线路，双向设置标志进行警示、隔离，设专人手持旗帜看管；夜间施工佩戴反光标志，施工地点设安全警示灯。	一般违章（第 25 条）	
	24．脚手架、跨越架验收合格并挂验收牌后投入使用。	Ⅲ类严重违章（第 72 条）	
督查人员：	离开现场时间：		

编号：DC-XLSG-14

紧挂线施工作业标准督查卡

工作任务：	督查时间：		
督查项目	督查标准	违章性质	督查情况
安全措施	1．按规定得到设备运维单位的许可进场作业。	Ⅰ类严重违章（第5条）	
	2．需要停用重合闸或直流线路再启动功能的带电作业由值班调控人员履行许可手续。	Ⅰ类严重违章（第5条）	
	3．未采取约时方式停用或恢复重合闸或直流线路再启动功能。	恶性违章（第7条）	
	4．停电作业时，作业点在接地保护范围内。	恶性违章（第4条）	
	5．配合停电线路在工作点附近装设的接地线牢固可靠。	Ⅰ类严重违章（第7条）	
	6．放线区段有跨越、平行输电线路时，导、地线或牵引绳采取接地措施；耐张塔挂线前，使用导体将耐张绝缘子串短接。	Ⅲ类严重违章（第64条）	
关键事项	1．重要工序、关键环节作业按施工方案或规定程序开展作业。	Ⅱ类严重违章（第36条）	
	2．导、地线采用不平衡紧挂线时，设置反向拉线。	恶性违章（第11条）	
	3．平衡挂线时，在相邻耐张段的同相（极）导线上未进行其他作业。	Ⅲ类严重违章（第59条）	
	4．平移导线作业时，采取交替平移子导线的方式。	Ⅱ类严重违章（第27条）	
	5．重要跨越（二级作业风险）导、地线高空锚线设置二道保护。	恶性违章（第16条）	
	6．导、地线高空锚线设置二道保护。	Ⅱ类严重违章（第36条）	
	7．拉线、地锚入使用前，受力情况经过计算校核并符合实际。	Ⅱ类严重违章（第20条）	
	8．拉线、地锚投入使用前，经验收合格。	Ⅱ类严重违章（第21条）	
	9．临时锚桩按要求设置，有防雨水浸泡措施。	一般违章（第14条）	
	10．高处作业、攀登或转移作业位置时正确使用安全带、后备保护绳、速差器等防高坠用品，全程不失去保护。	恶性违章（第5条）	

续表

督查项目	督查标准	违章性质	督查情况
关键事项	11．吊索具工作负荷不得超铭牌规定使用。	Ⅰ类严重违章（第 9 条）	
	12．绞磨放置平稳；锚固可靠；受力前方无人员逗留；拉磨尾绳人员站在锚桩后面、绳圈外。	Ⅲ类严重违章（第 85 条）	
	13．牵引过程中，受力钢丝绳的周围、上下方、转向滑车内角侧、吊臂和起吊物下方，无人逗留和通过。	Ⅱ类严重违章（第 38 条）	
	14．机动绞磨磨绳缠绕不少于 5 圈，拉磨尾绳不少于 2 人。	一般违章（第 14 条）	
	15．链条葫芦、手扳葫芦、吊钩式滑车等装置的吊钩和起重作业使用的吊钩有防止脱钩的保险装置。	Ⅲ类严重违章（第 84 条）	
	16．自制施工工器具经检测试验合格。	Ⅲ类严重违章（第 53 条）	
	17．未使用金具 U 型环代替卸扣；未使用普通材料的螺栓取代卸扣销轴。	Ⅲ类严重违章（第 63 条）	
	18．卸扣未横向受力；手扳葫芦长期锚固后尾链与手柄缠绕；锦纶绳、吊装带完好无破损；钢丝绳套插接长度满足规范要求。	一般违章（第 14 条）	
	19．使用安全装置齐全的机械设备和施工器具（如绞磨、汽车吊、卷扬机等制动和逆止装置，或制动装置灵敏；安全防护装置齐全）。	一般违章（第 15 条）	
	20．高处作业人员不随手上下抛掷工具、材料等物件。	一般违章（第 16 条）	
	21．施工场所（如电气设备、易燃易爆物品存放处、林区、牧区等）按规定配备合格消防器材。	Ⅲ类严重违章（第 65 条）	
督查人员：	离开现场时间：		

编号：DC-XLSG-15

附件安装作业标准督查卡

工作任务：	督查时间：		
督查项目	督查标准	违章性质	督查情况
安全措施	1．按规定得到设备运维单位的许可进场作业。	Ⅰ类严重违章（第5条）	
	2．停电作业时，作业点在接地保护范围内。	恶性违章（第4条）	
	3．配合停电线路在工作点附近装设的接地线牢固可靠。	Ⅰ类严重违章（第7条）	
	4．工作地段如有邻近、平行、交叉跨越及同杆塔架设线路，按规定使用个人保安线。	恶性违章（第20条）	
关键事项	1．重要工序、关键环节作业按施工方案或规定程序开展作业。	Ⅱ类严重违章（第36条）	
	2．在跨越电力线、铁路、公路或通航河流等的线段杆塔上安装附件时，采取防止导线或地线坠落的措施。	Ⅱ类严重违章（第36条）	
	3．地锚入使用前，受力情况经过计算校核并符合实际。	Ⅱ类严重违章（第20条）	
	4．地锚投入使用前，经验收合格。	Ⅱ类严重违章（第21条）	
	5．临时锚桩按要求设置，有防雨水浸泡措施。	一般违章（第14条）	
	6．高处作业、攀登或转移作业位置时正确使用安全带、后备保护绳、速差器等防高坠用品，全程不失去保护。	恶性违章（第5条）	
	7．导地线附件安装时，安全绳或速差自控器拴在横担主材上。	恶性违章（第5条）	
	8．吊索具工作负荷不得超铭牌规定使用。	Ⅰ类严重违章（第9条）	
	9．绞磨放置平稳；锚固可靠；受力前方无人员逗留；拉磨尾绳人员站在锚桩后面、绳圈外。	Ⅲ类严重违章（第85条）	
	10．牵引过程中，受力钢丝绳的周围、上下方、转向滑车内角侧、吊臂和起吊物下方，无人逗留和通过。	Ⅱ类严重违章（第38条）	
	11．机动绞磨磨绳缠绕不少于5圈，拉磨尾绳不少于2人。	一般违章（第14条）	
	12．链条葫芦、手扳葫芦、吊钩式滑车等装置的吊钩和起重作业使用的吊钩有防止脱钩的保险装置。	Ⅲ类严重违章（第84条）	

续表

督查项目	督查标准	违章性质	督查情况
关键事项	13．自制施工工器具经检测试验合格。	Ⅲ类严重违章（第53条）	
	14．未使用金具U型环代替卸扣；未使用普通材料的螺栓取代卸扣销轴。	Ⅲ类严重违章（第63条）	
	15．卸扣未横向受力；手扳葫芦长期锚固后尾链与手柄缠绕；锦纶绳、吊装带完好无破损；钢丝绳套插接长度满足规范要求。	一般违章（第14条）	
	16．使用安全装置齐全的机械设备和施工器具（如绞磨、汽车吊、卷扬机等制动和逆止装置，或制动装置灵敏；安全防护装置齐全）。	一般违章（第15条）	
	17．高处作业人员不随手上下抛掷工具、材料等物件。	一般违章（第16条）	
	18．施工场所（如电气设备、易燃易爆物品存放处、林区、牧区等）按规定配备合格消防器材。	Ⅲ类严重违章（第65条）	
督查人员：	离开现场时间：		

编号：DC-XLSG-16

跨越架（悬索式）搭拆标准督查卡

工作任务：		督查时间：	
督查项目	督查标准	违章性质	督查情况
安全措施	1．按规定得到设备运维单位的许可进场作业。	Ⅰ类严重违章（第5条）	
	2．需要停用重合闸或直流线路再启动功能的带电作业由值班调控人员履行许可手续。	Ⅰ类严重违章（第5条）	
	3．未采取约时方式停用或恢复重合闸或直流线路再启动功能。	恶性违章（第7条）	
	4．钢管式脚手架架体，按规定设置两点接地并牢固可靠。	一般违章（第19条）	
	5．配合停电线路在工作点附近装设的接地线牢固可靠。	Ⅰ类严重违章（第7条）	
关键事项	1．重要工序、关键环节作业按施工方案或规定程序开展作业。	Ⅱ类严重违章（第36条）	
	2．拉线、地锚入使用前，受力情况经过计算校核并符合实际。	Ⅱ类严重违章（第20条）	
	3．拉线、地锚投入使用前，经验收合格。	Ⅱ类严重违章（第21条）	
	4．临时锚桩按要求设置，有防雨水浸泡措施。	一般违章（第14条）	
	5．高处作业、攀登或转移作业位置时正确使用安全带、后备保护绳、速差器等防高坠用品，全程不失去保护。	恶性违章（第5条）	
	6．自制施工工器具经检测试验合格。	Ⅲ类严重违章（第53条）	
	7．链条葫芦、手扳葫芦、吊钩式滑车等装置的吊钩和起重作业使用的吊钩有防止脱钩的保险装置。	Ⅲ类严重违章（第84条）	
	8．未使用金具U型环代替卸扣；未使用普通材料的螺栓取代卸扣销轴。	Ⅲ类严重违章（第63条）	
	9．卸扣未横向受力；手扳葫芦长期锚固后尾链与手柄缠绕；锦纶绳、吊装带完好无破损；钢丝绳套插接长度满足规范要求。	一般违章（第14条）	
	10．使用安全装置齐全的机械设备和施工器具（如绞磨、汽车吊、卷扬机等制动和逆止装置，或制动装置灵敏；安全防护装置齐全）。	一般违章（第15条）	

续表

督查项目	督查标准	违章性质	督查情况
关键事项	11．跨越架经现场监理及使用单位验收合格并挂验收牌后使用，跨越架应考虑风偏影响超出边线 2m，悬索绝缘网伸出被保护的电力线外长度不得小于 10m。	Ⅲ类严重违章（第 72 条）	
	12．立杆和大横杆应错开搭接，搭接长度不得小于 0.5m	Ⅲ类严重违章（第 72 条）	
	13．跨越架两端及每隔 6～7 根立杆应设置剪刀撑、支杆或拉线。	Ⅲ类严重违章（第 72 条）	
	14．跨越架的立杆、大横杆及小横杆的间距不得大于安规规定要求。	Ⅲ类严重违章（第 72 条）	
	15．跨越架悬挂醒目的安全警告标志、夜间警示装置和验收标志牌，架体接地规范。	一般违章（第 25 条）	
	16．钢管、木质、毛竹跨越架应自上而下逐根拆除，并应有人传递，不得抛扔。	一般违章（第 16 条）	
督查人员：		离开现场时间：	

5. 线路拆旧

编号：DC-XLSG-17

旧塔拆除作业标准督查卡

工作任务：	督查时间：		
督查项目	督查标准	违章性质	督查情况
安全措施	1．按规定得到设备运维单位的许可进场作业（大型施工机械的作业点距离输电线路边线30m以内时，由设备运维单位进行许可）。	Ⅰ类严重违章（第5条）	
	2．停电作业时，作业点在接地保护范围内。	恶性违章（第4条）	
	3．配合停电线路在工作点附近装设的接地线牢固可靠。	Ⅰ类严重违章（第7条）	
	4．邻近或交叉跨越带电设备时机械设备本体、吊车、机动绞磨接地。	一般违章（第23条）	
	5．铁塔塔腿接地全部安装。	一般违章（第19条）	
	6．起吊作业时，作业区域设置警示围栏。	Ⅱ类严重违章（第36条）	
关键事项	1．整体拆除时应设置“八”字拉线控制倒塔方向。	Ⅱ类严重违章（第36条）	
	2．未采取突然剪断导线、地线、拉线等方法撤杆。	恶性违章（第18条）	
	3．吊车、拉线、钢丝绳、吊件与邻近带电线路安全距离不小于《安规（建设第二部分）》表5。	恶性违章（第8条）	
	4．登杆作业杆塔根部、基础和拉线牢固。	恶性违章（第17条）	
	5．拉线、地锚入使用前，受力情况经过计算校核并符合实际。	Ⅱ类严重违章（第20条）	
	6．拉线、地锚投入使用前，经验收合格。	Ⅱ类严重违章（第21条）	
	7．临时锚桩按要求设置，有防雨水浸泡措施。	一般违章（第14条）	
	8．高处作业、攀登或转移作业位置时正确使用安全带、后备保护绳、速差器等防高坠用品，全程不失去保护。	恶性违章（第5条）	
	9．抱杆无法一次性整体组立时，未采用正装法对接组立悬浮抱杆。	Ⅱ类严重违章（第26条）	

续表

督查项目	督查标准	违章性质	督查情况
关键事项	10．起吊装置工作负荷不得超铭牌规定使用。	Ⅰ类严重违章（第9条）	
	11．起重作业按规定设有专人指挥。	Ⅲ类严重违章（第69条）	
	12．绞磨、卷扬机放置平稳；锚固可靠；受力前方无人员逗留；拉磨尾绳人员站在锚桩后面、绳圈外。	Ⅲ类严重违章（第85条）	
	13．起吊、牵引过程中，受力钢丝绳的周围、上下方、转向滑车内角侧、吊臂和起吊物下方、倒塔全高1.2倍范围内无人员逗留和通过。	Ⅱ类严重违章（第38条）	
	14．机动绞磨磨绳缠绕不少于5圈，拉磨尾绳不少于2人。	一般违章（第14条）	
	15．链条葫芦、手扳葫芦、吊钩式滑车等装置的吊钩和起重作业使用的吊钩有防止脱钩的保险装置。	Ⅲ类严重违章（第84条）	
	16．汽车式起重机作业前支好全部支腿；支腿按规程要求加垫木。	Ⅲ类严重违章（第83条）	
	17．自制施工工器具经检测试验合格。	Ⅲ类严重违章（第53条）	
	18．吊车依法取得使用登记证书、定期检验或检验合格。	Ⅲ类严重违章（第52条）	
	19．未使用金具U型环代替卸扣；未使用普通材料的螺栓取代卸扣销轴。	Ⅲ类严重违章（第63条）	
	20．卸扣未横向受力；手扳葫芦长期锚固后尾链与手柄缠绕；锦纶绳、吊装带完好无破损；钢丝绳套插接长度满足规范要求。	一般违章（第14条）	
	21．使用安全装置齐全的机械设备和施工器具（如绞磨、汽车吊、卷扬机等制动和逆止装置，或制动装置灵敏；安全防护装置齐全）。	一般违章（第15条）	
	22．高处作业人员不随手上下抛掷工具、材料等物件。	一般违章（第16条）	
	23．施工场所（如电气设备、易燃易爆物品存放处、林区、牧区等）按规定配备合格消防器材。	Ⅲ类严重违章（第65条）	
督查人员：	离开现场时间：		

编号：DC-XLSG-18

导、地线及光缆更换、拆除作业标准督查卡

工作任务：	督查时间：		
督查项目	督查标准	违章性质	督查情况
安全措施	1. 按规定得到设备运维单位的许可进场作业（大型施工机械的作业点距离输电线路边线 30m 以内时，由设备运维单位进行许可）。	Ⅰ类严重违章（第 5 条）	
	2. 需要停用重合闸或直流线路再启动功能的带电作业由值班调控人员履行许可手续。	Ⅰ类严重违章（第 5 条）	
	3. 未采取约时方式停用或恢复重合闸或直流线路再启动功能。	恶性违章（第 7 条）	
	4. 停电作业时，作业点在接地保护范围内。	恶性违章（第 4 条）	
	5. 配合停电线路在工作点附近装设的接地线牢固可靠。	Ⅰ类严重违章（第 7 条）	
	6. 起吊作业时，作业区域设置警示围栏。	Ⅱ类严重违章（第 36 条）	
	7. 放线区段有跨越、平行输电线路时，导、地线或牵引绳采取接地措施。	Ⅲ类严重违章（第 64 条）	
	8. 跨越带电线路展放导、地线作业，采取跨越架、封网等安全措施。	恶性违章（第 15 条）	
	9. 脚手架、跨越架验收合格并挂验收牌后投入使用。	Ⅲ类严重违章（第 72 条）	
关键事项	1. 撤线前按规定采取防倒杆塔措施，未采取突然剪断导线、地线等方法撤线。	恶性违章（第 18 条）	
	2. 重要工序、关键环节作业按施工方案或规定程序开展作业。	Ⅱ类严重违章（第 36 条）	
	3. 重要跨越（二级作业风险）导、地线高空锚线设置二道保护。	恶性违章（第 16 条）	
	4. 导、地线高空锚线设置二道保护。	Ⅱ类严重违章（第 36 条）	
	5. 拉线、地锚入使用前，受力情况经过计算校核并符合实际。	Ⅱ类严重违章（第 20 条）	
	6. 地锚投入使用前，经验收合格。	Ⅱ类严重违章（第 21 条）	
	7. 临时锚桩按要求设置，有防雨水浸泡措施。	一般违章（第 14 条）	

续表

督查项目	督查标准	违章性质	督查情况
关键事项	8．登杆作业杆塔根部、基础和拉线牢固。	恶性违章 （第 17 条）	
	9．高处作业、攀登或转移作业位置时正确使用安全带、后备保护绳、速差器等防高坠用品，全程不失去保护。	恶性违章 （第 5 条）	
	10．起吊装置工作负荷不得超铭牌规定使用。	Ⅰ类严重违章 （第 9 条）	
	11．起重作业按规定设有专人指挥。	Ⅲ类严重违章 （第 69 条）	
	12．绞磨、卷扬机放置平稳；锚固可靠；受力前方无人员逗留；拉磨尾绳人员站在锚桩后面、绳圈外。	Ⅲ类严重违章 （第 85 条）	
	13．牵引过程中，牵引机、张力机进出口前方无人通过或逗留。	Ⅰ类严重违章 （第 13 条）	
	14．起吊、牵引过程中，受力钢丝绳的周围、上下方、转向滑车内角侧、吊臂和起吊物下方，无人逗留和通过。	Ⅱ类严重违章 （第 38 条）	
	15．机动绞磨磨绳缠绕不少于 5 圈，拉磨尾绳不少于 2 人。	一般违章 （第 14 条）	
	16．链条葫芦、手扳葫芦、吊钩式滑车等装置的吊钩和起重作业使用的吊钩有防止脱钩的保险装置。	Ⅲ类严重违章 （第 84 条）	
	17．自制施工工器具经检测试验合格。	Ⅲ类严重违章 （第 53 条）	
	18．未使用金具 U 型环代替卸扣；未使用普通材料的螺栓取代卸扣销轴。	Ⅲ类严重违章 （第 63 条）	
	19．卸扣未横向受力；手扳葫芦长期锚固后尾链与手柄缠绕；锦纶绳、吊装带完好无破损；钢丝绳套插接长度满足规范要求。	一般违章 （第 14 条）	
	20．使用安全装置齐全的机械设备和施工器具（如绞磨、汽车吊、卷扬机等制动和逆止装置，或制动装置灵敏；安全防护装置齐全）。	一般违章 （第 15 条）	
	21．高处作业人员不随手上下抛掷工具、材料等物件。	一般违章 （第 16 条）	
	22．施工场所（如电气设备、易燃易爆物品存放处、林区、牧区等）按规定配备合格消防器材。	Ⅲ类严重违章 （第 65 条）	
	23．在公路、铁路、航道等交通要道上架拆线路，双向设置标志进行警示、隔离，设专人手持旗帜看管；夜间施工佩戴反光标志，施工地点设安全警示灯。	一般违章 （第 25 条）	
	24．旧线拆除时，采用控制绳控制线尾，防止线尾卡住。	一般问题	
督查人员：	离开现场时间：		

6. 电缆施工

编号：DC-XLSG-19

明开沟道施工标准督查卡

工作任务：		督查时间：	
督查项目	督查标准	违章性质	督查情况
安全措施	1．发电机、配电箱及桩机等用电设备外壳接地牢固可靠。	一般违章（第22条）	
	2．起吊作业时，作业区域设置警示围栏。	Ⅱ类严重违章（第36条）	
关键事项	1．关键事项、关键环节作业按施工方案或规定程序开展作业。	Ⅱ类严重违章（第36条）	
	2．挖机与邻近带电线路安全距离不小于《安规（建设第二部分）》表5。	恶性违章（第8条）	
	3．坠落高度超过1.5m时，已采用可靠的安全措施。	恶性违章（第5条）	
	4．高边坡施工已按要求设置安全防护设施；对不良地质构造的高边坡，已按设计要求采取锚喷或加固等支护措施。	Ⅲ类严重违章（第58条）	
	5．电动设备按照“一机、一闸、一保护”规定使用。	一般违章（第20条）	
	6．施工场所（如电气设备、易燃易爆物品存放处、林区、牧区等）按规定配备合格消防器材。	Ⅲ类严重违章（第65条）	
	7．吊装带完好无破损；钢丝绳套插接长度满足规范要求。	一般违章（第14条）	
	8．使用的机械设备和施工器具安全装置齐全，如传动部分有防护罩。	一般违章（第15条）	
督查人员：		离开现场时间：	

编号：DC-XLSG-20

隧道主体结构、始发、接收井标准督查卡

工作任务：		督查时间：	
督查项目	督查标准	违章性质	督查情况
安全措施	1．发电机、配电箱及桩机等用电设备外壳接地牢固可靠。	一般违章（第22条）	
	2．基坑深度超过1.5m时，坑口已设置安全防护围栏或采取其他可靠措施。	恶性违章（第5条）	
	3．起吊作业时，作业区域设置警示围栏。	Ⅱ类严重违章（第36条）	
关键事项	1．关键事项、关键环节作业按施工方案或规定程序开展作业。	Ⅱ类严重违章（第36条）	
	2．吊车、挖机与邻近带电线路安全距离不小于《安规（建设第二部分）》表5。	恶性违章（第8条）	
	3．根据土质情况、按照设计图纸采取护壁的防塌方措施。	Ⅱ类严重违章（第36条）	
	4．有限空间作业，执行“先通风、再检测、后作业”要求。	恶性违章（第6条）	
	5．有限空间作业现场配置并能正确使用安全防护装备、应急救援装备；正确设置监护人。	Ⅰ类严重违章（第8条）	
	6．坠落高度超过1.5m时，已采用可靠的安全措施。	恶性违章（第5条）	
	7．无作业人员利用吊钩上升或下降。	恶性违章（第10条）	
	8．起吊装置工作负荷不得超铭牌规定使用。	Ⅰ类严重违章（第9条）	
	9．吊车作业前，支腿全部支好；支腿按规程要求加垫木。	Ⅲ类严重违章（第83条）	
	10．起吊过程中，吊臂和起吊物下方，无人逗留和通过。	Ⅱ类严重违章（第38条）	
	11．起重作业按规定设有专人指挥。	Ⅲ类严重违章（第69条）	
	12．自制施工工器具经检测试验合格。	Ⅲ类严重违章（第53条）	
	13．吊车、提土装置的吊钩防止脱钩保险装置完好。	Ⅲ类严重违章（第84条）	

续表

督查项目	督查标准	违章性质	督查情况
关键事项	14．施工场所（如电气设备、易燃易爆物品存放处、林区、牧区等）按规定配备合格消防器材。	Ⅲ类严重违章（第 65 条）	
	15．电动设备按照“一机、一闸、一保护”规定使用。	一般违章（第 20 条）	
督查人员：	离开现场时间：		

编号：DC-XLSG-21

电缆顶管施工作业标准督查卡

工作任务：	督查时间：		
督查项目	督查标准	违章性质	督查情况
安全措施	1．发电机、配电箱等用电设备外壳接地牢固可靠。	一般违章（第 22 条）	
	2．起吊作业时，作业区域设置警示围栏。	Ⅱ类严重违章（第 36 条）	
关键事项	1．关键事项、关键环节作业按施工方案或规定程序开展作业。	Ⅱ类严重违章（第 36 条）	
	2．根据土质情况、按照设计图纸采取防塌方措施。	Ⅱ类严重违章（第 36 条）	
	3．有限空间作业，执行“先通风、再检测、后作业”要求。	恶性违章（第 6 条）	
	4．有限空间作业现场配置并能正确使用安全防护装备、应急救援装备；正确设置监护人。	Ⅰ类严重违章（第 8 条）	
	5．起重作业按规定设有专人指挥。	Ⅲ类严重违章（第 69 条）	
	6．吊车作业前，支腿全部支好；支腿按规程要求加垫木。	Ⅲ类严重违章（第 83 条）	
	7．起吊过程中，吊臂和起吊物下方，无人逗留和通过。	Ⅱ类严重违章（第 38 条）	
	8．起吊装置工作负荷不得超铭牌规定使用。	Ⅰ类严重违章（第 9 条）	
	9．吊车吊钩防止脱钩保险装置完好。	Ⅲ类严重违章（第 84 条）	
	10．自制施工工器具经检测试验合格。	Ⅲ类严重违章（第 53 条）	
	11．电动设备按照“一机、一闸、一保护”规定使用。	一般违章（第 20 条）	
	12．施工场所（如电气设备、易燃易爆物品存放处、林区、牧区等）按规定配备合格消防器材。	Ⅲ类严重违章（第 65 条）	
	13．使用的机械设备和施工器具安全装置齐全，如传动部分有防护罩。	一般违章（第 15 条）	
	14．在潮湿和金属容器管（隧）道内作业使用 12V 安全电压电源。	一般违章（第 21 条）	
督查人员：	离开现场时间：		

编号：DC-XLSG-22

电缆敷设、附件安装、试验作业标准督查卡

工作任务：		督查时间：	
督查项目	督查标准	违章性质	督查情况
安全措施	1．按规定得到设备运维单位的许可进场作业。	Ⅰ类严重违章（第5条）	
	2．停电作业时，作业点在接地保护范围内。	恶性违章（第4条）	
	3．配合停电线路未漏挂（合）接地线（接地刀闸）。	Ⅰ类严重违章（第7条）	
	4．电缆耐压试验前，应对设备充分放电，并测量绝缘电阻。	Ⅱ类严重违章（第29条）	
	5．在电容性设备检修前应放电并接地，结束后应充分放电。高压试验变更接线或试验结束时应将升压设备的高压部分放电、短路接地。	Ⅱ类严重违章（第29条）	
	6．电气设备、电源箱外壳接地牢固可靠。	一般违章（第22条）	
	7．邻近或交叉跨越带电设备时机械设备本体、吊车、斗臂车接地牢固可靠。	一般违章（第23条）	
	8．高空作业车、吊车作业时按规定设置警示围栏。	Ⅱ类严重违章（第36条）	
	9．高压试验现场规范设置遮栏或围栏。	Ⅱ类严重违章（第36条）	
关键事项	1．重要工序、关键环节作业按施工方案或规定程序开展作业。	Ⅱ类严重违章（第36条）	
	2．吊车与邻近带电线路安全距离不小于《安规（建设第二部分）》表5。	恶性违章（第8条）	
	3．同杆架设线路部分停电工作时，不得进入带电线路侧横担。	恶性违章（第19条）	
	4．登杆作业，杆塔根部、基础和拉线牢固。	恶性违章（第17条）	
	5．高处作业、攀登或转移作业位置时正确使用安全带、后备保护绳、速差器等防高坠用品，全程不失去保护。	恶性违章（第5条）	
	6．高处作业人员不随手上下抛掷工具、材料等物件。	一般违章（第16条）	
	7．电缆井、电缆隧道、深度超过2m的基坑、沟（槽）内等工作环境比较复杂且相对密闭的空间，按规定采取通风措施、经气体检测合格后作业。	恶性违章（第6条）	

续表

督查项目	督查标准	违章性质	督查情况
关键事项	8．有限空间作业配置且正确使用安全防护装备、应急救援装备（气体检测仪、防毒面具等），正确设置监护人。	Ⅰ类严重违章（第 8 条）	
	9．动火作业前检测可燃气体（蒸气）含量合格。	Ⅱ类严重违章（第 40 条）	
	10．动火作业前，清除动火现场及周围的易燃物品。	Ⅱ类严重违章（第 41 条）	
	11．施工场所（动火区、易燃易爆物品存放处、）按规定配备合格消防器材。	Ⅲ类严重违章（第 65 条）	
	12．在潮湿和金属容器管（隧）道内作业按规定使用安全电压电源。	一般违章（第 21 条）	
	13．开断电缆前应证实电缆无电，操作人员站在绝缘垫上戴防护面罩，用接地的带绝缘手柄的铁钎或专用射钉打入后方可工作。	Ⅱ类严重违章（第 36 条）	
	14．起重作业按规定设有专人指挥。	Ⅲ类严重违章（第 69 条）	
	15．起吊装置工作负荷不得超铭牌规定使用。	Ⅰ类严重违章（第 9 条）	
	16．流动式起重机作业前支好全部支腿；支腿按规程要求加垫木。	Ⅲ类严重违章（第 83 条）	
	17．作业过程中，绝缘斗臂车、高空作业车发动机未熄火。	一般违章（第 17 条）	
	18．起吊或牵引过程中，受力钢丝绳周围、上下方、内角侧和起吊物下面，无人逗留和通过。	Ⅱ类严重违章（第 38 条）	
	19．绞磨、卷扬机放置平稳；锚固可靠；受力前方无人员逗留；拉磨尾绳人员站在锚桩后面、绳圈外。	Ⅲ类严重违章（第 85 条）	
	20．使用安全装置齐全的机械设备和施工器具（如绞磨、汽车吊、卷扬机等制动和逆止装置，或制动装置灵敏；安全防护装置齐全）。	一般违章（第 15 条）	
	21．电缆盘架放置稳固，电缆盘架应有刹车装置。	一般违章（第 15 条）	
	22．未使用金具 U 型环代替卸扣；未使用普通材料的螺栓取代卸扣销轴。	Ⅲ类严重违章（第 63 条）	
	23．使用电动设备满足“一机、一闸、一保护”规定。	一般违章（第 20 条）	
	24．按规定使用安全绝缘工具和安全防护用具。	一般违章（第 12 条）	
	25．用滑轮敷设电缆时，作业人员应站在滑轮前进方向，不得在滑轮滚动时用手搬动滑轮。	一般问题	
督查人员：	离开现场时间：		

编号：DC-XLSG-23

电缆试验标准督查卡

工作任务：		督查时间：	
督查项目	督查标准	违章性质	督查情况
安全措施	1．按规定得到设备运维单位的许可进场作业。	Ⅰ类严重违章（第5条）	
	2．停电作业时，作业点在接地保护范围内。	恶性违章（第4条）	
	3．配合停电线路未漏挂（合）接地线（接地刀闸）。	Ⅰ类严重违章（第7条）	
	4．在电容性设备检修前应放电并接地，结束后应充分放电。高压试验变更接线或试验结束时应将升压设备的高压部分放电、短路接地。	Ⅱ类严重违章（第29条）	
	5．电气设备、电源箱外壳接地牢固可靠。	一般违章（第22条）	
	6．邻近或交叉跨越带电设备时机斗臂车接地牢固可靠。	一般违章（第23条）	
	7．高压试验现场规范设置遮栏或围栏。	Ⅱ类严重违章（第36条）	
关键事项	1．重要工序、关键环节作业按施工方案或规定程序开展作业。	Ⅱ类严重违章（第36条）	
	2．同杆架设线路部分停电工作时，不得进入带电线路侧横担。	恶性违章（第19条）	
	3．高处作业、攀登或转移作业位置时正确使用安全带、后备保护绳、速差器等防高坠用品，全程不失去保护。	恶性违章（第5条）	
	4．高处作业人员不随手上下抛掷工具、材料等物件。	一般违章（第16条）	
	5．电缆井、电缆隧道、深度超过2m的基坑、沟（槽）内等工作环境比较复杂且相对密闭的空间，按规定采取通风措施、经气体检测合格后作业。	恶性违章（第6条）	
	6．有限空间作业配置且正确使用安全防护装备、应急救援装备（气体检测仪、防毒面具等），正确设置监护人。	Ⅰ类严重违章（第8条）	
	7．在潮湿和金属容器管（隧）道内作业按规定使用安全电压电源。	一般违章（第21条）	
	8．使用电动设备满足“一机、一闸、一保护”规定。	一般违章（第20条）	

续表

督查项目	督查标准	违章性质	督查情况
关键事项	9. 施工场所（电气设备、易燃易爆物品存放处）按规定配备合格消防器材。	III类严重违章（第 65 条）	
	10. 按规定使用安全绝缘工具和安全防护用具。	一般违章（第 12 条）	
督查人员：	离开现场时间：		

（六）变电施工

1. 土建施工

编号：DC-BDSG-01

土石方爆破标准督查卡

工作任务：	督查时间：		
督查项目	督查标准	违章性质	督查情况
安全措施	1．爆破作业现场按规定设置警示围栏。	Ⅱ类严重违章（第36条）	
	2．电气设备、电源箱等用电设备外壳接地牢固可靠。	一般违章（第22条）	
关键事项	1．爆破作业的关键事项、关键环节按施工方案或规定程序开展作业。	Ⅱ类严重违章（第36条）	
	2．爆破时无人员擅自穿、跨越安全围栏、安全警戒线。	Ⅱ类严重违章（第37条）	
	3．施工场所（如电气设备、易燃易爆物品存放处、动火区域、林区、牧区等）按规定配备合格消防器材。	Ⅲ类严重违章（第65条）	
	4．当天剩余的爆破器材必须点清数量，及时退库。作业现场未违规存放民用爆炸物品。	Ⅲ类严重违章（第66条）	
	5．不得擅自倾倒、堆放、丢弃或遗撒危险化学品。	Ⅲ类严重违章（第67条）	
	6．未在易燃易爆或禁火区域携带火种、使用明火、吸烟。	Ⅱ类严重违章（第39条）	
	7．钻孔时持钻人员戴防护手套和防尘面（口）罩、防护眼镜。手不得离开钻把上的风门，更换钻头关闭风门。	一般违章（第12条）	
	8．电动设备按照“一机、一闸、一保护”规定使用。	一般违章（第20条）	
	9．按规定使用安全绝缘工具和安全防护用具。	一般违章（第12条）	
督查人员：	离开现场时间：		

编号：DC-BDSG-02

高边坡、挡土墙施工标准督查卡

工作任务：		督查时间：	
督查项目	督查标准	违章性质	督查情况
安全措施	电气设备、电源箱等用电设备外壳接地牢固可靠。	一般违章（第 22 条）	
关键事项	1．关键事项、关键环节作业按施工方案或规定程序开展作业。	Ⅱ类严重违章（第 36 条）	
	2．作业人员不得擅自穿、跨越安全围栏、安全警戒线。	Ⅱ类严重违章（第 37 条）	
	3．坠落高度超过 1.5m 时，已采取可靠的防高坠措施。	恶性违章（第 5 条）	
	4．脚手架经验收合格，并悬挂验收牌后投入使用。	Ⅲ类严重违章（第 72 条）	
	5．钢管式脚手架架体，按规定设置两点接地并牢固可靠。	一般违章（第 19 条）	
	6．高边坡施工对不良地质构造的高边坡，按设计要求采取锚喷或加固等支护措施。	Ⅲ类严重违章（第 58 条）	
	7．生产和作业场所按规定配备合格的消防器材。	Ⅲ类严重违章（第 65 条）	
	8．电动设备按照“一机、一闸、一保护”规范使用。	一般违章（第 20 条）	
	9．按规定使用安全绝缘工具和安全防护用具。	一般违章（第 12 条）	
督查人员：		离开现场时间：	

编号：DC-BDSG-03

地基强夯施工标准督查卡

工作任务：		督查时间：	
督查项目	督查标准	违章性质	督查情况
安全措施	1．停电作业时，作业点在接地保护范围内。	恶性违章（第4条）	
	2．起吊作业时，按规定设置警示围栏。	Ⅱ类严重违章（第36条）	
	3．电气设备、电源箱等用电设备外壳接地牢固可靠。	一般违章（第22条）	
关键事项	1．强夯作业的关键事项、关键环节作业按施工方案或规定程序开展作业。	Ⅱ类严重违章（第36条）	
	2．作业人员、工具、材料与带电设备、引线安全距离不小于《安规（建设第一部分）》表17。	恶性违章（第8条）	
	3．吊车、挖机等大型机械设备与带电设备、引线安全距离不小于《安规（建设第一部分）》表17。	恶性违章（第8条）	
	4．吊车、挖机等大型机械设备与带电设备最小安全距离大于《安规（建设第一部分）》表17、小于表19要求时，制定并落实防止误碰带电设备的安全措施。	Ⅱ类严重违章（第36条）	
	5．作业人员不得擅自穿、跨越安全围栏、安全警戒线。	Ⅱ类严重违章（第37条）	
	6．起吊、牵引过程中，受力吊臂和起吊物下方，无人逗留和通过。	Ⅱ类严重违章（第38条）	
	7．吊车依法取得使用登记证书、定期检验或检验合格。	Ⅲ类严重违章（第52条）	
	8．吊车作业前，支腿全部支好；支腿按规程要求加垫木。	Ⅲ类严重违章（第83条）	
	9．起吊装置工作负荷不得超铭牌规定使用。	Ⅰ类严重违章（第9条）	
	10．吊臂和起吊物下方，无人逗留和通过。	Ⅱ类严重违章（第38条）	
	11．吊钩有完好的防止脱钩的保险装置。	Ⅲ类严重违章（第84条）	
	12．吊装带完好无破损；钢丝绳套插接长度满足规范要求。	一般违章（第14条）	
	13．生产和作业场所按规定配备合格的消防器材。	Ⅲ类严重违章（第65条）	

续表

督查项目	督查标准	违章性质	督查情况
关键事项	14. 电动设备按照“一机、一闸、一保护”规定使用。	一般违章（第 20 条）	
	15. 按规定使用安全绝缘工具和安全防护用具。	一般违章（第 12 条）	
督查人员：	离开现场时间：		

编号：DC-BDSG-04

桩基施工（机械）标准督查卡

工作任务：		督查时间：	
督查项目	督查标准	违章性质	督查情况
安全措施	1．按规定得到设备运维单位的许可进场作业。	Ⅰ类严重违章（第5条）	
	2．停电作业时，作业点在接地保护范围内。	恶性违章（第4条）	
	3．电气设备、电源箱等用电设备外壳接地牢固可靠。	一般违章（第22条）	
关键事项	1．关键事项、关键环节作业按施工方案或规定程序开展作业。	Ⅱ类严重违章（第36条）	
	2．坠落高度超过1.5m时，已采取可靠的防高坠措施。	恶性违章（第5条	
	3．作业人员、工具、材料与带电设备、引线安全距离不小于《安规（建设第一部分）》表17。	恶性违章（第8条）	
	4．旋挖机、挖机等大型机械设备与带电设备、引线安全距离不小于《安规（建设第一部分）》表17。	恶性违章（第8条）	
	5．旋挖机、挖机等大型机械设备与带电设备最小安全距离大于《安规（建设第一部分）》表17、小于表19要求时，制定并落实防止误碰带电设备的安全措施。	Ⅱ类严重违章（第36条）	
	6．作业人员不得擅自穿、跨越安全围栏、安全警戒线。	Ⅱ类严重违章（第37条）	
	7．施工用大型机械设备依法取得使用登记证书、定期检验或检验合格。	Ⅲ类严重违章（第52条）	
	8．生产和作业场所按规定配备合格的消防器材。	Ⅲ类严重违章（第65条）	
	9．电动设备按照“一机、一闸、一保护”规定使用。	一般违章（第20条）	
	10．按规定使用安全绝缘工具和安全防护用具。	一般违章（第12条）	
督查人员：		离开现场时间：	

编号：DC-BDSG-05

桩基（人工）施工标准督查卡

工作任务：		督查时间：	
督查项目	督查标准	违章性质	督查情况
安全措施	1．按规定得到设备运维单位的许可进场作业。	Ⅰ类严重违章（第5条）	
	2．电气设备、电源箱等用电设备外壳接地牢固可靠。	一般违章（第22条）	
关键事项	1．桩基作业的关键事项、关键环节作业按施工方案或规定程序开展作业。	Ⅱ类严重违章（第36条）	
	2．作业人员、工具、材料与带电设备、引线安全距离不小于《安规（建设第一部分）》表17。	恶性违章（第8条）	
	3．作业人员不得擅自穿、跨越安全围栏、安全警戒线。	Ⅱ类严重违章（第37条）	
	4．有限空间作业执行“先通风、再检测、后作业”要求。	恶性违章（第6条）	
	5．有限空间作业现场配置并能正确使用安全防护装备、应急救援装备；正确设置监护人。	Ⅰ类严重违章（第8条）	
	6．根据土质情况和施工图纸采取护壁等防坍塌措施开展作业。	Ⅱ类严重违章（第36条）	
	7．坠落高度超过1.5m时，已采取可靠的防高坠措施。	恶性违章（第5条）	
	8．无作业人员利用吊钩上升或下降。	恶性违章（第10条）	
	9．提土装置吊钩防止脱钩保险装置完好。	Ⅲ类严重违章（第84条）	
	10．自制施工工器具经检测试验合格。	Ⅲ类严重违章（第53条）	
	11．生产和作业场所按规定配备合格的消防器材。	Ⅲ类严重违章（第65条）	
	12．电动设备按照“一机、一闸、一保护”规定使用。	一般违章（第20条）	
	13．按规定使用安全绝缘工具和安全防护用具。	一般违章（第12条）	
督查人员：		离开现场时间：	

编号：DC-BDSG-06

深基坑施工标准督查卡

工作任务：		督查时间：	
督查项目	督查标准	违章性质	督查情况
安全措施	1．按规定得到设备运维单位的许可进场作业。	I 类严重违章（第 5 条）	
	2．电气设备、电源箱等用电设备外壳接地牢固可靠。	一般违章（第 22 条）	
关键事项	1．深基坑作业的关键事项、关键环节作业按施工方案或规定程序开展作业。	II 类严重违章（第 36 条）	
	2．坠落高度超过 1.5m 时，已采取可靠的防高坠措施。	恶性违章（第 5 条	
	3．作业人员、工具、材料与带电设备、引线安全距离不小于《安规（建设第一部分）》表 17。	恶性违章（第 8 条）	
	4．挖机等大型机械设备与带电设备、引线安全距离不小于《安规（建设第一部分）》表 17。	恶性违章（第 8 条）	
	5．挖机等大型机械设备与带电设备最小安全距离大于《安规（建设第一部分）》表 17、小于表 19 要求时，制定并落实防止误碰带电设备的安全措施。	II 类严重违章（第 36 条）	
	6．作业人员不得擅自穿、跨越安全围栏、安全警戒线。	II 类严重违章（第 37 条）	
	7．有限空间作业执行“先通风、再检测、后作业”要求。	恶性违章（第 6 条）	
	8．有限空间作业现场配置并能正确使用安全防护装备、应急救援装备；正确设置监护人。	I 类严重违章（第 8 条）	
	9．不良地质构造的高边坡，按设计要求采取锚喷或加固等支护措施。	III类严重违章（第 58 条）	
	10．脚手架经验收合格，并悬挂验收牌后投入使用。	III类严重违章（第 72 条）	
	11．钢管式脚手架架体，按规定设置两点接地并牢固可靠。	一般违章（第 19 条）	
	12．坠落高度超过 1.5m 时，已采取可靠的防高坠措施。	恶性违章（第 5 条）	
	13．自制施工工器具经检测试验合格。	III类严重违章（第 53 条）	
	14．生产和作业场所按规定配备合格的消防器材。	III类严重违章（第 65 条）	

续表

督查项目	督查标准	违章性质	督查情况
关键事项	15．电动设备按照“一机、一闸、一保护”规定使用。	一般违章（第20条）	
	16．按规定使用安全绝缘工具和安全防护用具。	一般违章（第12条）	
督查人员：	离开现场时间：		

编号：DC-BDSG-07

变电站混凝土基础施工标准督查卡

工作任务：		督查时间：	
督查项目	督查标准	违章性质	督查情况
安全措施	1．按规定得到设备运维单位的许可进场作业。	Ⅰ类严重违章（第5条）	
	2．电气设备、电源箱等用电设备外壳接地牢固可靠。	一般违章（第22条）	
关键事项	1．混凝土基础施工的关键事项、关键环节作业按施工方案或规定程序开展作业。	Ⅱ类严重违章（第36条）	
	2．作业人员、工具、材料与带电设备、引线安全距离不小于《安规（建设第一部分）》表17。	恶性违章（第8条）	
	3．混凝土泵车与带电设备、引线安全距离不小于《安规（建设第一部分）》表17。	恶性违章（第8条）	
	4．混凝土泵车与带电设备最小安全距离大于《安规（建设第一部分）》表17、小于表19要求时，制定并落实防止误碰带电设备的安全措施。	Ⅱ类严重违章（第36条）	
	5．作业人员不得擅自穿、跨越安全围栏、安全警戒线。	Ⅱ类严重违章（第37条）	
	6．坠落高度超过1.5m时，已采取可靠的防高坠措施。	恶性违章（第5条）	
	7．自制施工工器具经检测试验合格。	Ⅲ类严重违章（第53条）	
	8．生产和作业场所按规定配备合格的消防器材。	Ⅲ类严重违章（第65条）	
	9．电动设备按照“一机、一闸、一保护”规定使用。	一般违章（第20条）	
	10．按规定使用安全绝缘工具和安全防护用具。	一般违章（第12条）	
督查人员：		离开现场时间：	

编号：DC-BDSG-08

满堂支撑钢管脚手架系统模板安装与拆除施工标准督查卡

工作任务：		督查时间：	
督查项目	督查标准	违章性质	督查情况
安全措施	1．按规定得到设备运维单位的许可进场作业。	Ⅰ类严重违章（第5条）	
	2．电气设备、电源箱等用电设备外壳接地牢固可靠。	一般违章（第22条）	
关键事项	1．关键事项、关键环节作业按施工方案或规定程序开展作业。	Ⅱ类严重违章（第36条）	
	2．作业人员、工具、材料与带电设备、引线安全距离不小于《安规（建设第一部分）》表17。	恶性违章（第8条）	
	3．作业人员不得擅自穿、跨越安全围栏、安全警戒线。	Ⅱ类严重违章（第37条）	
	4．坠落高度超过1.5m时，已采取可靠的防高坠措施。	恶性违章（第5条）	
	5．高处作业人员不随手上下抛掷工具、材料等物件。	一般违章（第16条）	
	6．当脚手架底部为非永久硬化地面时，固定底座材质应为木质或槽钢且应中心承载，长度不少于两跨；木质垫板厚度不小于50mm，宽度不小于200mm。	Ⅲ类严重违章（第85条）	
	7．脚手架模板支撑系统经验收合格并挂验收牌后投入使用。	Ⅲ类严重违章（第72条）	
	8．钢管式脚手架架体，按规定设置两点接地并牢固可靠。	一般违章（第19条）	
	9．脚手架搭设和拆除作业现场进行旁站监理。	Ⅲ类严重违章（第78条）	
	10．自制施工工器具经检测试验合格。	Ⅲ类严重违章（第53条）	
	11．生产和作业场所按规定配备合格的消防器材。	Ⅲ类严重违章（第65条）	
	12．电动设备按照“一机、一闸、一保护”规定使用。	一般违章（第20条）	
	13．按规定使用安全绝缘工具和安全防护用具。	一般违章（第12条）	
督查人员：		离开现场时间：	

编号：DC-BDSG-09

变电站建筑工程施工标准督查卡

工作任务：	督查时间：		
督查项目	督查标准	违章性质	督查情况
安全措施	1．按规定得到设备运维单位的许可进场作业。	Ⅰ类严重违章（第 5 条）	
	2．电气设备、电源箱等用电设备外壳接地牢固可靠。	一般违章（第 22 条）	
关键事项	1．建筑工程施工作业的关键事项、关键环节作业按施工方案或规定程序开展作业。	Ⅱ类严重违章（第 36 条）	
	2．作业人员、工具、材料与带电设备、引线安全距离不小于《安规（建设第一部分）》表 17。	恶性违章（第 8 条）	
	3．挖机等大型机械设备与带电设备、引线安全距离不小于《安规（建设第一部分）》表 17。	恶性违章（第 8 条）	
	4．挖机等大型机械设备与带电设备最小安全距离大于《安规（建设第一部分）》表 17、小于表 19 要求时，制定并落实防止误碰带电设备的安全措施。	Ⅱ类严重违章（第 36 条）	
	5．作业人员不得擅自穿、跨越安全围栏、安全警戒线。	Ⅱ类严重违章（第 37 条）	
	6．脚手架经验收合格，并悬挂验收牌后投入使用。	Ⅲ类严重违章（第 72 条）	
	7．钢管式脚手架架体，按规定设置两点接地并牢固可靠。	一般违章（第 19 条）	
	8．高处作业人员不随手上下抛掷工具、材料等物件。	一般违章（第 16 条）	
	9．坠落高度超过 1.5m 时，已采取可靠的防高坠措施。	恶性违章（第 5 条）	
	10．自制施工工器具经检测试验合格。	Ⅲ类严重违章（第 53 条）	
	11．生产和作业场所按规定配备合格的消防器材。	Ⅲ类严重违章（第 65 条）	
	12．电动设备按照“一机、一闸、一保护”规定使用。	一般违章（第 20 条）	
	13．按规定使用安全绝缘工具和安全防护用具。	一般违章（第 12 条）	
督查人员：	离开现场时间：		

编号：DC-BDSG-10

落地式钢管脚手架搭拆标准督查卡

工作任务：		督查时间：	
督查项目	督查标准	违章性质	督查情况
安全措施	1．按规定得到设备运维单位的许可进场作业。	Ⅰ类严重违章（第5条）	
	2．电气设备、电源箱等用电设备外壳接地牢固可靠。	一般违章（第22条）	
关键事项	1．关键事项、关键环节作业按施工方案或规定程序开展作业。	Ⅱ类严重违章（第36条）	
	2．作业人员、工具、材料与带电设备、引线安全距离不小于《安规（建设第一部分）》表17。	恶性违章（第8条）	
	3．作业人员不得擅自穿、跨越安全围栏、安全警戒线。	Ⅱ类严重违章（第37条）	
	4．坠落高度超过1.5m时，已采取可靠的防高坠措施。	恶性违章（第5条）	
	5．高处作业人员不随手上下抛掷工具、材料等物件。	一般违章（第16条）	
	6．当脚手架底部为非永久硬化地面时，固定底座材质应为木质或槽钢且应中心承载，长度不少于两跨；木质垫板厚度不小于50mm，宽度不小于200mm。	Ⅲ类严重违章（第85条）	
	7．脚手架经验收合格，并悬挂验收牌后投入使用。	Ⅲ类严重违章（第72条）	
	8．钢管式脚手架架体，按规定设置两点接地并牢固可靠。	一般违章（第19条）	
	9．脚手架搭设和拆除作业现场进行旁站监理。	Ⅲ类严重违章（第78条）	
	10．在变电站（开关站）的带电区域内或邻近带电线路处禁止使用钢卷尺、金属梯、带金属丝的测绳等工器具。	恶性违章（第9条）	
	11．生产和作业场所按规定配备合格的消防器材。	Ⅲ类严重违章（第65条）	
	12．电动设备按照“一机、一闸、一保护”规定使用。	一般违章（第20条）	
	13．按规定使用安全绝缘工具和安全防护用具。	一般违章（第12条）	
督查人员：		离开现场时间：	

编号：DC-BDSG-11

构支架（钢结构）安装、拆除施工标准督查卡

工作任务：	督查时间：		
督查项目	督查标准	违章性质	督查情况
安全措施	1．按规定得到设备运维单位的许可进场作业。	Ⅰ类严重违章（第5条）	
	2．电气设备、电源箱等用电设备外壳接地牢固可靠。	一般违章（第22条）	
	3．变电站内吊车、高空作业车应接地牢固可靠。	一般违章（第23条）	
	4．吊车作业时按规定设置警示围栏。	Ⅱ类严重违章（第36条）	
关键事项	1．构支架（钢结构）安装、拆除作业的关键事项、关键环节作业按施工方案或规定程序开展作业。	Ⅱ类严重违章（第36条）	
	2．作业人员、工具、材料与带电设备、引线安全距离不小于《安规（建设第一部分）》表17。	恶性违章（第8条）	
	3．吊车、高空作业车等大型机械设备与带电设备、引线安全距离不小于《安规（建设第一部分）》表17。	恶性违章（第8条）	
	4．吊车、高空作业车等大型机械设备与带电设备最小安全距离大于《安规（建设第一部分）》表17、小于表19要求时，制定并落实防止误碰带电设备的安全措施。	Ⅱ类严重违章（第36条）	
	5．作业人员不得擅自穿、跨越安全围栏、安全警戒线。	Ⅱ类严重违章（第37条）	
	6．高处作业人员在上下构架过程中使用双钩或攀登自锁器；在移位时使用水平绳、双钩或速差自控器；作业时，使用全方位安全带，并固定在牢固的构件上。	恶性违章（第5条）	
	7．无作业人员利用吊钩上升或下降。	恶性违章（第10条）	
	8．高处作业人员不随手上下抛掷工具、材料等物件。	一般违章（第16条）	
	9．吊车、高空作业车依法取得使用登记证书、定期检验或检验合格。	Ⅲ类严重违章（第52条）	
	10．吊车、高空作业车作业按规定设有专人指挥。	Ⅲ类严重违章（第69条）	
	11．吊车、高空作业车作业前，支腿全部支好；支腿按规程要求加垫木。	Ⅲ类严重违章（第83条）	

续表

督查项目	督查标准	违章性质	督查情况
关键事项	12．起吊装置工作负荷不得超铭牌规定使用。	Ⅰ类严重违章（第 9 条）	
	13．吊臂、起吊物下面，无人员逗留或通过。	Ⅱ类严重违章（第 38 条）	
	14．吊车吊钩有完好的防止脱钩的保险装置。	Ⅲ类严重违章（第 84 条）	
	15．吊车制动和逆止装置完好齐全。	一般违章（第 15 条）	
	16．构架（钢结构）组立完成后，应及时将构架接地牢固可靠。	一般违章（第 19 条）	
	17．在变电站（开关站）的带电区域内或邻近带电线路处禁止使用钢卷尺、金属梯、带金属丝的测绳等工器具。	恶性违章（第 9 条）	
	18．生产和作业场所按规定配备合格的消防器材。	Ⅲ类严重违章（第 65 条）	
	19．电动设备按照“一机、一闸、一保护”规定使用。	一般违章（第 20 条）	
	20．按规定使用安全绝缘工具和安全防护用具。	一般违章（第 12 条）	
督查人员：		离开现场时间：	

编号：DC-BDSG-12

塔式起重机安装、拆除作业标准督查卡

工作任务：	督查时间：		
督查项目	督查标准	违章性质	督查情况
安全措施	1．按规定得到设备运维单位的许可进场作业。	Ⅰ类严重违章（第5条）	
	2．电气设备、电源箱等用电设备外壳接地牢固可靠。	一般违章（第22条）	
	3．起吊作业时，作业区域设置警示围栏。	Ⅱ类严重违章（第36条）	
关键事项	1．塔吊安装、拆除作业的关键事项、关键环节作业按施工方案或规定程序开展作业。	Ⅱ类严重违章（第36条）	
	2．作业人员、工具、材料与带电设备、引线安全距离不小于《安规（建设第一部分）》表17。	恶性违章（第8条）	
	3．吊车等大型机械设备与带电设备、引线安全距离不小于《安规（建设第一部分）》表17。	恶性违章（第8条）	
	4．吊车等大型机械设备与带电设备最小安全距离大于《安规（建设第一部分）》表17、小于表19要求时，制定并落实防止误碰带电设备的安全措施。	Ⅱ类严重违章（第36条）	
	5．作业人员不得擅自穿、跨越安全围栏、安全警戒线。	Ⅱ类严重违章（第37条）	
	6．吊车依法取得使用登记证书、定期检验或检验合格。	Ⅲ类严重违章（第52条）	
	7．起吊装置工作负荷不得超铭牌规定使用。	Ⅰ类严重违章（第9条）	
	8．锦纶绳、吊装带完好无破损；钢丝绳套插接长度满足规范要求。	一般违章（第14条）	
	9．起吊过程中，受力钢丝绳周围、上下方、内角侧和起吊物下面，无人员逗留或通过。	Ⅱ类严重违章（第38条）	
	10．起重作业按规定设有专人指挥。	Ⅲ类严重违章（第69条）	
	11．高处作业人员不随手上下抛掷工具、材料等物件。	一般违章（第16条）	
	12．链条葫芦、手扳葫芦、吊钩式滑车等装置的吊钩和起重作业使用的吊钩有完好的防止脱钩的保险装置。	Ⅲ类严重违章（第84条）	
	13．安、拆过程中不能使用金具U型环代替卸扣；未使用普通材料的螺栓取代卸扣销轴。	Ⅲ类严重违章（第63条）	

续表

督查项目	督查标准	违章性质	督查情况
关键事项	14．无作业人员利用吊钩上升或下降。	恶性违章（第10条）	
	15．在变电站内安装塔式起重机时，及时对塔身接地。	一般违章（第19条）	
	16．生产和作业场所按规定配备合格的消防器材。	III类严重违章（第65条）	
	17．电动设备按照“一机、一闸、一保护”规定使用。	一般违章（第20条）	
	18．按规定使用安全绝缘工具和安全防护用具。	一般违章（第12条）	
督查人员：	离开现场时间：		

编号：DC-BDSG-13

装配式防火墙、围墙施工标准督查卡

工作任务：		督查时间：	
督查项目	督查标准	违章性质	督查情况
安全措施	1．按规定得到设备运维单位的许可进场作业。	Ⅰ类严重违章（第 5 条）	
	2．电气设备、电源箱等用电设备外壳接地牢固可靠。	一般违章（第 22 条）	
	3．变电站内吊车、高空作业车应接地牢固可靠。	一般违章（第 23 条）	
	4．起吊作业时，作业区域设置警示围栏。	Ⅱ类严重违章（第 36 条）	
关键事项	1．关键事项、关键环节作业按施工方案或规定程序开展作业。	Ⅱ类严重违章（第 36 条）	
	2．作业人员、工具、材料与带电设备、引线安全距离不小于《安规（建设第一部分）》表 17。	恶性违章（第 8 条）	
	3．吊车、高空作业车等大型机械设备与带电设备、引线安全距离不小于《安规（建设第一部分）》表 17。	恶性违章（第 8 条）	
	4．吊车、高空作业车等大型机械设备与带电设备最小安全距离大于《安规（建设第一部分）》表 17、小于表 19 要求时，制定并落实防止误碰带电设备的安全措施。	Ⅱ类严重违章（第 36 条）	
	5．作业人员不得擅自穿、跨越安全围栏、安全警戒线。	Ⅱ类严重违章（第 37 条）	
	6．吊车、高空作业依法取得使用登记证书、定期检验或检验合格。	Ⅲ类严重违章（第 52 条）	
	7．吊车、高空作业按规定设有专人指挥。	Ⅲ类严重违章（第 69 条）	
	8．吊车、高空作业前，支腿全部支好；支腿按规程要求加垫木。	Ⅲ类严重违章（第 83 条）	
	9．起吊装置工作负荷不得超铭牌规定使用。	Ⅰ类严重违章（第 9 条）	
	10．吊臂、起吊物下面，无人员逗留或通过。	Ⅱ类严重违章（第 38 条）	
	11．吊车吊钩有完好的防止脱钩的保险装置。	Ⅲ类严重违章（第 84 条）	

续表

督查项目	督查标准	违章性质	督查情况
关键事项	12．吊车制动和逆止装置完好齐全。	一般违章（第15条）	
	13．在变电站（开关站）的带电区域内或邻近带电线路处禁止使用钢卷尺、金属梯、带金属丝的测绳等工器具。	恶性违章（第9条）	
	14．生产和作业场所按规定配备合格的消防器材。	Ⅲ类严重违章（第65条）	
	15．电动设备按照“一机、一闸、一保护”规定使用。	一般违章（第20条）	
	16．按规定使用安全绝缘工具和安全防护用具。	一般违章（第12条）	
督查人员：	离开现场时间：		

编号：DC-BDSG-14

变电站接地工程施工标准督查卡

工作任务：		督查时间：	
督查项目	督查标准	违章性质	督查情况
安全措施	1．按规定得到设备运维单位的许可进场作业。	I类严重违章（第5条）	
	2．电气设备、电源箱等用电设备外壳接地牢固可靠。	一般违章（第22条）	
关键事项	1．关键事项、关键环节作业按施工方案或规定程序开展作业。	II类严重违章（第36条）	
	2．作业人员、工具、材料与带电设备、引线安全距离不小于《安规（建设第一部分）》表17。	恶性违章（第8条）	
	3．挖机等大型机械设备与带电设备、引线安全距离不小于《安规（建设第一部分）》表17。	恶性违章（第8条）	
	4．挖机等大型机械设备与带电设备最小安全距离大于《安规（建设第一部分）》表17、小于表19要求时，制定并落实防止误碰带电设备的安全措施。	II类严重违章（第36条）	
	5．作业人员不得擅自穿、跨越安全围栏、安全警戒线。	II类严重违章（第37条）	
	6．挖机等大型机械设备作业按规定设有专人指挥。	III类严重违章（第69条）	
	7．坠落高度超过1.5m时，已采取可靠的防高坠措施。	恶性违章（第5条）	
	8．在变电站（开关站）的带电区域内或邻近带电线路处禁止使用钢卷尺、金属梯、带金属丝的测绳等工器具。	恶性违章（第9条）	
	9．生产和作业场所按规定配备合格的消防器材。	III类严重违章（第65条）	
	10．电动设备按照“一机、一闸、一保护”规定使用。	一般违章（第20条）	
	11．按规定使用安全绝缘工具和安全防护用具。	一般违章（第12条）	
督查人员：		离开现场时间：	

编号：DC-BDSG-15

变电站消防工程施工标准督查卡

工作任务：		督查时间：	
督查项目	督查标准	违章性质	督查情况
安全措施	1．按规定得到设备运维单位的许可进场作业。	Ⅰ类严重违章（第 5 条）	
	2．电气设备、电源箱外壳接地牢固可靠。	一般违章（第 22 条）	
关键事项	1．关键事项、关键环节作业按施工方案或规定程序开展作业。	Ⅱ类严重违章（第 36 条）	
	2．作业人员、工具、材料与带电设备、引线安全距离不小于《安规（建设第一部分）》表 17。	恶性违章（第 8 条）	
	3．作业人员不得擅自穿、跨越安全围栏、安全警戒线。	Ⅱ类严重违章（第 37 条）	
	4．严禁擅自将自动灭火装置、火灾自动报警装置退出运行。	Ⅲ类严重违章（第 60 条）	
	5．有限空间作业现场配置并能正确使用安全防护装备、应急救援装备；正确设置监护人。	Ⅰ类严重违章（第 8 条）	
	6．有限空间作业，执行“先通风、再检测、后作业”要求。	恶性违章（第 6 条）	
	7．在变电站（开关站）的带电区域内或邻近带电线路处禁止使用钢卷尺、金属梯、带金属丝的测绳等工器具。	恶性违章（第 9 条）	
	8．生产和作业场所按规定配备合格的消防器材。	Ⅲ类严重违章（第 65 条）	
	9．电动设备按照“一机、一闸、一保护”规定使用。	一般违章（第 20 条）	
	10．按规定使用安全绝缘工具和安全防护用具。	一般违章（第 12 条）	
督查人员：		离开现场时间：	

编号：DC-BDSG-16

变电站绿化工程施工标准督查卡

工作任务：		督查时间：	
督查项目	督查标准	违章性质	督查情况
安全措施	1．规定得到设备运维单位的许可进场作业。	I 类严重违章（第 5 条）	
	2．电气设备、电源箱等用电设备外壳接地牢固可靠。	一般违章（第 22 条）	
关键事项	1．关键事项、关键环节作业按施工方案或规定程序开展作业。	II 类严重违章（第 36 条）	
	2．作业人员、工具、材料与带电设备、引线安全距离不小于《安规（建设第一部分）》表 17。	II 类严重违章（第 36 条）	
	3．作业人员不得擅自穿、跨越安全围栏、安全警戒线。	II 类严重违章（第 37 条）	
	4．在变电站（开关站）的带电区域内或邻近带电线路处禁止使用钢卷尺、金属梯、带金属丝的测绳等工器具。	恶性违章（第 9 条）	
	5．生产和作业场所按规定配备合格的消防器材。	III类严重违章（第 65 条）	
	6．电动设备按照“一机、一闸、一保护”规定使用。	一般违章（第 20 条）	
督查人员：		离开现场时间：	

编号：DC-BDSG-17

变电站装饰装修施工标准督查卡

工作任务：	督查时间：		
督查项目	督查标准	违章性质	督查情况
安全措施	1．按规定得到设备运维单位的许可进场作业。	Ⅰ类严重违章（第 5 条）	
	2．电气设备、电源箱等用电设备外壳接地牢固可靠。	一般违章（第 22 条）	
关键事项	1．关键事项、关键环节作业按施工方案或规定程序开展作业。	Ⅱ类严重违章（第 36 条）	
	2．作业人员、工具、材料与带电设备、引线安全距离不小于《安规（建设第一部分）》表 17。	Ⅱ类严重违章（第 36 条）	
	3．作业人员不得擅自穿、跨越安全围栏、安全警戒线。	Ⅱ类严重违章（第 37 条）	
	4．高处作业人员不随手上下抛掷工具、材料等物件。	一般违章（第 16 条）	
	5．高处作业、攀登或转移作业位置时正确使用安全带、后备保护绳、速差器等防高坠用品，全程不失去保护。	恶性违章（第 5 条）	
	6．脚手架要经使用单位和监理单位验收合格即投入使用。	Ⅲ类严重违章（第 72 条）	
	7．钢管式脚手架架体，按规定设置两点接地并牢固可靠。	一般违章（第 19 条）	
	8．在变电站（开关站）的带电区域内或邻近带电线路处禁止使用钢卷尺、金属梯、带金属丝的测绳等工器具。	恶性违章（第 9 条）	
	9．生产和作业场所按规定配备合格的消防器材。	Ⅲ类严重违章（第 65 条）	
	10．电动设备按照“一机、一闸、一保护”规定使用。	一般违章（第 20 条）	
	11．按规定使用安全绝缘工具和安全防护用具。	一般违章（第 12 条）	
督查人员：	离开现场时间：		

2. 电气施工

2.1 一次施工作业

编号：DC-BDSG-18

变电站变压器（电抗器）安装标准督查卡

工作任务：	督查时间：		
督查项目	督查标准	违章性质	督查情况
安全措施	1．按规定得到设备运维单位的许可进场作业。	Ⅰ类严重违章（第5条）	
	2．停电作业时，作业点在接地保护范围内。	恶性违章（第4条）	
	3．在变电站内使用吊车、作业平台、高空作业车时，接地牢固可靠。	一般违章（第23条）	
	4．电气设备、电源箱外壳接地牢固可靠。	一般违章（第22条）	
	5．高空作业使用吊车、作业平台、高空作业车时，按规定设置警示围栏。	Ⅱ类严重违章（第36条）	
关键事项	1．变压器（电抗器）安装的关键事项、关键环节作业按施工方案或规定程序开展作业。	Ⅱ类严重违章（第36条）	
	2．作业人员、工具、材料与带电设备、引线安全距离不小于《安规（建设第一部分）》表17。	恶性违章（第8条）	
	3．吊车、作业平台、高空作业车等大型机械设备与带电设备、引线安全距离不小于《安规（建设第一部分）》表17。	恶性违章（第8条）	
	4．吊车、作业平台、高空作业车等大型机械设备与带电设备最小安全距离大于《安规（建设第一部分）》表17、小于表19要求时，制定并落实防止误碰带电设备的安全措施。	Ⅱ类严重违章（第36条）	
	5．作业人员不得擅自穿、跨越安全围栏、安全警戒线。	Ⅱ类严重违章（第37条）	
	6．起重、起吊作业按规定设有专人指挥。	Ⅲ类严重违章（第69条）	
	7．起吊装置工作负荷不得超铭牌规定使用。	Ⅰ类严重违章（第9条）	
	8．吊车、高空作业车作业前，支腿全部支好；支腿按规程要求加垫木。	Ⅲ类严重违章（第83条）	

续表

督查项目	督查标准	违章性质	督查情况
关键事项	9．起吊过程中吊臂和起吊物下方，无人逗留和通过。	Ⅱ类严重违章（第38条）	
	10．吊车吊钩有防止脱钩的保险装置。	Ⅲ类严重违章（第84条）	
	11．无作业人员利用吊钩上升或下降。	恶性违章（第10条）	
	12．未使用金具U型环代替卸扣；未使用普通材料的螺栓取代卸扣销轴。	Ⅲ类严重违章（第63条）	
	13．高处作业、攀登或转移作业位置时正确使用安全带等防高坠用品，全程不失去保护。	恶性违章（第5条）	
	14．高处作业人员不随手上下抛掷工具、材料等物件。	一般违章（第16条）	
	15．有限空间作业现场配置并能正确使用安全防护装备、应急救援装备；正确设置监护人。	Ⅰ类严重违章（第8条）	
	16．有限空间作业，执行“先通风、再检测、后作业”要求。	恶性违章（第6条）	
	17．易燃易爆物品或各种气瓶按规定储运、存放、使用。	一般违章（第24条）	
	18．油务工作、动火作业现场应按规定配备合格的消防器材。	Ⅲ类严重违章（第65条）	
	19．变压器、电抗器在放油及滤油过程中，外壳、铁芯、夹件及各侧绕组可靠接地，储油罐和油处理设备接地牢固可靠。	一般违章（第22条）	
	20．施工用电线路、电动机械及照明设备拆除后，带电部分按规定处理。	Ⅲ类严重违章（第87条）	
	21．在变电站（开关站）的带电区域内或邻近带电线路处禁止使用钢卷尺、金属梯、带金属丝的测绳等工器具。	恶性违章（第9条）	
	22．电动设备按照“一机、一闸、一保护”规定使用。	一般违章（第20条）	
	23．按规定使用安全绝缘工具和安全防护用具。	一般违章（第12条）	
督查人员：		离开现场时间：	

编号：DC-BDSG-19

管型母线安装标准督查卡

工作任务：	督查时间：		
督查项目	督查标准	违章性质	督查情况
安全措施	1．按规定得到设备运维单位的许可进场作业。	Ⅰ类严重违章（第 5 条）	
	2．停电作业时，作业点在接地保护范围内。	恶性违章（第 4 条）	
	3．在变电站内使用吊车作业时，接地牢固可靠。	一般违章（第 23 条）	
	4．电气设备、电源箱外壳接地牢固可靠。	一般违章（第 22 条）	
	5．高空作业车、吊车作业时，按规定设置警示围栏。	Ⅱ类严重违章（第 36 条）	
关键事项	1．管型母线安装作业的关键事项、关键环节作业按施工方案或规定程序开展作业。	Ⅱ类严重违章（第 36 条）	
	2．作业人员、工具、材料与带电设备、引线安全距离不小于《安规（建设第一部分）》表 17。	恶性违章（第 8 条）	
	3．吊车、高空作业车等大型机械设备与带电设备、引线安全距离不小于《安规（建设第一部分）》表 17。	恶性违章（第 8 条）	
	4．吊车、高空作业车等大型机械设备与带电设备最小安全距离大于《安规（建设第一部分）》表 17、小于表 19 要求时，制定并落实防止误碰带电设备的安全措施。	Ⅱ类严重违章（第 36 条）	
	5．作业人员不得擅自穿、跨越安全围栏、安全警戒线。	Ⅱ类严重违章（第 37 条）	
	6．起重作业按规定设有专人指挥。	Ⅲ类严重违章（第 69 条）	
	7．起吊装置工作负荷不得超铭牌规定使用。	Ⅰ类严重违章（第 9 条）	
	8．吊车、高空作业车作业前，支腿全部支好；支腿按规程要求加垫木。	Ⅲ类严重违章（第 83 条）	
	9．起吊过程中，受力钢丝绳的周围、上下方、转向滑车内角侧、吊臂和起吊物下方，无人逗留和通过。	Ⅱ类严重违章（第 38 条）	
	10．吊车吊钩有防止脱钩的保险装置。	Ⅲ类严重违章（第 84 条）	

续表

督查项目	督查标准	违章性质	督查情况
关键事项	11．未使用金具 U 型环代替卸扣；未使用普通材料的螺栓取代卸扣销轴。	Ⅲ类严重违章（第 63 条）	
	12．禁止将安全带系在移动或不牢固的物件上［如隔离开关（刀闸）支持绝缘子、瓷横担、未经固定的转动横担、避雷器支柱绝缘子等］。	恶性违章（第 5 条）	
	13．高处作业、攀登或转移作业位置时正确使用安全带等防高坠用品，全程不失去保护。	恶性违章（第 5 条）	
	14．无作业人员利用吊钩上升或下降。	恶性违章（第 10 条）	
	15．高处作业人员不随手上下抛掷工具、材料等物件。	一般违章（第 16 条）	
	16．动火作业现场应按规定配备合格的消防器材。	Ⅲ类严重违章（第 65 条）	
	17．在变电站（开关站）的带电区域内或邻近带电线路处禁止使用钢卷尺、金属梯、带金属丝的测绳等工器具。	恶性违章（第 9 条）	
	18．电动设备按照“一机、一闸、一保护”规定使用。	一般违章（第 20 条）	
	19．按规定使用安全绝缘工具和安全防护用具。	一般违章（第 12 条）	
督查人员：	离开现场时间：		

编号：DC-BDSG-20

软母线安装标准督查卡

工作任务：	督查时间：		
督查项目	督查标准	违章性质	督查情况
安全措施	1．按规定得到设备运维单位的许可进场作业。	Ⅰ类严重违章（第 5 条）	
	2．停电作业时，作业点在接地保护范围内。	恶性违章（第 4 条）	
	3．在变电站内使用吊车作业时，接地牢固可靠。	一般违章（第 23 条）	
	4．电气设备、电源箱外壳接地牢固可靠。	一般违章（第 22 条）	
	5．高空作业车、吊车作业时，按规定设置警示围栏。	Ⅱ类严重违章（第 36 条）	
关键事项	1．关键事项、关键环节作业按施工方案或规定程序开展作业。	Ⅱ类严重违章（第 36 条）	
	2．作业人员、工具、材料与带电设备、引线安全距离不小于《安规（建设第一部分）》表 17。	恶性违章（第 8 条）	
	3．吊车、高空作业车等大型机械设备与带电设备、引线安全距离不小于《安规（建设第一部分）》表 17。	恶性违章（第 8 条）	
	4．吊车、高空作业车等大型机械设备与带电设备最小安全距离大于《安规（建设第一部分）》表 17、小于表 19 要求时，制定并落实防止误碰带电设备的安全措施。	Ⅱ类严重违章（第 36 条）	
	5．作业人员不得擅自穿、跨越安全围栏、安全警戒线。	Ⅱ类严重违章（第 37 条）	
	6．起重作业按规定设有专人指挥。	Ⅲ类严重违章（第 69 条）	
	7．起吊装置工作负荷不得超铭牌规定使用。	Ⅰ类严重违章（第 9 条）	
	8．吊车、高空作业车作业前，支腿全部支好；支腿按规程要求加垫木。	Ⅲ类严重违章（第 83 条）	
	9．起吊过程中，受力钢丝绳的周围、上下方、转向滑车内角侧、吊臂和起吊物下方，无人逗留和通过。	Ⅱ类严重违章（第 38 条）	
	10．吊车吊钩有防止脱钩的保险装置。	Ⅲ类严重违章（第 84 条）	

续表

督查项目	督查标准	违章性质	督查情况
关键事项	11．禁止将安全带系在移动或不牢固的物件上［如隔离开关（刀闸）支持绝缘子、瓷横担、未经固定的转动横担、避雷器支柱绝缘子等］。	恶性违章（第5条）	
	12．高处作业、攀登或转移作业位置时正确使用安全带、后备保护绳、速差器等防高坠用品，全程不失去保护。	恶性违章（第5条）	
	13．高处作业人员不随手上下抛掷工具、材料等物件。	一般违章（第16条）	
	14．母线架设应统一指挥，软母线展放区域应设置警示标识。	Ⅲ类严重违章（第69条）	
	15．软母线引下线与设备连接前应进行临时固定，不得任意悬空摆动。	Ⅲ类严重违章（第68条）	
	16．施工现场使用的电动机械及照明设备拆除后，留有可能带电的部分要进行处理。	Ⅲ类严重违章（第87条）	
	17．在变电站（开关站）的带电区域内或邻近带电线路处禁止使用钢卷尺、金属梯、带金属丝的测绳等工器具。	恶性违章（第9条）	
	18．动火作业现场应按规定配备合格的消防器材。	Ⅲ类严重违章（第65条）	
	19．电动设备按照“一机、一闸、一保护”规定使用。	一般违章（第20条）	
	20．按规定使用安全绝缘工具和安全防护用具。	一般违章（第12条）	
督查人员：		离开现场时间：	

编号：DC-BDSG-21

断路器安装标准督查卡

工作任务：		督查时间：	
督查项目	督查标准	违章性质	督查情况
安全措施	1．按规定得到设备运维单位的许可进场作业。	I 类严重违章（第 5 条）	
	2．停电作业时，作业点在接地保护范围内。	恶性违章（第 4 条）	
	3．在变电站内使用吊车、作业平台、高空作业车时，接地牢固可靠。	一般违章（第 23 条）	
	4．电气设备、电源箱外壳接地牢固可靠。	一般违章（第 22 条）	
	5．高空作业车、吊车作业时，按规定设置警示围栏。	II 类严重违章（第 36 条）	
关键事项	1．断路器安装的关键事项、关键环节作业按施工方案或规定程序开展作业。	II 类严重违章（第 36 条）	
	2．作业人员、工具、材料与带电设备、引线安全距离不小于《安规（建设第一部分）》表 17。	恶性违章（第 8 条）	
	3．吊车、高空作业车等大型机械设备与带电设备、引线安全距离不小于《安规（建设第一部分）》表 17。	恶性违章（第 8 条）	
	4．吊车、高空作业车等大型机械设备与带电设备最小安全距离大于《安规（建设第一部分）》表 17、小于表 19 要求时，制定并落实防止误碰带电设备的安全措施。	II 类严重违章（第 36 条）	
	5．作业人员不得擅自穿、跨越安全围栏、安全警戒线。	II 类严重违章（第 37 条）	
	6．起重、起吊作业按规定设有专人指挥。	III类严重违章（第 69 条）	
	7．起吊装置工作负荷不得超铭牌规定使用。	I 类严重违章（第 9 条）	
	8．吊车、高空作业车作业前，支腿全部支好；支腿按规程要求加垫木。	III类严重违章（第 83 条）	
	9．起吊过程中吊臂和起吊物下方，无人逗留和通过。	II 类严重违章（第 38 条）	
	10．吊车吊钩有防止脱钩的保险装置。	III类严重违章（第 84 条）	

续表

督查项目	督查标准	违章性质	督查情况
关键事项	11．未使用金具 U 型环代替卸扣；未使用普通材料的螺栓取代卸扣销轴。	Ⅲ类严重违章（第 63 条）	
	12．无作业人员利用吊钩上升或下降。	恶性违章（第 10 条）	
	13．高处作业、攀登或转移作业位置时正确使用安全带等防高坠用品，全程不失去保护。	恶性违章（第 5 条）	
	14．高处作业人员不随手上下抛掷工具、材料等物件。	一般违章（第 16 条）	
	15．易燃易爆物品或各种气瓶按规定储运、存放、使用。	一般违章（第 24 条）	
	16．现场 SF_6 气瓶立式存放在有防暴晒专用仓库，仓库保持通风良好。	一般违章（第 24 条）	
	17．动火作业现场应按规定配备合格的消防器材。	Ⅲ类严重违章（第 65 条）	
	18．施工现场使用的电动机械及照明设备拆除后，留有可能带电的部分要进行处理。	Ⅲ类严重违章（第 87 条）	
	19．在变电站（开关站）的带电区域内或邻近带电线路处禁止使用钢卷尺、金属梯、带金属丝的测绳等工器具。	恶性违章（第 9 条）	
	20．电动设备按照“一机、一闸、一保护”规定使用。	一般违章（第 20 条）	
	21．按规定使用安全绝缘工具和安全防护用具。	一般违章（第 12 条）	
督查人员：		离开现场时间：	

编号：DC-BDSG-22

隔离开关安装标准督查卡

工作任务：	督查时间：		
督查项目	督查标准	违章性质	督查情况
安全措施	1．按规定得到设备运维单位的许可进场作业。	Ⅰ类严重违章（第5条）	
	2．停电作业时，作业点在接地保护范围内。	恶性违章（第4条）	
	3．在变电站内使用吊车、作业平台、高空作业车时，接地牢固可靠。	一般违章（第23条）	
	4．电气设备、电源箱外壳接地牢固可靠。	一般违章（第22条）	
	5．高空作业车、吊车作业时，按规定设置警示围栏。	Ⅱ类严重违章（第36条）	
关键事项	1．隔离开关安装作业的关键事项、关键环节作业按施工方案或规定程序开展作业。	Ⅱ类严重违章（第36条）	
	2．作业人员、工具、材料与带电设备、引线安全距离不小于《安规（建设第一部分）》表17。	恶性违章（第8条）	
	3．吊车、高空作业车等大型机械设备与带电设备、引线安全距离不小于《安规（建设第一部分）》表17。	恶性违章（第8条）	
	4．吊车、高空作业车等大型机械设备与带电设备最小安全距离大于《安规（建设第一部分）》表17、小于表19要求时，制定并落实防止误碰带电设备的安全措施。	Ⅱ类严重违章（第36条）	
	5．作业人员不得擅自穿、跨越安全围栏、安全警戒线。	Ⅱ类严重违章（第37条）	
	6．起重、起吊作业按规定设有专人指挥。	Ⅲ类严重违章（第69条）	
	7．起吊装置工作负荷不得超铭牌规定使用。	Ⅰ类严重违章（第9条）	
	8．吊车、高空作业车作业前，支腿全部支好；支腿按规程要求加垫木。	Ⅲ类严重违章（第83条）	
	9．起吊过程中吊臂和起吊物下方，无人逗留和通过。	Ⅱ类严重违章（第38条）	
	10．吊车吊钩有防止脱钩的保险装置。	Ⅲ类严重违章（第84条）	

续表

督查项目	督查标准	违章性质	督查情况
关键事项	11．未使用金具U型环代替卸扣；未使用普通材料的螺栓取代卸扣销轴。	Ⅲ类严重违章（第63条）	
	12．无作业人员利用吊钩上升或下降。	恶性违章（第10条）	
	13．高处作业、攀登或转移作业位置时正确使用安全带等防高坠用品，全程不失去保护。	恶性违章（第5条）	
	14．高处作业人员不随手上下抛掷工具、材料等物件。	一般违章（第16条）	
	15．易燃易爆物品或各种气瓶按规定储运、存放、使用。	一般违章（第24条）	
	16．动火作业现场应按规定配备合格的消防器材。	Ⅲ类严重违章（第65条）	
	17．施工现场使用的电动机械及照明设备拆除后，留有可能带电的部分要进行处理。	Ⅲ类严重违章（第87条）	
	18．在变电站（开关站）的带电区域内或邻近带电线路处禁止使用钢卷尺、金属梯、带金属丝的测绳等工器具。	恶性违章（第9条）	
	19．电动设备按照“一机、一闸、一保护”规定使用。	一般违章（第20条）	
	20．按规定使用安全绝缘工具和安全防护用具。	一般违章（第12条）	
督查人员：		离开现场时间：	

编号：DC-BDSG-23

其他户外设备安装标准督查卡

工作任务：		督查时间：	
督查项目	督查标准	违章性质	督查情况
安全措施	1. 按规定得到设备运维单位的许可进场作业。	Ⅰ类严重违章（第 5 条）	
	2. 停电作业时，作业点在接地保护范围内。	恶性违章（第 4 条）	
	3. 在变电站内使用吊车、作业平台、高空作业车时，接地牢固可靠。	一般违章（第 23 条）	
	4. 电气设备、电源箱外壳接地牢固可靠。	一般违章（第 22 条）	
	5. 高空作业车、吊车作业时按规定设置警示围栏。	Ⅱ类严重违章（第 36 条）	
关键事项	1. 关键事项、关键环节作业按施工方案或规定程序开展作业。	Ⅱ类严重违章（第 36 条）	
	2. 作业人员、工具、材料与带电设备、引线安全距离不小于《安规（建设第一部分）》表 17。	恶性违章（第 8 条）	
	3. 吊车、高空作业车等大型机械设备与带电设备、引线安全距离不小于《安规（建设第一部分）》表 17。	恶性违章（第 8 条）	
	4. 吊车、高空作业车等大型机械设备与带电设备最小安全距离大于《安规（建设第一部分）》表 17、小于表 19 要求时，制定并落实防止误碰带电设备的安全措施。	Ⅱ类严重违章（第 36 条）	
	5. 作业人员不得擅自穿、跨越安全围栏、安全警戒线。	Ⅱ类严重违章（第 37 条）	
	6. 起重、起吊作业按规定设有专人指挥。	Ⅲ类严重违章（第 69 条）	
	7. 起吊装置工作负荷不得超铭牌规定使用。	Ⅰ类严重违章（第 9 条）	
	8. 吊车、高空作业车作业前，支腿全部支好；支腿按规程要求加垫木。	Ⅲ类严重违章（第 83 条）	
	9. 起吊过程中吊臂和起吊物下方，无人逗留和通过。	Ⅱ类严重违章（第 38 条）	
	10. 吊车吊钩有防止脱钩的保险装置。	Ⅲ类严重违章（第 84 条）	

续表

督查项目	督查标准	违章性质	督查情况
关键事项	11．未使用金具 U 型环代替卸扣；未使用普通材料的螺栓取代卸扣销轴。	III类严重违章（第 63 条）	
	12．无作业人员利用吊钩上升或下降。	恶性违章（第 10 条）	
	13．高处作业、攀登或转移作业位置时正确使用安全带等防高坠用品，全程不失去保护。	恶性违章（第 5 条）	
	14．高处作业人员不随手上下抛掷工具、材料等物件。	一般违章（第 16 条）	
	15．易燃易爆物品或各种气瓶按规定储运、存放、使用。	一般违章（第 24 条）	
	16．施工现场使用的电动机械及照明设备拆除后，留有可能带电的部分要进行处理。	III类严重违章（第 87 条）	
	17．在变电站（开关站）的带电区域内或邻近带电线路处禁止使用钢卷尺、金属梯、带金属丝的测绳等工器具。	恶性违章（第 9 条）	
	18．生产和作业场所按规定配备合格的消防器材。	III类严重违章（第 65 条）	
	19．电动设备按照“一机、一闸、一保护”规定使用。	一般违章（第 20 条）	
	20．按规定使用安全绝缘工具和安全防护用具。	一般违章（第 12 条）	
督查人员：		离开现场时间：	

编号：DC-BDSG-24

母线桥施工作业标准督查卡

工作任务：		督查时间：	
督查项目	督查标准	违章性质	督查情况
安全措施	1．按规定得到设备运维单位的许可进场作业。	Ⅰ类严重违章（第 5 条）	
	2．停电作业时，作业点在接地保护范围内。	恶性违章（第 4 条）	
	3．在变电站内使用吊车、作业平台、高空作业车时，接地牢固可靠。	一般违章（第 23 条）	
	4．电气设备、电源箱外壳接地牢固可靠。	一般违章（第 22 条）	
	5．高空作业车、吊车作业时按规定设置警示围栏。	Ⅱ类严重违章（第 36 条）	
关键事项	1．母线桥施工作业的关键事项、关键环节作业按施工方案或规定程序开展作业。	Ⅱ类严重违章（第 36 条）	
	2．作业人员、工具、材料与带电设备、引线安全距离不小于《安规（建设第一部分）》表 17。	恶性违章（第 8 条）	
	3．吊车、高空作业车等大型机械设备与带电设备、引线安全距离不小于《安规（建设第一部分）》表 17。	恶性违章（第 8 条）	
	4．吊车、高空作业车等大型机械设备与带电设备最小安全距离大于《安规（建设第一部分）》表 17、小于表 19 要求时，制定并落实防止误碰带电设备的安全措施。	Ⅱ类严重违章（第 36 条）	
	5．作业人员不得擅自穿、跨越安全围栏、安全警戒线。	Ⅱ类严重违章（第 37 条）	
	6．起重、起吊作业按规定设有专人指挥。	Ⅲ类严重违章（第 69 条）	
	7．起吊装置工作负荷不得超铭牌规定使用。	Ⅰ类严重违章（第 9 条）	
	8．吊车、高空作业车作业前，支腿全部支好；支腿按规程要求加垫木。	Ⅲ类严重违章（第 83 条）	
	9．起吊过程中吊臂和起吊物下方，无人逗留和通过。	Ⅱ类严重违章（第 38 条）	
	10．吊车吊钩有防止脱钩的保险装置。	Ⅲ类严重违章（第 84 条）	

续表

督查项目	督查标准	违章性质	督查情况
关键事项	11．未使用金具U型环代替卸扣；未使用普通材料的螺栓取代卸扣销轴。	Ⅲ类严重违章（第63条）	
	12．无作业人员利用吊钩上升或下降。	恶性违章（第10条）	
	13．高处作业、攀登或转移作业位置时正确使用安全带等防高坠用品，全程不失去保护。	恶性违章（第5条）	
	14．高处作业人员不随手上下抛掷工具、材料等物件。	一般违章（第16条）	
	15．易燃易爆物品或各种气瓶按规定储运、存放、使用。	一般违章（第24条）	
	16．施工现场使用的电动机械及照明设备拆除后，留有可能带电的部分要进行处理。	Ⅲ类严重违章（第87条）	
	17．在变电站（开关站）的带电区域内或邻近带电线路处禁止使用钢卷尺、金属梯、带金属丝的测绳等工器具。	恶性违章（第9条）	
	18．生产和作业场所按规定配备合格的消防器材。	Ⅲ类严重违章（第65条）	
	19．电动设备按照“一机、一闸、一保护”规定使用。	一般违章（第20条）	
	20．按规定使用安全绝缘工具和安全防护用具。	一般违章（第12条）	
督查人员：	离开现场时间：		

编号：DC-BDSG-25

变电站 GIS 组合电器安装标准督查卡

工作任务：	督查时间：		
督查项目	督查标准	违章性质	督查情况
安全措施	1．按规定得到设备运维单位的许可进场作业。	Ⅰ类严重违章（第 5 条）	
	2．停电作业时，作业点在接地保护范围内。	恶性违章（第 4 条）	
	3．在变电站内使用吊车、作业平台、高空作业车时，接地牢固可靠。	一般违章（第 23 条）	
	4．电气设备、电源箱外壳接地牢固可靠。	一般违章（第 22 条）	
	5．高空作业车、吊车作业时按规定设置警示围栏。	Ⅱ类严重违章（第 36 条）	
关键事项	1．GIS 组合电器安装的关键事项、关键环节作业按施工方案或规定程序开展作业。	Ⅱ类严重违章（第 36 条）	
	2．作业人员、工具、材料与带电设备、引线安全距离不小于《安规（建设第一部分）》表 17。	恶性违章（第 8 条）	
	3．吊车、高空作业车等大型机械设备与带电设备、引线安全距离不小于《安规（建设第一部分）》表 17。	恶性违章（第 8 条）	
	4．吊车、高空作业车等大型机械设备与带电设备最小安全距离大于《安规（建设第一部分）》表 17、小于表 19 要求时，制定并落实防止误碰带电设备的安全措施。	Ⅱ类严重违章（第 36 条）	
	5．作业人员不得擅自穿、跨越安全围栏、安全警戒线。	Ⅱ类严重违章（第 37 条）	
	6．起重作业按规定设有专人指挥。	Ⅲ类严重违章（第 69 条）	
	7．起吊装置工作负荷不得超铭牌规定使用。	Ⅰ类严重违章（第 9 条）	
	8．吊车、高空作业车作业前，支腿全部支好；支腿按规程要求加垫木。	Ⅲ类严重违章（第 83 条）	
	9．起吊过程中吊臂和起吊物下方，无人逗留和通过。	Ⅱ类严重违章（第 38 条）	
	10．吊车吊钩有防止脱钩的保险装置。	Ⅲ类严重违章（第 84 条）	

续表

督查项目	督查标准	违章性质	督查情况
关键事项	11．未使用金具 U 型环代替卸扣；未使用普通材料的螺栓取代卸扣销轴。	Ⅲ类严重违章（第 63 条）	
	12．无作业人员利用吊钩上升或下降。	恶性违章（第 10 条）	
	13．高处作业、攀登或转移作业位置时正确使用安全带等防高坠用品，全程不失去保护。	恶性违章（第 5 条）	
	14．高处作业人员不随手上下抛掷工具、材料等物件。	一般违章（第 16 条）	
	15．易燃易爆物品或各种气瓶按规定储运、存放、使用。	一般违章（第 24 条）	
	16．不得擅自倾倒、堆放、丢弃或遗撒危险化学品。	Ⅲ类严重违章（第 67 条）	
	17. 现场 SF_6 气瓶立式存放在有防暴晒专用仓库，仓库保持通风良好。	一般违章（第 24 条）	
	18．有限空间作业，执行“先通风、再检测、后作业”要求。	恶性违章（第 6 条）	
	19．施工现场使用的电动机械及照明设备拆除后，留有可能带电的部分要进行处理。	Ⅲ类严重违章（第 87 条）	
	20．在变电站（开关站）的带电区域内或邻近带电线路处禁止使用钢卷尺、金属梯、带金属丝的测绳等工器具。	恶性违章（第 9 条）	
	21．生产和作业场所按规定配备合格的消防器材。	Ⅲ类严重违章（第 65 条）	
	22．电动设备按照“一机、一闸、一保护”规定使用。	一般违章（第 20 条）	
	23．按规定使用安全绝缘工具和安全防护用具。	一般违章（第 12 条）	
督查人员：	离开现场时间：		

2.2 二次施工作业

编号：DC-BDSG-26

开关柜、屏、蓄电池安装标准督查卡

工作任务：		督查时间：	
督查项目	督查标准	违章性质	督查情况
安全措施	1. 按规定得到设备运维单位的许可进场作业。	Ⅰ类严重违章（第 5 条）	
	2. 停电作业时，作业点在接地保护范围内。	恶性违章（第 4 条）	
	3. 在变电站内使用吊车、作业平台时，接地牢固可靠。	一般违章（第 23 条）	
	4. 电气设备、电源箱外壳接地牢固可靠。	一般违章（第 22 条）	
	5. 高空作业车、吊车作业时按规定设置警示围栏。	Ⅱ类严重违章（第 36 条）	
关键事项	1. 开关柜、屏、蓄电池安装的关键事项、关键环节作业按施工方案或规定程序开展作业。	Ⅱ类严重违章（第 36 条）	
	2. 作业人员、工具、材料与带电设备、引线安全距离不小于《安规（建设第一部分）》表 17。	恶性违章（第 8 条）	
	3. 吊车、高空作业车等大型机械设备与带电设备、引线安全距离不小于《安规（建设第一部分）》表 17。	恶性违章（第 8 条）	
	4. 吊车、高空作业车等大型机械设备与带电设备最小安全距离大于《安规（建设第一部分）》表 17、小于表 19 要求时，制定并落实防止误碰带电设备的安全措施。	Ⅱ类严重违章（第 36 条）	
	5. 作业人员不得擅自穿、跨越安全围栏、安全警戒线。	Ⅱ类严重违章（第 37 条）	
	6. 起重作业按规定设有专人指挥。	Ⅲ类严重违章（第 69 条）	
	7. 起吊装置工作负荷不得超铭牌规定使用。	Ⅰ类严重违章（第 9 条）	
	8. 吊车、高空作业车作业前，支腿全部支好；支腿按规程要求加垫木。	Ⅲ类严重违章（第 83 条）	
	9. 起吊过程中吊臂和起吊物下方，无人逗留和通过。	Ⅱ类严重违章（第 38 条）	

续表

督查项目	督查标准	违章性质	督查情况
关键事项	10．吊车吊钩有防止脱钩的保险装置。	III类严重违章（第84条）	
	11．无作业人员利用吊钩上升或下降。	恶性违章（第10条）	
	12．未使用金具U型环代替卸扣；未使用普通材料的螺栓取代卸扣销轴。	III类严重违章（第63条）	
	13．高处作业、攀登或转移作业位置时正确使用安全带等防高坠用品，全程不失去保护。	恶性违章（第5条）	
	14．高处作业人员不随手上下抛掷工具、材料等物件。	一般违章（第16条）	
	15．在屏、柜安装作业时，与运行设备采取明显标志隔开，或在保护盘上或附近进行振动较大的工作时，采取防掉闸的安全措施。	II类严重违章（第31条）	
	16．开关柜各高压隔室设有泄压通道或压力释放装置；开关柜泄压通道或压力释放装置，与设计图纸一致。	III类严重违章（第54条）	
	17．高压开关柜内手车开关拉出后，隔离带电部位的挡板已封闭；严禁擅自开启高压开关柜门、检修小窗、移动绝缘挡板。	恶性违章（第21条）	
	18．易燃易爆物品或各种气瓶按规定储运、存放、使用。	一般违章（第24条）	
	19．搬运蓄电池时不得触动极柱和安全阀。	一般违章（第24条）	
	20．在变电站（开关站）的带电区域内或邻近带电线路处禁止使用钢卷尺、金属梯、带金属丝的测绳等工器具。	恶性违章（第9条）	
	21．生产和作业场所按规定配备合格的消防器材。	III类严重违章（第65条）	
	22．电动设备按照“一机、一闸、一保护”规定使用。	一般违章（第20条）	
	23．按规定使用安全绝缘工具和安全防护用具。	一般违章（第12条）	
督查人员：		离开现场时间：	

编号：DC-BDSG-27

电缆敷设及二次接线标准督查卡

工作任务：		督查时间：	
督查项目	督查标准	违章性质	督查情况
安全措施	1．按规定得到设备运维单位的许可进场作业。	Ⅰ类严重违章（第5条）	
	2．停电作业时，作业点在接地保护范围内。	恶性违章（第4条）	
	3．电气设备、电源箱外壳接地牢固可靠。	一般违章（第22条）	
关键事项	1．关键事项、关键环节作业按施工方案或规定程序开展作业。	Ⅱ类严重违章（第36条）	
	2．作业人员、工具、材料与带电设备、引线安全距离不小于《安规（建设第一部分）》表17。	恶性违章（第8条）	
	3．作业人员不得擅自穿、跨越安全围栏、安全警戒线。	Ⅱ类严重违章（第37条）	
	4．在运行设备的二次回路上进行拆接线工作，或在对检修设备执行隔离措施时，需拆断、短接和恢复同运行设备有联系的二次回路工作时需填用二次工作安全措施票。	恶性违章（第2条）	
	5．对在二次回路上作业可能引起继电保护误动的作业，采取了防止继电保护误动的措施（停用保护出口压板或断开相关回路连片、接线等）。	Ⅰ类严重违章（第12条）	
	6．在互感器二次回路上工作，已采取防止电流互感器二次回路开路，电压互感器二次回路短路的措施。	Ⅱ类严重违章（第43条）	
	7．在带电的电压互感器二次回路上工作时，使用合格的绝缘工器具（比如使用带绝缘手柄或绝缘处理的工具）。	Ⅱ类严重违章（第43条）	
	8．在变电站（开关站）的带电区域内或邻近带电线路处禁止使用钢卷尺、金属梯、带金属丝的测绳等工器具。	恶性违章（第9条）	
	9．生产和作业场所按规定配备合格的消防器材。	Ⅲ类严重违章（第65条）	
	10．电动设备按照“一机、一闸、一保护”规定使用。	一般违章（第20条）	
	11．按规定使用安全绝缘工具和安全防护用具。	一般违章（第12条）	
督查人员：		离开现场时间：	

2.3 电气试验、调试

编号：DC-BDSG-28

一次设备交接及耐压试验标准督查卡

工作任务：	督查时间：		
督查项目	督查标准	违章性质	督查情况
安全措施	1．按规定得到设备运维单位的许可进场作业。	Ⅰ类严重违章（第5条）	
	2．停电作业时，作业点在接地保护范围内。	恶性违章（第4条）	
	3．在变电站内使用高空作业车、作业平台时，接地牢固可靠。	一般违章（第23条）	
	4．电气设备、电源箱外壳接地牢固可靠。	一般违章（第22条）	
	5．高压试验现场规范装设遮拦或围栏。	Ⅱ类严重违章（第36条）	
	6．高压试验使用高空作业车、作业平台时，按规定设置警示围栏。	Ⅱ类严重违章（第36条）	
关键事项	1．关键事项、关键环节作业按施工方案或规定程序开展作业。	Ⅱ类严重违章（第36条）	
	2．作业人员、工具、材料与带电设备、引线安全距离不小于《安规（建设第一部分）》表17。	恶性违章（第8条）	
	3．高空作业车、作业平台等大型机械设备与带电设备、引线安全距离不小于《安规（建设第一部分）》表17。	恶性违章（第8条）	
	4．高空作业车、作业平台等大型机械设备与带电设备最小安全距离大于《安规（建设第一部分）》表17、小于表19要求时，制定并落实防止误碰带电设备的安全措施。	Ⅱ类严重违章（第36条）	
	5．作业人员不得擅自穿、跨越安全围栏、安全警戒线。	Ⅱ类严重违章（第37条）	
	6．未装接地线的大电容被试设备，应先行放电再做试验。	Ⅱ类严重违章（第29条）	
	7．高压直流试验时，每告一段落或试验结束时，将设备对地放电数次并短路接地；电缆耐压试验前，先对设备充分放电。	Ⅱ类严重违章（第29条）	
	8．电缆试验结束，对被试电缆充分放电，并在被试电缆上加装临时接地线。	Ⅱ类严重违章（第29条）	

续表

督查项目	督查标准	违章性质	督查情况
关键事项	9．高处作业、攀登或转移作业位置时正确使用安全带等防高坠用品，全程不失去保护。	恶性违章（第5条）	
	10．高处作业人员不随手上下抛掷工具、材料等物件。	一般违章（第16条）	
	11．在变电站（开关站）的带电区域内或邻近带电线路处禁止使用钢卷尺、金属梯、带金属丝的测绳等工器具。	恶性违章（第9条）	
	12．生产和作业场所按规定配备合格的消防器材。	III类严重违章（第65条）	
	13．电动设备按照“一机、一闸、一保护”规定使用。	一般违章（第20条）	
	14．按规定使用安全绝缘工具和安全防护用具。	一般违章（第12条）	
督查人员：	离开现场时间：		

编号：DC-BDSG-29

二次设备调试标准督查卡

工作任务：	督查时间：		
督查项目	督查标准	违章性质	督查情况
安全措施	1．按规定得到设备运维单位的许可进场作业。	Ⅰ类严重违章（第5条）	
	2．需一次设备停电作业时，作业点在接地保护范围内。	恶性违章（第4条）	
	3．电气设备、电源箱外壳接地牢固可靠。	一般违章（第22条）	
关键事项	1．二次设备调试的关键事项、关键环节作业按施工方案或规定程序开展作业。	Ⅱ类严重违章（第36条）	
	2．作业人员、工具、材料与带电设备、引线安全距离不小于《安规（建设第一部分）》表17。	恶性违章（第8条）	
	3．作业人员不得擅自穿、跨越安全围栏、安全警戒线。	Ⅱ类严重违章（第37条）	
	4．在运行设备的二次回路上进行拆接线工作，或在对检修设备执行隔离措施时，需拆断、短接和恢复同运行设备有联系的二次回路工作时，需填用二次工作安全措施票。	恶性违章（第2条）	
	5．在继保屏上作业时，运行设备与检修设备有明显标志隔开，在保护盘上或附近进行振动较大的工作时，采取防掉闸的安全措施。	Ⅱ类严重违章（第31条）	
	6．在互感器二次回路上工作，已采取防止电流互感器二次回路开路，电压互感器二次回路短路的措施。	Ⅱ类严重违章（第43条）	
	7．继电保护、直流控保、稳控装置等定值计算、未发生调试错误，误动、误碰、误（漏）接线的情况。	Ⅰ类严重违章（第11条）	
	8．在带电的电压互感器二次回路上工作时，使用合格的绝缘工器具（比如使用带绝缘手柄或绝缘处理的工具）。	Ⅱ类严重违章（第43条）	
	9．施工现场使用的电动机械及照明设备拆除后，留有可能带电的部分要进行处理。	Ⅲ类严重违章（第87条）	
	10．在变电站（开关站）的带电区域内或邻近带电线路处禁止使用钢卷尺、金属梯、带金属丝的测绳等工器具。	恶性违章（第9条）	
	11．生产和作业场所按规定配备合格的消防器材。	Ⅲ类严重违章（第65条）	
	12．电动设备按照“一机、一闸、一保护”规定使用。	一般违章（第20条）	
	13．按规定使用安全绝缘工具和安全防护用具。	一般违章（第12条）	
督查人员：	离开现场时间：		

（七）网改施工

1. 基础施工

编号：DC-WGSG-01

基础施工标准督查卡

施工任务：	督查时间：		
督查项目	督查标准	违章性质	督查情况
安全措施	1. 按规定得到设备运维单位的许可进场作业。	Ⅰ类严重违章（第5条）	
	2. 停电作业时，作业点在接地保护范围内。	恶性违章（第4条）	
	3. 起吊作业时按规定设置警示围栏。	Ⅱ类严重违章（第36条）	
	4. 电气设备、电源箱等用电设备外壳接地牢固可靠。	一般违章（第22条）	
关键事项	1. 关键事项、关键环节作业按施工方案或规定程序开展作业。	Ⅱ类严重违章（第36条）	
	2. 挖机、吊车等大型机械设备与带电设备安全距离不小于《安规（配电部分）》表3-1。	恶性违章（第8条）	
	3. 吊车吊臂、吊具、辅具、钢丝绳及吊物、挖机斗臂与邻近、平行、交叉跨越带电线路安全距离大于《安规（配电部分）》表3-1、大于表6-1要求时，制定并落实误碰带电设备安全措施。	Ⅱ类严重违章（第36条）	
	4. 作业人员不得擅自穿、跨越安全围栏、安全警戒线。	Ⅱ类严重违章（第37条）	
	5. 不良地质构造的高边坡，按设计要求采取锚喷或加固等支护措施。	Ⅲ类严重违章（第58条）	
	6. 挖土区域设警戒线，各种机械、车辆严禁在开挖的基础边缘2m内行驶、停放。	一般问题	
	7. 电缆井、电缆隧道、深度超过2m的基坑、沟（槽）内等工作环境比较复杂且相对密闭的空间，按规定采取通风措施、经气体检测合格后作业。	恶性违章（第6条）	
	8. 在有限空间作业时按规定配置呼吸器、照明设备等安全防护装备、应急救援装备，正确设置监护人。	Ⅰ类严重违章（第8条）	

续表

督查项目	督查标准	违章性质	督查情况
关键事项	9．人工开挖基坑深度达 2m 时，必须用取土器械取土；人力提土绞架刹车装置、电动葫芦提土机械自动卡紧保险装置应安全可靠。	一般违章（第 15 条）	
	10．脚手架经验收合格，并悬挂验收牌后投入使用。	Ⅲ类严重违章（第 72 条）	
	11．坠落高度超过 1.5m 时，已采取可靠的防高坠措施。	恶性违章（第 5 条）	
	12．自制施工工器具经检测试验合格。	Ⅲ类严重违章（第 53 条）	
	13．吊车依法取得使用登记证书、定期检验或检验合格。	Ⅲ类严重违章（第 52 条）	
	14．吊车作业前，支腿全部支好；支腿按规程要求加垫木。	Ⅲ类严重违章（第 83 条）	
	15．起吊装置工作负荷不得超铭牌规定使用。	Ⅰ类严重违章（第 9 条）	
	16．吊臂和起吊物下方，无人逗留和通过。	Ⅱ类严重违章（第 38 条）	
	17．吊钩有完好的防止脱钩的保险装置。	Ⅲ类严重违章（第 84 条）	
	18．吊装带完好无破损；钢丝绳套插接长度满足规范要求。	一般违章（第 14 条）	
	19．电动设备按照“一机、一闸、一保护”规定使用。	一般违章（第 20 条）	
	20．电缆线深埋或采取架空措施。	一般问题	
	21．生产和作业场所按规定配备合格的消防器材。	Ⅲ类严重违章（第 65 条）	
	22．按规定使用安全绝缘工具和安全防护用具。	一般违章（第 12 条）	
督查人员：	离开现场时间：		

2. 线路、设备安装

编号：DC-WGSG-02

吊车立（撤）杆施工标准督查卡

施工任务：	督查时间：		
督查项目	督查标准	违章性质	督查情况
安全措施	1. 按规定得到设备运维单位的许可进场作业。	I 类严重违章（第 5 条）	
	2. 停电作业时，作业点在接地保护范围内。	恶性违章（第 4 条）	
	3. 配合停电线路在工作点附近装设的接地线牢固可靠。	I 类严重违章（第 7 条）	
	4. 邻近或交叉跨越带电设备时，吊车、高空作业车等机械设备接地牢固可靠。	一般违章（第 23 条）	
	5. 起吊作业时，按规定设置警示围栏。	II 类严重违章（第 36 条）	
关键事项	1. 关键事项、关键环节作业按施工方案或规定程序开展作业。作业人员经批准后改变已设置的安全措施。	II 类严重违章（第 36 条）	
	2. 登杆作业时，杆塔根部、基础和拉线夯实牢固。拆除或更换受损（倾斜）电杆已采取防倒（断）杆措施。	恶性违章（第 17 条）	
	3. 未采取突然剪断导线、拉线等方式撤杆、撤线。	恶性违章（第 18 条）	
	4. 高处作业、攀登或转移作业位置时正确使用安全带、后备保护绳、围杆带或单钩双环、速差器等防高坠用品，全程不失去保护。	恶性违章（第 5 条）	
	5. 高处作业人员不随手上下抛掷工具、材料等物件。	一般违章（第 16 条）	
	6. 吊车吊臂、吊具、辅具、钢丝绳及吊物与邻近、平行、交叉跨越带电线路安全距离不小于《安规（配电部分）》表 3-1。	恶性违章（第 8 条）	
	7. 吊车吊臂、吊具、辅具、钢丝绳及吊物与邻近、平行、交叉跨越带电线路安全距离大于《安规（配电部分）》表 3-1、大于表 6-1 要求时，制定并落实误碰带电设备安全措施。	II 类严重违章（第 36 条）	
	8. 起重作业按规定设有专人指挥。	III类严重违章（第 69 条）	
	9. 吊车作业前，支腿全部支好；支腿按规程要求加垫枕木。	III类严重违章（第 83 条）	

续表

督查项目	督查标准	违章性质	督查情况
关键事项	10．吊车工作负荷不得超铭牌规定使用。	Ⅰ类严重违章（第 9 条）	
	11．起吊过程中吊臂和起吊物下方，无人逗留和通过。	Ⅱ类严重违章（第 38 条）	
	12．无作业人员利用吊钩上升或下降。	恶性违章（第 10 条）	
	13．链条葫芦、手扳葫芦、吊钩式滑车等装置的吊钩和起重作业使用的吊钩有完好的防止脱钩的保险装置。	Ⅲ类严重违章（第 84 条）	
	14．吊装带完好无破损；钢丝绳套插接长度满足规范要求。	一般违章（第 14 条）	
	15．未使用金具 U 型环代替卸扣；未使用普通材料的螺栓取代卸扣销轴。	Ⅲ类严重违章（第 63 条）	
督查人员：		离开现场时间：	

编号：DC-WGSG-03

抱杆立（撤）杆施工标准督查卡

施工任务：		督查时间：	
督查项目	督查标准	违章性质	督查情况
安全措施	1．按规定得到设备运维单位的许可进场作业。	Ⅰ类严重违章（第5条）	
	2．停电作业时，作业点在接地保护范围内。	恶性违章（第4条）	
	3．配合停电线路在工作点附近装设的接地线牢固可靠。	Ⅰ类严重违章（第7条）	
	4．邻近或交叉跨越带电设备时，机动绞磨等机械设备接地牢固可靠。	一般违章（第23条）	
	5．起吊作业时，按规定设置警示围栏。	Ⅱ类严重违章（第36条）	
关键事项	1．关键事项、关键环节作业按施工方案或规定程序开展作业。作业人员经批准后改变已设置的安全措施。	Ⅱ类严重违章（第36条）	
	2．登杆作业时，杆塔根部、基础和拉线夯实牢固。拆除或更换受损（倾斜）电杆已采取防倒（断）杆措施。	恶性违章（第17条）	
	3．未采取突然剪断导线、拉线等方式撤杆、撤线。	恶性违章（第18条）	
	4．高处作业、攀登或转移作业位置时正确使用安全带、后备保护绳、围杆带或单钩双环、速差器等防高坠用品，全程不失去保护。	恶性违章（第5条）	
	5．高处作业人员不随手上下抛掷工具、材料等物件。	一般违章（第16条）	
	6．抱杆、钢丝绳及吊物与邻近、平行、交叉跨越带电线路安全距离不小于《安规（配电部分）》表3-1。	恶性违章（第8条）	
	7．抱杆、钢丝绳及吊物与邻近、平行、交叉跨越带电线路安全距离大于《安规（配电部分）》表3-1、大于表6-1要求时，制定并落实误碰带电设备安全措施。	Ⅱ类严重违章（第36条）	
	8．起吊装置工作负荷不得超铭牌规定使用。	Ⅰ类严重违章（第9条）	
	9．绞磨应放置平稳、锚固可靠；受力前方无人员逗留；拉磨尾绳人员位于锚桩后面并站在绳圈外。	Ⅲ类严重违章（第85条）	
	10．机动绞磨磨绳缠绕不少于5圈，拉磨尾绳不少于2人。	一般违章（第14条）	
	11．起吊过程中起吊物下方，无人员逗留和通过。	Ⅱ类严重违章（第38条）	

续表

督查项目	督查标准	违章性质	督查情况
关键事项	12．链条葫芦、手扳葫芦、吊钩式滑车等装置的吊钩和起重作业使用的吊钩有完好的防止脱钩的保险装置。	Ⅲ类严重违章（第 84 条）	
	13．吊装带完好无破损；钢丝绳套插接长度满足规范要求。	一般违章（第 14 条）	
	14．未使用金具 U 型环代替卸扣；未使用普通材料的螺栓取代卸扣销轴。	Ⅲ类严重违章（第 63 条）	
督查人签名：	离开现场时间：		

编号：DC-WGSG-04

变压器安装、拆除施工标准督查卡

施工任务：	督查时间：		
督查项目	督查标准	违章性质	督查情况
安全措施	1. 按规定得到设备运维单位的许可进场作业。	Ⅰ类严重违章（第 5 条）	
	2. 停电作业时，作业点在接地保护范围内。	恶性违章（第 4 条）	
	3. 配合停电线路在工作点附近装设的接地线牢固可靠。	Ⅰ类严重违章（第 7 条）	
	4. 邻近或交叉跨越带电设备时，吊车、高空作业车等接地牢固可靠。	一般违章（第 23 条）	
	5. 起吊作业时，按规定设置警示围栏。	Ⅱ类严重违章（第 36 条）	
关键事项	1. 关键事项、关键环节作业按施工方案或规定程序开展作业。作业人员经批准后改变已设置的安全措施。	Ⅱ类严重违章（第 36 条）	
	2. 登杆作业时，杆塔根部、基础和拉线夯实牢固。	恶性违章（第 17 条）	
	3. 高处作业、攀登或转移作业位置时正确使用安全带、后备保护绳、围杆带或单钩双环、速差器等防高坠用品，全程不失去保护。	恶性违章（第 5 条）	
	4. 高处作业人员不随手上下抛掷工具、材料等物件。	一般违章（第 16 条）	
	5. 作业人员与 10kV 高压线路或跌落式熔断器上部带电部分安全距离不小于《安规（配电部分）》表 3-1。	恶性违章（第 8 条）	
	6. 作业点如有邻近、平行、交叉跨越带电线路，吊车吊臂、起吊的变压器与带电线路安全距离不小于《安规（配电部分）》表 3-1。	恶性违章（第 8 条）	
	7. 吊车吊臂、吊具、辅具、钢丝绳及吊物与邻近、平行、交叉跨越带电线路安全距离大于《安规（配电部分）》表 3-1、大于表 6-1 要求时，制定并落实误碰带电设备安全措施。	Ⅱ类严重违章（第 36 条）	
	8. 在带电设备周围未使用钢卷尺、皮卷尺和线尺（夹有金属丝者）进行测量，在带电区域内或邻近带电线路处，未使用金属梯子。	恶性违章（第 9 条）	
	9. 起吊装置工作负荷不得超铭牌规定使用。	Ⅰ类严重违章（第 9 条）	
	10. 吊车作业前，支腿全部支好；支腿按规程要求加垫枕木。	Ⅲ类严重违章（第 83 条）	

续表

督查项目	督查标准	违章性质	督查情况
关键事项	11．吊车或链条葫芦的吊钩防止脱钩保险装置完好。	Ⅲ类严重违章（第 84 条）	
	12．吊装带完好无破损；钢丝绳套插接长度满足规范要求。	一般违章（第 14 条）	
	13．未使用金具 U 型环代替卸扣；未使用普通材料的螺栓取代卸扣销轴。	Ⅲ类严重违章（第 63 条）	
督查人签名：		离开现场时间：	

编号：DC-WGSG-05

放线、紧线与撤线施工标准督查卡

施工任务：	督查时间：		
督查项目	督查标准	违章性质	督查情况
安全措施	1．按规定得到设备运维单位的许可进场作业。	Ⅰ类严重违章（第 5 条）	
	2．停电作业时，作业点在接地保护范围内。	恶性违章（第 4 条）	
	3．配合停电线路在工作点附近装设的接地线牢固可靠。	Ⅰ类严重违章（第 7 条）	
	4．放紧线施工作业中，同杆架设的 10（20）kV 线路均已采取停电、验电、接地措施。	恶性违章（第 4 条）	
	5．邻近或交叉跨越带电设备时，机动绞磨等机械设备接地牢固可靠。	一般违章（第 23 条）	
	6．在公路、铁路等交通要道上架拆线路，双向设置标志进行警示、隔离，设专人手持旗帜看管。	一般违章（第 25 条）	
关键事项	1．关键事项、关键环节作业按施工方案或规定程序开展作业。作业人员经批准后改变已设置的安全措施。	Ⅱ类严重违章（第 36 条）	
	2．登杆作业时，杆塔根部、基础和拉线夯实牢固。	恶性违章（第 17 条）	
	3．撤、紧线前，终端杆、转角杆受力反方向已装好临时拉线且牢固可靠。	恶性违章（第 11 条）	
	4．严禁采取突然剪断导线、地线、拉线等方式撤线。	恶性违章（第 18 条）	
	5．高处作业、攀登或转移作业位置时正确使用安全带、后备保护绳、围杆带或单钩双环、速差器等防高坠用品，全程不失去保护。	恶性违章（第 5 条）	
	6．高处作业人员不随手上下抛掷工具、材料等物件。	一般违章（第 16 条）	
	7．跨越带电线路展放导线作业，采取搭设跨越架、封网等措施。	恶性违章（第 15 条）	
	8．邻近带电线路工作时，人体、导线、施工机具等与带电线路的安全距离不小于《安规（配电部分）》表 5-1 规定。	恶性违章（第 8 条）	
	9．绞磨应放置平稳、锚固可靠；受力前方无人员逗留；拉磨尾绳人员位于锚桩后面并站在绳圈外。	Ⅲ类严重违章（第 85 条）	
	10．同杆架设的 10（20）kV 及以下线路带电的情况下，未进行另一回线路的停电施工作业。	恶性违章（第 4 条）	

续表

督查项目	督查标准	违章性质	督查情况
关键事项	11．机动绞磨磨绳缠绕不少于 5 圈，拉磨尾绳不少于 2 人。	一般违章（第 14 条）	
	12．使用绞磨放（紧）线牵引过程中，受力导线或牵引绳的周围、上下方、转向滑车内角侧，无人逗留和通过。	II类严重违章（第 38 条）	
	13．链条葫芦、手扳葫芦、吊钩式滑车等装置的吊钩和起重作业使用的吊钩有完好的防止脱钩的保险装置。	III类严重违章（第 84 条）	
	14．吊装带完好无破损；钢丝绳套插接长度满足规范要求。	一般违章（第 14 条）	
	15．未使用金具 U 型环代替卸扣；未使用普通材料的螺栓取代卸扣销轴。	III类严重违章（第 63 条）	
督查人签名：		离开现场时间：	

3. 电缆施工

编号：DC-WGSG-06

电力电缆施工标准督查卡

施工任务：	督查时间：		
督查项目	督查标准	违章性质	督查情况
安全措施	1．按规定得到设备运维单位的许可进场作业。	Ⅰ类严重违章（第5条）	
	2．停电作业时，作业点在接地保护范围内。	恶性违章（第4条）	
	3．配合停电线路在工作点附近装设的接地线牢固可靠。	Ⅰ类严重违章（第7条）	
	4．邻近或交叉跨越带电设备时，高空作业车、机动绞磨等机械设备接地牢固可靠。	一般违章（第23条）	
关键事项	1．关键事项、关键环节作业按施工方案或规定程序开展作业。作业人员经批准后改变已设置的安全措施。	Ⅱ类严重违章（第36条）	
	2．登杆作业时，杆塔根部、基础和拉线夯实牢固。	恶性违章（第17条）	
	3．高处作业、攀登或转移作业位置时正确使用安全带、后备保护绳、围杆带或单钩双环、速差器等防高坠用品，全程不失去保护。	恶性违章（第5条）	
	4．高处作业人员不随手上下抛掷工具、材料等物件。	一般违章（第16条）	
	5．电缆井、电缆隧道、深度超过2m的基坑、沟（槽）内等工作环境比较复杂且相对密闭的空间，按规定采取通风措施、经气体检测合格后作业。	恶性违章（第6条）	
	6．有限空间作业时按规定配置呼吸器、照明设备等安全防护装备、应急救援装备，正确设置监护人。	Ⅰ类严重违章（第8条）	
	7．邻近带电线路工作时，人体、导线、施工机具等与带电线路的安全距离不小于《安规（配电部分）》表5-1规定。	恶性违章（第8条）	
	8．在带电设备周围未使用钢卷尺、皮卷尺和线尺（夹有金属丝者）进行测量，在带电区域内或邻近带电线路处，未使用金属梯子。	恶性违章（第9条）	
	9．开断电缆时操作人员站在绝缘垫上，用带绝缘手柄的铁钎或专用射钉打入电缆后方可工作。	Ⅱ类严重违章（第36条）	
	10．使用携带型火炉或喷灯作业时，火焰与带电部分的安全距离：电压在10kV及以下者，大于1.5m；电压在10kV以上者，大于3m。	恶性违章（第8条）	

续表

督查项目	督查标准	违章性质	督查情况
关键事项	11．动火作业前清除动火现场及周围的易燃物品。	Ⅱ类严重违章（第 40 条）	
	12．动火作业现场按规定配备消防器材。	Ⅲ类严重违章（第 65 条）	
	13．绞磨应放置平稳、锚固可靠；受力前方无人员逗留；拉磨尾绳人员位于锚桩后面并站在绳圈外。	Ⅲ类严重违章（第 85 条）	
	14．机动绞磨磨绳缠绕不少于 5 圈，拉磨尾绳不少于 2 人。	一般违章（第 14 条）	
	15．使用绞磨展放电缆牵引过程中，受力导线或牵引绳的周围、上下方、转向滑车内角侧，无人逗留和通过。	Ⅱ类严重违章（第 38 条）	
督查人签名：	离开现场时间：		

4. 高压试验

编号：DC-WGSG-07

高压试验标准督查卡

施工任务：		督查时间：	
督查项目	督查标准	违章性质	督查情况
安全措施	1. 按规定得到设备运维单位的许可进场作业。	I 类严重违章（第 5 条）	
	2. 停电作业时，作业点在接地保护范围内。	恶性违章（第 4 条）	
	3. 变更接线或试验结束后，将升压设备的高压部分放电、短路接地。	II 类严重违章（第 29 条）	
	4. 试验装置、电气设备、电源箱等用电设备接地牢固可靠。	一般违章（第 23 条）	
	5. 邻近或交叉跨越带电设备时，电气设备、高空作业车等接地牢固可靠。	一般违章（第 23 条）	
	6. 高压试验现场规范装设遮栏或围栏。	II 类严重违章（第 36 条）	
	7. 在公路、铁路等交通要道上架拆线路，双向设置标志进行警示、隔离，设专人手持旗帜看管。	一般违章（第 25 条）	
关键事项	1. 关键事项、关键环节作业按施工方案或规定程序开展作业。作业人员经批准后改变已设置的安全措施。	II 类严重违章（第 36 条）	
	2. 登杆作业时，杆塔根部、基础和拉线夯实牢固。	恶性违章（第 17 条）	
	3. 作业人员不得擅自穿、跨越安全围栏、安全警戒线。	II 类严重违章（第 37 条）	
	4. 邻近带电线路工作时，人体、作业机具等与带电线路的安全距离满足《安规（配电部分）》表 5-1 规定。	恶性违章（第 8 条）	
	5. 高处作业、攀登或转移作业位置时正确使用安全带、后备保护绳、速差器等防高坠用品，全程不失去保护。	恶性违章（第 5 条）	
	6. 高处作业人员不随手上下抛掷工具、材料等物件。	一般违章（第 16 条）	
	7. 电动设备按照“一机、一闸、一保护”规定使用。	一般违章（第 20 条）	
	8. 按规定使用安全绝缘工具和安全防护用具。试验操作人员应站在绝缘垫上。	一般违章（第 12 条）	
督查人签名：		离开现场时间：	

编号：DC-WGSG-08

电力电缆试验标准督查卡

施工任务：	督查时间：		
督查项目	督查标准	违章性质	督查情况
安全措施	1．按规定得到设备运维单位的许可进场作业。	Ⅰ类严重违章（第5条）	
	2．停电作业时，作业点在接地保护范围内。	恶性违章（第4条）	
	3．变更接线或试验结束后，将升压设备的高压部分放电、短路接地。	Ⅱ类严重违章（第29条）	
	4．电缆耐压试验分相进行时，另两相电缆应接地牢固可靠。	Ⅱ类严重违章（第29条）	
	5．试验装置、电气设备、电源箱接地牢固可靠。	一般违章（第23条）	
	6．邻近或交叉跨越带电设备时，高空作业车等接地牢固可靠。	一般违章（第23条）	
	7．高压试验现场规范装设遮栏或围栏。	Ⅱ类严重违章（第36条）	
关键事项	1．关键事项、关键环节作业按施工方案或规定程序开展作业。作业人员经批准后改变已设置的安全措施。	Ⅱ类严重违章（第36条）	
	2．登杆作业时，杆塔根部、基础和拉线夯实牢固。	恶性违章（第17条）	
	3．作业人员不得误登带电杆塔。	恶性违章（第19条）	
	4．邻近带电线路工作时，人体、施工机具等与带电线路的安全距离满足《安规（配电部分）》表5-1规定。或安全距离不够时，已采取可靠的防触电措施。	恶性违章（第8条）	
	5．电缆井、电缆隧道、深度超过2m的基坑、沟（槽）内等工作环境比较复杂且相对密闭的空间，按规定采取通风措施、经气体检测合格后作业。	恶性违章（第6条）	
	6．在有限空间作业时按规定配置呼吸器、照明设备等安全防护装备、应急救援装备，正确设置监护人。	Ⅰ类严重违章（第8条）	
	7．电缆试验过程中需更换试验引线时，作业人员应戴好绝缘手套对被试电缆充分放电。	Ⅱ类严重违章（第29条）	
	8．电缆试验结束，应对被试电缆充分放电，并在被试电缆上加装临时接地线，待电缆终端引出线接通后方可拆除。	Ⅱ类严重违章（第29条）	

续表

督查项目	督查标准	违章性质	督查情况
关键事项	9．高处作业人员不随手上下抛掷工具、材料等物件。	一般违章（第16条）	
	10．试验装置的金属外壳应接地牢固可靠。	一般违章（第22条）	
	11．高处作业、攀登或转移作业位置时正确使用安全带、后备保护绳、速差器等防高坠用品，全程不失去保护。	恶性违章（第5条）	
督查人签名：	离开现场时间：		

5. 二次施工作业

编号：DC-WGSG-09

二次设备作业标准督查卡

施工任务：		督查时间：	
督查项目	督查标准	违章性质	督查情况
安全措施	1. 按规定得到设备运维单位的许可进场作业。	Ⅰ类严重违章（第 5 条）	
	2. 需一次设备停电作业时，作业点在接地保护范围内。	恶性违章（第 4 条）	
关键事项	1. 关键事项、关键环节作业按施工方案或规定程序开展作业。	Ⅱ类严重违章（第 36 条）	
	2. 作业人员与高压线路和跌落式熔断器上部 10kV 带电部分保持 0.7m 以上的安全距离。	恶性违章（第 8 条）	
	3. 作业人员不得擅自穿、跨越安全围栏、安全警戒线。	Ⅱ类严重违章（第 37 条）	
	4. 在继保屏上作业时，将检修设备与运行设备以明显的标志隔开。检修设备所在屏柜上还有其他运行设备，屏柜内的运行设备已与检修设备有明显标志隔离，与运行设备有关的压板、切换开关、空气开关等附件已做禁止操作标志。	Ⅱ类严重违章（第 31 条）	
	5. 在运行的继电保护、安全自动装置屏附近开展振动较大的工作，有可能影响运行设备安全时，已采取防止运行设备误动作的措施。	Ⅱ类严重违章（第 31 条）	
	6. 继电保护、直流控保、稳控装置等定值计算、未发生调试错误，误动、误碰、误（漏）接线的情况。	Ⅰ类严重违章（第 11 条）	
	7. 在互感器二次回路上工作，采取防止电流互感器二次回路开路，电压互感器二次回路短路的措施。	Ⅱ类严重违章（第 43 条）	
	8. 短路电流互感器二次绕组时，短路片或短路线连接牢固，或用导线缠绕。在带电的电压互感器二次回路上工作时，螺丝刀用胶布缠绕。	Ⅱ类严重违章（第 43 条）	
	9. 电缆井、电缆隧道、深度超过 2m 的基坑、沟（槽）内等工作环境比较复杂且相对密闭的空间，按规定采取通风措施、经气体检测合格后作业。	恶性违章（第 6 条）	
	10. 电动设备按照“一机、一闸、一保护”规定使用。	一般违章（第 20 条）	
督查人签名：		离开现场时间：	

（八）营销作业

1. 装表接电

编号：DC-YXZY-01

0.4kV 低压台区计量采集装置安装、更换、拆除等标准督查卡

工作任务：	督查时间：		
督查项目	督查标准	违章性质	督查情况
安全措施	1. 按规定得到设备运维单位的许可进场作业。	Ⅰ类严重违章（第 5 条）	
	2. 停电作业时，工作点在接地保护范围内。未装设接地线时，采取不停电方式作业。	恶性违章（第 4 条）	
	3. 配合停电线路在工作点附近装设的接地线牢固可靠。	Ⅰ类严重违章（第 7 条）	
	4. 发电机、配电箱等用电设备外壳接地牢固可靠。	一般违章（第 22 条）	
关键事项	1. 作业人员不得擅自穿、跨越安全围栏、安全警戒线。	Ⅱ类严重违章（第 37 条）	
	2. 登杆作业时，杆塔根部、基础和拉线夯实牢固。	恶性违章（第 17 条）	
	3. 高处作业、攀登或转移作业位置时正确使用安全带、后备保护绳、围杆带或单钩双环等防高坠用品，全程不失去保护。	恶性违章（第 5 条）	
	4. 高处作业人员不随手上下抛掷工具、材料等物件。	一般违章（第 16 条）	
	5. 作业人员与带电部分安全距离不小《安规（营销部分）》表 6.3.3。	恶性违章（第 8 条）	
	6. 不停电作业时，采取绝缘隔离措施防止触电、相间短路和单相接地。	Ⅲ类严重违章（第 68 条）	
	7. 不得带负荷断、接导线。	Ⅱ类严重违章（第 42 条）	
	8. 在互感器二次回路上工作，已采取防止电流互感器二次回路开路，电压互感器二次回路短路的措施。	Ⅱ类严重违章（第 43 条）	
	9. 使用电动设备严格执行“一机、一闸、一保护”规定。	一般违章（第 20 条）	
	10. 按规定使用安全绝缘工具和安全防护用具。	一般违章（第 12 条）	
督查人员：	离开现场时间：		

编号：DC-YXZY-02

0.2kV 低压台区计量采集装置安装、更换、拆除等标准督查卡

工作任务：	督查时间：		
督查项目	督查标准	违章性质	督查情况
安全措施	1. 按规定得到设备运维单位的许可进场作业。	Ⅰ类严重违章（第 5 条）	
	2. 停电作业时，工作点在接地保护范围内。未装设接地线时，采取不停电方式作业。	恶性违章（第 4 条）	
	3. 配合停电线路在工作点附近装设的接地线牢固可靠。	Ⅰ类严重违章（第 7 条）	
	4. 发电机、配电箱等用电设备外壳接地牢固可靠。	一般违章（第 22 条）	
关键事项	1. 作业人员不得擅自穿、跨越安全围栏、安全警戒线。	Ⅱ类严重违章（第 37 条）	
	2. 登杆作业时，杆塔根部、基础和拉线夯实牢固。	恶性违章（第 17 条）	
	3. 高处作业、攀登或转移作业位置时正确使用安全带、后备保护绳、围杆带或单钩双环等防高坠用品，全程不失去保护。	恶性违章（第 5 条）	
	4. 高处作业人员不随手上下抛掷工具、材料等物件。	一般违章（第 16 条）	
	5. 作业人员与带电部分安全距离不小《安规（营销部分）》表 6.3.3。	恶性违章（第 8 条）	
	6. 不停电作业时，采取绝缘隔离措施防止触电、相间短路和单相接地。	Ⅲ类严重违章（第 68 条）	
	7. 不得带负荷断、接导线。	Ⅱ类严重违章（第 42 条）	
	8. 在互感器二次回路上工作，已采取防止电流互感器二次回路开路，电压互感器二次回路短路的措施。	Ⅱ类严重违章（第 43 条）	
	9. 使用电动设备严格执行“一机、一闸、一保护”规定。	一般违章（第 20 条）	
	10. 按规定使用安全绝缘工具和安全防护用具。	一般违章（第 12 条）	
督查人员：	离开现场时间：		

编号：DC-YXZY-03

变电站内计量装置安装及维护标准督查卡

工作任务：	督查时间：		
督查项目	督查标准	违章性质	督查情况
安全措施	1．按规定得到设备运维单位的许可进场作业，进入客户侧作业时，已履行双许可。	Ⅰ类严重违章（第5条）	
	2．需一次设备停电作业时，作业点在接地保护范围内。	恶性违章（第4条）	
	3．配合停电的邻近线路、设备在工作点附近装设有接地线。	Ⅰ类严重违章（第7条）	
	4．高压试验变更接线或试验结束时已将升压设备的高压部分放电、短路接地。	Ⅱ类严重违章（第29条）	
	5．试验装置、发电机、配电箱等用电设备外壳接地牢固可靠。	一般违章（第22条）	
关键事项	1．在全部或部分带电的运行屏（柜）上工作时，运行设备与工作设备已用明显标志隔开。	Ⅱ类严重违章（第31条）	
	2．作业人员不得擅自穿、跨越安全围栏、安全警戒线。	Ⅱ类严重违章（第37条）	
	3．高处作业、攀登或转移作业位置时正确使用安全带、后备保护绳、围杆带或单钩双环等防高坠用品，全程不失去保护。	恶性违章（第5条）	
	4．高处作业人员不随手上下抛掷工具、材料等物件。	一般违章（第16条）	
	5．在互感器二次回路上工作，已采取防止电流互感器二次回路开路，电压互感器二次回路短路的措施。	Ⅱ类严重违章（第43条）	
	6．在带电设备周围未使用钢卷尺、皮卷尺和线尺（夹有金属丝者）进行测量，在带电区域内或邻近带电线路处，未使用金属梯子。	恶性违章（第9条）	
	7. 作业人员与带电部分安全距离不小于《安规（营销部分）》表6.3.3。	恶性违章（第8条）	
	8．不停电作业时，采取绝缘隔离措施防止触电、相间短路和单相接地。	Ⅲ类严重违章（第68条）	
	9．不得带负荷断、接导线。	Ⅱ类严重违章（第42条）	
	10．使用电动设备严格执行“一机、一闸、一保护”规定。	一般违章（第20条）	
	11．按规定使用安全绝缘工具和安全防护用具。	一般违章（第12条）	
督查人员：	离开现场时间：		

2. 业扩报装、用电检修

编号：DC-YXZY-04

高、低压业扩报装（分布式电源）标准督查卡

工作任务：	督查时间：		
督查项目	督查标准	违章性质	督查情况
安全措施	1. 按规定得到设备运维单位的许可进场作业，进入客户侧作业时，已履行双许可。	Ⅰ类严重违章（第 5 条）	
	2. 需一次设备停电作业时，作业点在接地保护范围内。	恶性违章（第 4 条）	
	3. 配合停电的邻近线路、设备在工作点附近装设有接地线。	Ⅰ类严重违章（第 7 条）	
	4. 高压试验变更接线或试验结束时已将升压设备的高压部分放电、短路接地。	Ⅱ类严重违章（第 29 条）	
	5. 试验装置、发电机、配电箱等用电设备外壳接地牢固可靠。	一般违章（第 22 条）	
	6. 邻近或交叉跨越带电设备时，吊车已接地牢固可靠。	一般违章（第 23 条）	
	7. 起吊作业时，作业区域设置警示围栏。	Ⅱ类严重违章（第 36 条）	
	8. 高压试验现场规范装设遮栏或围栏。	Ⅱ类严重违章（第 36 条）	
关键事项	1. 在全部或部分带电的运行屏（柜）上工作时，运行设备与工作设备已用明显标志隔开。	Ⅱ类严重违章（第 31 条）	
	2. 作业人员不得擅自穿、跨越安全围栏、安全警戒线。	Ⅱ类严重违章（第 37 条）	
	3. 高处作业、攀登或转移作业位置时正确使用安全带、后备保护绳、围杆带或单钩双环等防高坠用品，全程不失去保护。	恶性违章（第 5 条）	
	4. 高处作业人员不随手上下抛掷工具、材料等物件。	一般违章（第 16 条）	
	5. 在互感器二次回路上工作，已采取防止电流互感器二次回路开路，电压互感器二次回路短路的措施。	Ⅱ类严重违章（第 43 条）	
	6. 在带电设备周围未使用钢卷尺、皮卷尺和线尺（夹有金属丝者）进行测量，在带电区域内或邻近带电线路处，未使用金属梯子。	恶性违章（第 9 条）	

续表

督查项目	督查标准	违章性质	督查情况
关键事项	7．作业人员与带电部分安全距离不小于《安规（营销部分）》表6.3.3。	恶性违章 （第8条）	
	8．不停电作业时，采取绝缘隔离措施防止触电、相间短路和单相接地。	Ⅲ类严重违章 （第68条）	
	9．不得带负荷断、接导线。	Ⅱ类严重违章 （第42条）	
	10．吊车依法取得使用登记证书、定期检验或检验合格。	Ⅲ类严重违章 （第52条）	
	11．起重作业按规定设有专人指挥。	Ⅲ类严重违章 （第69条）	
	12．吊车作业前，支腿全部支好；支腿按规程要求加垫木。	Ⅲ类严重违章 （第83条）	
	13．无作业人员利用吊钩上升或下降。	恶性违章 （第10条）	
	14．起吊、牵引过程中，受力钢丝绳的周围、上下方、转向滑车内角侧、吊臂和起吊物下方，无人逗留和通过。	Ⅱ类严重违章 （第38条）	
	15．链条葫芦、手扳葫芦、吊钩式滑车等装置的吊钩和起重作业使用的吊钩有完好的防止脱钩的保险装置。	Ⅲ类严重违章 （第84条）	
	16．使用电动设备严格执行“一机、一闸、一保护”规定。	一般违章 （第20条）	
	17．按规定配备合格的消防器材。	Ⅲ类严重违章 （第65条）	
	18．按规定使用安全绝缘工具和安全防护用具。	一般违章 （第12条）	
督查人员：	离开现场时间：		

编号：DC-YXZY-05

计量装置用电检查标准督查卡

工作任务：	督查时间：		
督查项目	督查标准	违章性质	督查情况
安全措施	按规定得到设备运维单位的许可进场作业。	Ⅰ类严重违章（第5条）	
关键事项	1．登杆前已核对线路名称及杆号，已检查杆塔根部、拉线牢固。	恶性违章（第17条）	
	2．检查高压带电设备时，未强行打开闭锁装置。	恶性违章（第14条）	
	3．在带电设备周围未使用钢卷尺、皮卷尺和线尺（夹有金属丝者）进行测量，在带电区域内或邻近带电线路处，未使用金属梯子。	恶性违章（第9条）	
	4．作业人员与带电部分安全距离不小《安规（营销部分）》表6.3.3。	恶性违章（第8条）	
	5．检验、检测设备的金属外壳应可靠接地，检验、检测设备与被测设备的接线应牢固可靠。	一般违章（第22条）	
	6．按规定使用安全绝缘工具和安全防护用具。	一般违章（第12条）	
督查人员：	离开现场时间：		

编号：DC-YXZY-06

用户变压器容量测试标准督查卡

工作任务：	督查时间：		
督查项目	督查标准	违章性质	督查情况
安全措施	1．进入客户侧作业时，已履行双许可。	Ⅰ类严重违章（第5条）	
	2．停电作业时，作业点在接地保护范围内。	恶性违章（第4条）	
	3．配合停电的邻近线路、设备在工作点附近装设有接地线。	Ⅰ类严重违章（第7条）	
	4．高压试验变更接线或试验结束时已将升压设备的高压部分放电、短路接地。	Ⅱ类严重违章（第29条）	
	5．试验设备、发电机、配电箱等用电设备外壳接地牢固可靠。	一般违章（第22条）	
关键事项	1．登杆作业时，杆塔根部、基础和拉线夯实牢固	恶性违章（第17条）	
	2．作业人员不得擅自穿、跨越安全围栏、安全警戒线。	Ⅱ类严重违章（第37条）	
	3．高处作业、攀登或转移作业位置时正确使用安全带、后备保护绳、围杆带或单钩双环等防高坠用品，全程不失去保护。	恶性违章（第5条）	
	4．高处作业人员不随手上下抛掷工具、材料等物件。	一般违章（第16条）	
	5．使用电动设备严格执行“一机、一闸、一保护”规定。	一般违章（第20条）	
	6．按规定使用安全绝缘工具和安全防护用具。	一般违章（第12条）	
督查人员：	离开现场时间：		

3. 充电桩、新能源业务

编号：DC-YXZY-07

充换电设施（站、桩）新建、安装、改造标准督查卡

工作任务：	督查时间：		
督查项目	督查标准	违章性质	督查情况
安全措施	1．按规定得到设备运维单位的许可进场作业，进入客户侧作业时，已履行双许可。	Ⅰ类严重违章（第5条）	
	2．需一次设备停电作业时，作业点在接地保护范围内。	恶性违章（第4条）	
	3．配合停电的邻近线路、设备在工作点附近装设有接地线。	Ⅰ类严重违章（第7条）	
	4．高压试验变更接线或试验结束时已将升压设备的高压部分放电、短路接地。	Ⅱ类严重违章（第29条）	
	5．试验装置、发电机、配电箱等用电设备外壳接地牢固可靠。	一般违章（第22条）	
	6．邻近或交叉跨越带电设备时，吊车已接地牢固可靠。	一般违章（第23条）	
	7．起吊作业时，作业区域设置警示围栏。	Ⅱ类严重违章（第36条）	
	8．高压试验现场规范装设遮拦或围栏。	Ⅱ类严重违章（第36条）	
关键事项	1．脚手架、模板支撑系统经使用单位和监理单位验收合格并挂验收牌后投入使用。	Ⅲ类严重违章（第72条）	
	2．作业人员不得擅自穿、跨越安全围栏、安全警戒线。	Ⅱ类严重违章（第37条）	
	3．高处作业、攀登或转移作业位置时正确使用安全带、后备保护绳、围杆带或单钩双环等防高坠用品，全程不失去保护。	恶性违章（第5条）	
	4．高处作业人员不随手上下抛掷工具、材料等物件。	一般违章（第16条）	
	5．作业人员与带电部分保持《安规（营销部分）》表6.3.3规定的安全距离。	恶性违章（第8条）	
	6．电缆井、电缆隧道、深度超过2m的基坑、沟（槽）内等工作环境比较复杂且相对密闭的空间，按规定采取通风措施、经气体检测合格后作业。	恶性违章（第6条）	

续表

督查项目	督查标准	违章性质	督查情况
关键事项	7．在有限空间作业时按规定配置呼吸器、照明设备等安全防护装备、应急救援装备，正确设置监护人。	Ⅰ类严重违章（第 8 条）	
	8．吊车依法取得使用登记证书、定期检验或检验合格。	Ⅲ类严重违章（第 52 条）	
	9．起重作业按规定设有专人指挥。	Ⅲ类严重违章（第 69 条）	
	10．吊车作业前，支腿全部支好；支腿按规程要求加垫木。	Ⅲ类严重违章（第 83 条）	
	11．无作业人员利用吊钩上升或下降。	恶性违章（第 10 条）	
	12．起吊、牵引过程中，受力钢丝绳的周围、上下方、转向滑车内角侧、吊臂和起吊物下方，无人逗留和通过。	Ⅱ类严重违章（第 38 条）	
	13．链条葫芦、手扳葫芦、吊钩式滑车等装置的吊钩和起重作业使用的吊钩有完好的防止脱钩的保险装置。	Ⅲ类严重违章（第 84 条）	
	14．使用电动设备严格执行“一机、一闸、一保护”规定。	一般违章（第 20 条）	
	15．使用携带型火炉或喷灯作业时，火焰与带电部分的安全距离：电压在 10kV 及以下者，大于 1.5m；电压在 10kV 以上者，大于 3m。	恶性违章（第 8 条）	
	16．按规定配备合格的消防器材。	Ⅲ类严重违章（第 65 条）	
	17．按规定使用安全绝缘工具和安全防护用具。	一般违章（第 12 条）	
督查人员：		离开现场时间：	

编号：DC-YXZY-08

港口岸电建设、改造标准督查卡

工作任务：		督查时间：	
督查项目	督查标准	违章性质	督查情况
安全措施	1．按规定得到设备运维单位的许可进场作业，进入客户侧作业时，已履行双许可。	Ⅰ类严重违章（第5条）	
	2．需一次设备停电作业时，作业点在接地保护范围内。	恶性违章（第4条）	
	3．配合停电的邻近线路、设备在工作点附近装设有接地线。	Ⅰ类严重违章（第7条）	
	4．高压试验变更接线或试验结束时已将升压设备的高压部分放电、短路接地。	Ⅱ类严重违章（第29条）	
	5．试验装置、发电机、配电箱等用电设备外壳接地牢固可靠。	一般违章（第22条）	
	6．邻近或交叉跨越带电设备时，吊车已接地牢固可靠。	一般违章（第23条）	
	7．起吊作业时，作业区域设置警示围栏。	Ⅱ类严重违章（第36条）	
	8．高压试验现场规范装设遮栏或围栏。	Ⅱ类严重违章（第36条）	
关键事项	1．临水工作时，应穿戴救生衣及防滑鞋，不得单人进行临水工作。	Ⅱ类严重违章（第28条）	
	2．作业人员不得擅自穿、跨越安全围栏、安全警戒线。	Ⅱ类严重违章（第37条）	
	3．高处作业、攀登或转移作业位置时正确使用安全带、后备保护绳、围杆带或单钩双环等防高坠用品，全程不失去保护。	恶性违章（第5条）	
	4．高处作业人员不随手上下抛掷工具、材料等物件。	一般违章（第16条）	
	5．作业人员与带电部分保持《安规（变电部分）》表3规定的安全距离。	恶性违章（第8条）	
	6．船舱、电缆井、电缆隧道、深度超过2m的基坑、沟（槽）内等工作环境比较复杂且相对密闭的空间，按规定采取通风措施、经气体检测合格后作业。	恶性违章（第6条）	
	7．在有限空间作业时按规定配置呼吸器、照明设备等安全防护装备、应急救援装备，正确设置监护人。	Ⅰ类严重违章（第8条）	

续表

督查项目	督查标准	违章性质	督查情况
关键事项	8. 吊车依法取得使用登记证书、定期检验或检验合格。	Ⅲ类严重违章（第52条）	
	9. 起重作业按规定设有专人指挥。	Ⅲ类严重违章（第69条）	
	10. 吊车作业前，支腿全部支好；支腿按规程要求加垫木。	Ⅲ类严重违章（第83条）	
	11. 无作业人员利用吊钩上升或下降。	恶性违章（第10条）	
	12. 起吊、牵引过程中，受力钢丝绳的周围、上下方、转向滑车内角侧、吊臂和起吊物下方，无人逗留和通过。	Ⅱ类严重违章（第38条）	
	13. 链条葫芦、手扳葫芦、吊钩式滑车等装置的吊钩和起重作业使用的吊钩有完好的防止脱钩的保险装置。	Ⅲ类严重违章（第84条）	
	14. 使用电动设备严格执行“一机、一闸、一保护”规定。	一般违章（第20条）	
	15. 使用携带型火炉或喷灯作业时，火焰与带电部分的安全距离：电压在10kV及以下者，大于1.5m；电压在10kV以上者，大于3m。	恶性违章（第8条）	
	16. 按规定配备合格的消防器材。	Ⅲ类严重违章（第65条）	
	17. 按规定使用安全绝缘工具和安全防护用具。	一般违章（第12条）	
督查人员：		离开现场时间：	

4. 施工作业

编号：DC-YXZY-09

基础施工（电缆土建）标准督查卡

施工任务：		督查时间：	
督查项目	督查标准	违章性质	督查情况
安全措施	1．按规定得到设备运维单位的许可进场作业。	Ⅰ类严重违章（第5条）	
	2．停电作业时，作业点在接地保护范围内。	恶性违章（第4条）	
	3．电气设备、电源箱等用电设备外壳接地牢固可靠。	一般违章（第22条）	
关键事项	1．关键事项、关键环节作业按施工方案或规定程序开展作业。	Ⅱ类严重违章（第36条）	
	2．挖机、吊车等大型机械设备与带电设备安全距离不小于《安规（配电部分）》表3-1。	恶性违章（第8条）	
	3．吊车吊臂、吊具、辅具、钢丝绳及吊物、挖机斗臂与邻近、平行、交叉跨越带电线路安全距离大于《安规（配电部分）》表3-1、大于表6-1要求时，制定并落实误碰带电设备安全措施。	Ⅱ类严重违章（第36条）	
	4．作业人员不得擅自穿、跨越安全围栏、安全警戒线。	Ⅱ类严重违章（第37条）	
	5．不良地质构造的高边坡，按设计要求采取锚喷或加固等支护措施。	Ⅲ类严重违章（第58条）	
	6．挖土区域设警戒线，各种机械、车辆严禁在开挖的基础边缘2m内行驶、停放。	一般问题	
	7．电缆井、电缆隧道、深度超过2m的基坑、沟（槽）内等工作环境比较复杂且相对密闭的空间，按规定采取通风措施、经气体检测合格后作业。	恶性违章（第6条）	
	8．在有限空间作业时按规定配置呼吸器、照明设备等安全防护装备、应急救援装备，正确设置监护人。	Ⅰ类严重违章（第8条）	
	9．人工开挖基坑深度达2m时，必须用取土器械取土；人力提土绞架刹车装置、电动葫芦提土机械自动卡紧保险装置应安全可靠。	一般违章（第15条）	
	10．脚手架经验收合格，并悬挂验收牌后投入使用。	Ⅲ类严重违章（第72条）	
	11．坠落高度超过1.5m时，已采取可靠的防高坠措施。	恶性违章（第5条）	

续表

督查项目	督查标准	违章性质	督查情况
关键事项	12．自制施工工器具经检测试验合格。	Ⅲ类严重违章（第 53 条）	
	13．吊车依法取得使用登记证书、定期检验或检验合格。	Ⅲ类严重违章（第 52 条）	
	14．吊车作业前，支腿全部支好；支腿按规程要求加垫木。	Ⅲ类严重违章（第 83 条）	
	15．起吊装置工作负荷不得超铭牌规定使用。	Ⅰ类严重违章（第 9 条）	
	16．吊臂和起吊物下方，无人逗留和通过。	Ⅱ类严重违章（第 38 条）	
	17．吊钩有完好的防止脱钩的保险装置。	Ⅲ类严重违章（第 84 条）	
	18．吊装带完好无破损；钢丝绳套插接长度满足规范要求。	一般违章（第 14 条）	
	19．电动设备按照“一机、一闸、一保护”规定使用。	一般违章（第 20 条）	
	20．电缆线深埋或采取架空措施。	一般问题	
	21．生产和作业场所按规定配备合格的消防器材。	Ⅲ类严重违章（第 65 条）	
	22．按规定使用安全绝缘工具和安全防护用具。	一般违章（第 12 条）	
督查人员：		离开现场时间：	

编号：DC-YXZY-10

吊车立（撤）杆施工标准督查卡

施工任务：	督查时间：		
督查项目	督查标准	违章性质	督查情况
安全措施	1．按规定得到设备运维单位的许可进场作业。	Ⅰ类严重违章（第 5 条）	
	2．停电作业时，作业点在接地保护范围内。	恶性违章（第 4 条）	
	3．配合停电线路在工作点附近装设的接地线牢固可靠。	Ⅰ类严重违章（第 7 条）	
	4．邻近或交叉跨越带电设备时，吊车、斗臂车等机械设备接地牢固可靠。	一般违章（第 23 条）	
	5．在公路、铁路等交通要道上架拆线路，双向设置标志进行警示、隔离，设专人手持旗帜看管。	一般违章（第 25 条）	
关键事项	1．关键事项、关键环节作业按施工方案或规定程序开展作业。作业人员经批准后改变已设置的安全措施。	Ⅱ类严重违章（第 36 条）	
	2．登杆作业时，杆塔根部、基础和拉线夯实牢固。拆除或更换受损（倾斜）电杆已采取防倒（断）杆措施。	恶性违章（第 17 条）	
	3．未采取突然剪断导线、拉线等方式撤杆、撤线。	恶性违章（第 18 条）	
	4．高处作业、攀登或转移作业位置时正确使用安全带、后备保护绳、围杆带或单钩双环、速差器等防高坠用品，全程不失去保护。	恶性违章（第 5 条）	
	5．高处作业人员不随手上下抛掷工具、材料等物件。	一般违章（第 16 条）	
	6．吊车吊臂、吊具、辅具、钢丝绳及吊物与邻近、平行、交叉跨越带电线路安全距离不小于《安规（配电部分）》表 3-1。	恶性违章（第 8 条）	
	7．吊车吊臂、吊具、辅具、钢丝绳及吊物与邻近、平行、交叉跨越带电线路安全距离大于《安规（配电部分）》表 3-1、大于表 6-1 要求时，制定并落实误碰带电设备安全措施。	Ⅱ类严重违章（第 36 条）	
	8．起重作业按规定设有专人指挥。	Ⅲ类严重违章（第 69 条）	
	9．吊车作业前，支腿全部支好；支腿按规程要求加垫枕木。	Ⅲ类严重违章（第 83 条）	
	10．吊车工作负荷不得超铭牌规定使用。	Ⅰ类严重违章（第 9 条）	

续表

督查项目	督查标准	违章性质	督查情况
关键事项	11．起吊过程中吊臂和起吊物下方，无人逗留和通过。	Ⅱ类严重违章（第 38 条）	
	12．无作业人员利用吊钩上升或下降。	恶性违章（第 10 条）	
	13．链条葫芦、手扳葫芦、吊钩式滑车等装置的吊钩和起重作业使用的吊钩有完好的防止脱钩的保险装置。	Ⅲ类严重违章（第 84 条）	
	14．吊装带完好无破损；钢丝绳套插接长度满足规范要求。	一般违章（第 14 条）	
	15．未使用金具 U 型环代替卸扣；未使用普通材料的螺栓取代卸扣销轴。	Ⅲ类严重违章（第 63 条）	
督查人员：		离开现场时间：	

编号：DC-YXZY-11

抱杆立（撤）杆施工标准督查卡

施工任务：	督查时间：		
督查项目	督查标准	违章性质	督查情况
安全措施	1．按规定得到设备运维单位的许可进场作业。	Ⅰ类严重违章（第5条）	
	2．停电作业时，作业点在接地保护范围内。	恶性违章（第4条）	
	3．配合停电线路在工作点附近装设的接地线牢固可靠。	Ⅰ类严重违章（第7条）	
	4．邻近或交叉跨越带电设备时，机动绞磨等机械设备接地牢固可靠。	一般违章（第23条）	
	5．在公路、铁路等交通要道上架拆线路，双向设置标志进行警示、隔离，设专人手持旗帜看管。	一般违章（第25条）	
关键事项	1．关键事项、关键环节作业按施工方案或规定程序开展作业。作业人员经批准后改变已设置的安全措施。	Ⅱ类严重违章（第36条）	
	2．登杆作业时，杆塔根部、基础和拉线夯实牢固。拆除或更换受损（倾斜）电杆已采取防倒（断）杆措施。	恶性违章（第17条）	
	3．未采取突然剪断导线、拉线等方式撤杆、撤线。	恶性违章（第18条）	
	4．高处作业、攀登或转移作业位置时正确使用安全带、后备保护绳、围杆带或单钩双环、速差器等防高坠用品，全程不失去保护。	恶性违章（第5条）	
	5．高处作业人员不随手上下抛掷工具、材料等物件。	一般违章（第16条）	
	6．抱杆、钢丝绳及吊物与邻近、平行、交叉跨越带电线路安全距离不小于《安规（配电部分）》表5-1。	恶性违章（第8条）	
	7．抱杆、钢丝绳及吊物与邻近、平行、交叉跨越带电线路安全距离大于《安规（配电部分）》表3-1、大于表6-1要求时，制定并落实误碰带电设备安全措施。	Ⅱ类严重违章（第36条）	
	8．起吊装置工作负荷不得超铭牌规定使用。	Ⅰ类严重违章（第9条）	
	9．绞磨应放置平稳、锚固可靠；受力前方无人员逗留；拉磨尾绳人员位于锚桩后面并站在绳圈外。	Ⅲ类严重违章（第85条）	
	10．机动绞磨磨绳缠绕不少于5圈，拉磨尾绳不少于2人。	一般违章（第14条）	

续表

督查项目	督查标准	违章性质	督查情况
关键事项	11．起吊过程中起吊物下方，无人员逗留和通过。	Ⅱ类严重违章（第38条）	
	12．链条葫芦、手扳葫芦、吊钩式滑车等装置的吊钩和起重作业使用的吊钩有完好的防止脱钩的保险装置。	Ⅲ类严重违章（第84条）	
	13．吊装带完好无破损；钢丝绳套插接长度满足规范要求。	一般违章（第14条）	
	14．未使用金具U型环代替卸扣；未使用普通材料的螺栓取代卸扣销轴。	Ⅲ类严重违章（第63条）	
督查人签名：	离开现场时间：		

编号：DC-YXZY-12

变压器安装、拆除施工标准督查卡

施工任务：		督查时间：	
督查项目	督查标准	违章性质	督查情况
安全措施	1．按规定得到设备运维单位的许可进场作业。	Ⅰ类严重违章（第5条）	
	2．停电作业时，作业点在接地保护范围内。	恶性违章（第4条）	
	3．配合停电线路在工作点附近装设的接地线牢固可靠。	Ⅰ类严重违章（第7条）	
	4．邻近或交叉跨越带电设备时，吊车、高空作业车等接地牢固可靠。	一般违章（第23条）	
	5．在公路、铁路等交通要道上架拆线路，双向设置标志进行警示、隔离，设专人手持旗帜看管。	一般违章（第25条）	
关键事项	1．关键事项、关键环节作业按施工方案或规定程序开展作业。作业人员经批准后改变已设置的安全措施。	Ⅱ类严重违章（第36条）	
	2．登杆作业时，杆塔根部、基础和拉线夯实牢固。	恶性违章（第17条）	
	3．高处作业、攀登或转移作业位置时正确使用安全带、后备保护绳、围杆带或单钩双环、速差器等防高坠用品，全程不失去保护。	恶性违章（第5条）	
	4．高处作业人员不随手上下抛掷工具、材料等物件。	一般违章（第16条）	
	5．作业人员与10kV高压线路或跌落式熔断器上部带电部分安全距离不小于《安规（营销部分）》表6.3.3。	恶性违章（第8条）	
	6．作业点如有邻近、平行、交叉跨越带电线路，吊车吊臂、起吊的变压器与带电线路安全距离不小于《安规（配电部分）》表3-1。	恶性违章（第8条）	
	7．吊车吊臂、吊具、辅具、钢丝绳及吊物与邻近、平行、交叉跨越带电线路安全距离大于《安规（配电部分）》表3-1、大于表6-1要求时，制定并落实误碰带电设备安全措施。	Ⅱ类严重违章（第36条）	
	8．在带电设备周围未使用钢卷尺、皮卷尺和线尺（夹有金属丝者）进行测量，在带电区域内或邻近带电线路处，未使用金属梯子。	恶性违章（第9条）	
	9．起吊装置工作负荷不得超铭牌规定使用。	Ⅰ类严重违章（第9条）	
	10．吊车作业前，支腿全部支好；支腿按规程要求加垫枕木。	Ⅲ类严重违章（第83条）	

续表

督查项目	督查标准	违章性质	督查情况
关键事项	11．吊车或链条葫芦的吊钩防止脱钩保险装置完好。	Ⅲ类严重违章（第 84 条）	
	12．吊装带完好无破损；钢丝绳套插接长度满足规范要求。	一般违章（第 14 条）	
	13．未使用金具 U 型环代替卸扣；未使用普通材料的螺栓取代卸扣销轴。	Ⅲ类严重违章（第 63 条）	
督查人签名：	离开现场时间：		

编号：DC-YXZY-13

放线、紧线与撤线施工标准督查卡

施工任务：	督查时间：		
督查项目	督查标准	违章性质	督查情况
安全措施	1．按规定得到设备运维单位的许可进场作业。	Ⅰ类严重违章（第 5 条）	
	2．停电作业时，作业点在接地保护范围内。	恶性违章（第 4 条）	
	3．配合停电线路在工作点附近装设的接地线牢固可靠。	Ⅰ类严重违章（第 7 条）	
	4．放紧线施工作业中，同杆架设的 10（20）kV 线路均已采取停电、验电、接地措施。	恶性违章（第 4 条）	
	5．邻近或交叉跨越带电设备时，机动绞磨等机械设备接地牢固可靠。	一般违章（第 23 条）	
	6．在公路、铁路等交通要道上架拆线路，双向设置标志进行警示、隔离，设专人手持旗帜看管。	一般违章（第 25 条）	
关键事项	1．关键事项、关键环节作业按施工方案或规定程序开展作业。作业人员经批准后改变已设置的安全措施。	Ⅱ类严重违章（第 36 条）	
	2．登杆作业时，杆塔根部、基础和拉线夯实牢固。	恶性违章（第 17 条）	
	3．撤、紧线前，终端杆、转角杆受力反方向已装好临时拉线且牢固可靠。	恶性违章（第 11 条）	
	4．严禁采取突然剪断导线、地线、拉线等方式撤线。	恶性违章（第 18 条）	
	5．高处作业、攀登或转移作业位置时正确使用安全带、后备保护绳、围杆带或单钩双环、速差器等防高坠用品，全程不失去保护。	恶性违章（第 5 条）	
	6．高处作业人员不随手上下抛掷工具、材料等物件。	一般违章（第 16 条）	
	7．跨越带电线路展放导线作业，采取搭设跨越架、封网等措施。	恶性违章（第 15 条）	
	8．邻近带电线路工作时，人体、导线、施工机具等与带电线路的安全距离不小于《安规（配电部分）》表 5-1 规定。	恶性违章（第 8 条）	
	9．绞磨应放置平稳、锚固可靠；受力前方无人员逗留；拉磨尾绳人员位于锚桩后面并站在绳圈外。	Ⅲ类严重违章（第 85 条）	
	10．机动绞磨磨绳缠绕不少于 5 圈，拉磨尾绳不少于 2 人。	一般违章（第 14 条）	

续表

督查项目	督查标准	违章性质	督查情况
关键事项	11．使用绞磨放（紧）线牵引过程中，受力导线或牵引绳的周围、上下方、转向滑车内角侧，无人逗留和通过。	Ⅱ类严重违章（第 38 条）	
	12．链条葫芦、手扳葫芦、吊钩式滑车等装置的吊钩和起重作业使用的吊钩有完好的防止脱钩的保险装置。	Ⅲ类严重违章（第 84 条）	
	13．吊装带完好无破损；钢丝绳套插接长度满足规范要求。	一般违章（第 14 条）	
	14．未使用金具 U 型环代替卸扣；未使用普通材料的螺栓取代卸扣销轴。	Ⅲ类严重违章（第 63 条）	
督查人签名：	离开现场时间：		

编号：DC-YXZY-14

电力电缆施工标准督查卡

施工任务：	督查时间：		
督查项目	督查标准	违章性质	督查情况
安全措施	1．按规定得到设备运维单位的许可进场作业。	Ⅰ类严重违章（第5条）	
	2．停电作业时，作业点在接地保护范围内。	恶性违章（第4条）	
	3．配合停电线路在工作点附近装设的接地线牢固可靠。	Ⅰ类严重违章（第7条）	
	4．邻近或交叉跨越带电设备时，高空作业车、机动绞磨等机械设备接地牢固可靠。	一般违章（第23条）	
关键事项	1．关键事项、关键环节作业按施工方案或规定程序开展作业。作业人员经批准后改变已设置的安全措施。	Ⅱ类严重违章（第36条）	
	2．登杆作业时，杆塔根部、基础和拉线夯实牢固。	恶性违章（第17条）	
	3．高处作业、攀登或转移作业位置时正确使用安全带、后备保护绳、围杆带或单钩双环、速差器等防高坠用品，全程不失去保护。	恶性违章（第5条）	
	4．高处作业人员不随手上下抛掷工具、材料等物件。	一般违章（第16条）	
	5．电缆井、电缆隧道、深度超过2m的基坑、沟（槽）内等工作环境比较复杂且相对密闭的空间，按规定采取通风措施、经气体检测合格后作业。	恶性违章（第6条）	
	6．有限空间作业时按规定配置呼吸器、照明设备等安全防护装备、应急救援装备，正确设置监护人。	Ⅰ类严重违章（第8条）	
	7．邻近带电线路工作时，人体、导线、施工机具等与带电线路的安全距离不小于《安规（配电部分）》表5-1规定。	恶性违章（第8条）	
	8．在带电设备周围未使用钢卷尺、皮卷尺和线尺（夹有金属丝者）进行测量，在带电区域内或邻近带电线路处，未使用金属梯子。	恶性违章（第9条）	
	9．开断电缆时操作人员站在绝缘垫上，用带绝缘手柄的铁钎或专用射钉打入电缆后方可工作。	Ⅱ类严重违章（第36条）	
	10．使用携带型火炉或喷灯作业时，火焰与带电部分的安全距离：电压在10kV及以下者，大于1.5m；电压在10kV以上者，大于3m。	恶性违章（第8条）	
	11．动火作业前清除动火现场及周围的易燃物品。	Ⅱ类严重违章（第40条）	

续表

督查项目	督查标准	违章性质	督查情况
关键事项	12．动火作业现场按规定配备消防器材。	Ⅲ类严重违章（第 65 条）	
	13．绞磨应放置平稳、锚固可靠；受力前方无人员逗留；拉磨尾绳人员位于锚桩后面并站在绳圈外。	Ⅲ类严重违章（第 85 条）	
	14．机动绞磨磨绳缠绕不少于 5 圈，拉磨尾绳不少于 2 人。	一般违章（第 14 条）	
	15．使用绞磨展放电缆牵引过程中，受力导线或牵引绳的周围、上下方、转向滑车内角侧，无人逗留和通过。	Ⅱ类严重违章（第 38 条）	
督查人签名：	离开现场时间：		

编号：DC-YXZY-15

高压试验与测量标准督查卡

施工任务：		督查时间：	
督查项目	督查标准	违章性质	督查情况
安全措施	1．按规定得到设备运维单位的许可进场作业。	Ⅰ类严重违章（第5条）	
	2．停电作业时，作业点在接地保护范围内。	恶性违章（第4条）	
	3．变更接线或试验结束后，将升压设备的高压部分放电、短路接地。	Ⅱ类严重违章（第29条）	
	4．试验装置、电气设备、电源箱等用电设备接地牢固可靠。	一般违章（第23条）	
	5．邻近或交叉跨越带电设备时，电气设备、高空作业车等接地牢固可靠。	一般违章（第23条）	
	6．高压试验现场规范装设遮栏或围栏。	Ⅱ类严重违章（第36条）	
	7．在公路、铁路等交通要道上架拆线路，双向设置标志进行警示、隔离，设专人手持旗帜看管。	一般违章（第25条）	
关键事项	1．关键事项、关键环节作业按施工方案或规定程序开展作业。作业人员经批准后改变已设置的安全措施。	Ⅱ类严重违章（第36条）	
	2．登杆作业时，杆塔根部、基础和拉线夯实牢固。	恶性违章（第17条）	
	3．作业人员不得擅自穿、跨越安全围栏、安全警戒线。	Ⅱ类严重违章（第37条）	
	4．测量时，人体与高压带电部位不得小于《安规（配电）部分》表3-1规定的安全距离。	恶性违章（第8条）	
	5．邻近带电线路工作时，人体、作业机具等与带电线路的安全距离满足《安规（配电部分）》表5-1规定。	恶性违章（第8条）	
	6．高处作业、攀登或转移作业位置时正确使用安全带、后备保护绳、速差器等防高坠用品，全程不失去保护。	恶性违章（第5条）	
	7．高处作业人员不随手上下抛掷工具、材料等物件。	一般违章（第16条）	
	8．电动设备按照“一机、一闸、一保护”规定使用。	一般违章（第20条）	
	9．按规定使用安全绝缘工具和安全防护用具。	一般违章（第12条）	
	10．发电机、配电箱等用电设备外壳接地牢固可靠。	一般违章（第22条）	
督查人签名：		离开现场时间：	

编号：DC-YXZY-16

电力电缆试验标准督查卡

施工任务：		督查时间：	
督查项目	督查标准	违章性质	督查情况
安全措施	1．按规定得到设备运维单位的许可进场作业。	Ⅰ类严重违章（第 5 条）	
	2．停电作业时，作业点在接地保护范围内。	恶性违章（第 4 条）	
	3．变更接线或试验结束后，将升压设备的高压部分放电、短路接地。	Ⅱ类严重违章（第 29 条）	
	4．电缆耐压试验分相进行时，另两相电缆应接地牢固可靠。	Ⅱ类严重违章（第 29 条）	
	5．试验装置、电气设备、电源箱接地牢固可靠。	一般违章（第 23 条）	
	6．邻近或交叉跨越带电设备时，高空作业车等接地牢固可靠。	一般违章（第 23 条）	
	7．在公路、铁路等交通要道上架拆线路，双向设置标志进行警示、隔离，设专人手持旗帜看管。	一般违章（第 25 条）	
关键事项	1．关键事项、关键环节作业按施工方案或规定程序开展作业。作业人员经批准后改变已设置的安全措施。	Ⅱ类严重违章（第 36 条）	
	2．登杆作业时，杆塔根部、基础和拉线夯实牢固。	恶性违章（第 17 条）	
	3．电缆井、电缆隧道、深度超过 2m 的基坑、沟（槽）内等工作环境比较复杂且相对密闭的空间，按规定采取通风措施、经气体检测合格后作业。	恶性违章（第 6 条）	
	4．在有限空间作业时按规定配置呼吸器、照明设备等安全防护装备、应急救援装备，正确设置监护人。	Ⅰ类严重违章（第 8 条）	
	5．邻近带电线路工作时，人体、作业机具等与带电线路的安全距离不小于《安规（配电部分）》表 5-1 规定。	恶性违章（第 8 条）	
	6．高处作业、攀登或转移作业位置时正确使用安全带、后备保护绳、速差器等防高坠用品，全程不失去保护。	恶性违章（第 5 条）	
	7．高处作业人员不随手上下抛掷工具、材料等物件。	一般违章（第 16 条）	
	8．电动设备按照“一机、一闸、一保护”规定使用。	一般违章（第 20 条）	
	9．按规定使用安全绝缘工具和安全防护用具。	一般违章（第 12 条）	
督查人签名：		离开现场时间：	

（九）信息通信

编号：DC-XXTX-01

信息系统检修标准督查卡

作业任务：	督查时间：		
督查项目	督查标准	违章性质	督查情况
安全措施	1．填用信息工作票的工作，得到许可进场作业。	I类严重违章（第5条）	
	2．在变（配）电站、发电厂、电力线路等场所的工作，得到设备管理运维单位、业务管理单位许可。	I类严重违章（第5条）	
关键事项	1．按要求开展网络安全等级保护定级、备案和测评工作。	II类严重违章（第24条）	
	2．工作前，对作业人员进行身份鉴别和授权。授权基于权限最小化和权限分离的原则。	III类严重违章（第75条）	
	3．信息系统检修工作开始前，备份可能受到影响的配置文件、业务数据、运行参数和日志文件等。	II类严重违章（第36条）	
	4．关键事项、关键环节工作按检修方案或规定程序开展作业。	II类严重违章（第36条）	
	5．未从任何公共网络直接接入管理信息内网；未通过互联网等公共网络实施系统维护工作。	III类严重违章（第75条）	
	6．网络边界按要求部署安全防护设备并定期进行特征库升级。	III类严重违章（第57条）	
	7．配置旁路检修开关的不间断电源设备检修时，严格执行停机及断电顺序。	II类严重违章（第36条）	
	8．拆除蓄电池连接铜牌或线缆使用经绝缘处理的工器具。	II类严重违章（第36条）	
	9．在继电保护盘柜附近进行振动较大的工作时，采取防掉闸的安全措施。	II类严重违章（第31条）	
	10．在不间断电源上工作，裸露电缆线头做绝缘处理。	III类严重违章（第87条）	
	11．更换网络设备或安全设备的热插拔部件、内部板卡等配件，更换主机设备或存储设备的热插拔部件时，做好防静电措施。	一般问题	
	12．信息设备变更用途或下线，已擦除或销毁其中数据；信息系统的过期账号及其权限及时注销或调整；检修工作完成后及时收回临时授权。	一般问题	
督查人员：	离开现场时间：		

编号：DC-XXTX-02

电力通信系统检修标准督查卡

作业任务：	督查时间：		
督查项目	督查标准	违章性质	督查情况
安全措施	1．填用电力通信工作票的工作，得到许可进场作业。	Ⅰ类严重违章（第5条）	
	2．在变（配）电站、发电厂、电力线路等场所的工作，得到设备管理运维单位、产权单位许可。	Ⅰ类严重违章（第5条）	
	3．应急电力通信车调试、使用前接地良好。	一般违章（第23条）	
	4．架空光缆接头盒和余缆架接地良好。	一般违章（第22条）	
关键事项	1．关键事项、关键环节作业按检修方案或规定程序开展；检修人员不得擅自改变已设置的安全措施，按规定完成保证安全的技术措施。	Ⅱ类严重违章（第36条）	
	2．工作前，对网管系统操作人员进行身份鉴别和授权。授权基于权限最小化和权限分离的原则。	Ⅲ类严重违章（第75条）	
	3．进入电缆井、电缆隧道、深度超过2m的电缆沟道等工作环境比较复杂且相对密闭的空间内作业，严格执行“先通风、再检测、后作业”要求。	恶性违章（第6条）	
	4．进入电缆井、电缆隧道、深度超过2m的电缆沟道等工作环境比较复杂且相对密闭的空间内作业，配置并正确使用安全防护装备、应急救援装备，正确设置监护人。	Ⅰ类严重违章（第8条）	
	5．电力通信网管维护工作未通过互联网等公共网络实施，未从任何公共网络直接接入电力通信网管系统。	Ⅲ类严重违章（第75条）	
	6．配置旁路检修开关的不间断电源设备检修时，严格执行停机及断电顺序。	Ⅱ类严重违章（第36条）	
	7．拆除蓄电池连接铜牌或线缆使用经绝缘处理的工器具，不将蓄电池正负极短接。	Ⅱ类严重违章（第36条）	
	8．在继保屏上作业时，运行设备与检修设备使用明显标志隔开，在保护盘上或附近进行振动较大的工作时，采取防掉闸的安全措施。	Ⅱ类严重违章（第31条）	
	9．在电力通信电源上工作，裸露电缆线头做绝缘处理。	Ⅲ类严重违章（第87条）	
	10．在对使用光放大器的光传送段进行检修前，关闭放大器发光；使用光时域反射仪（OTDR）进行光缆纤芯测试时，先断开被测纤芯对端的电力通信设备和仪表。	一般问题	

续表

督查项目	督查标准	违章性质	督查情况
关键事项	11．在公路、铁路、航道等交通要道上架拆线路，双向设置标志进行警示、隔离，设专人手持旗帜看管；夜间施工佩戴反光标志，施工地点设置安全警示灯。	一般违章（第25条）	
	12．插拔设备板卡时，做好防静电措施；存放设备板卡采用防静电屏蔽袋、防静电吸塑盒等防静电包装。	一般问题	
	13．展放光缆的牵引力不超过光缆的承受标准。在竖井、桥架、沟道、管道、隧道内敷设光缆时，有防止光缆损伤的防护措施。	一般问题	
	14．使用尾纤自环光口，发光功率过大时，串入合适的衰耗（减）器。	一般问题	
督查人员：	离开现场时间：		

编号：DC-XXTX-03

电力监控系统检修标准督查卡

作业任务：	督查时间：		
督查项目	督查标准	违章性质	督查情况
安全措施	在变（配）电站、发电厂等场所的电力监控系统工作，得到设备管理运维管理单位、产权单位许可。	Ⅰ类严重违章（第 5 条）	
关键事项	1．工作开始前，对作业人员进行身份鉴别和授权。授权基于权限最小化和权限分离的原则。	Ⅲ类严重违章（第 75 条）	
	2．关键事项、关键环节作业按检修方案或规定程序开展；检修人员不得擅自改变已设置的安全措施，按规定完成保证安全的技术措施。	Ⅱ类严重违章（第 36 条）	
	3．工作开始时备份可能受到影响的程序、配置文件、运行参数、运行数据和日志文件等。	Ⅱ类严重违章（第 36 条）	
	4．电力监控系统上工作使用专用的调试计算机及移动存储介质，调试计算机未接入外网。	Ⅲ类严重违章（第 75 条）	
	5．换流站工程师工作站控制保护程序管理软件使用加密狗登录或设置登录密码，加密狗或密码由运维单位保管，正常运行时退出登录。	Ⅲ类严重违章（第 75 条）	
	6．电力监控系统中横纵向网络边界防护设备完好。	Ⅱ类严重违章（第 25 条）	
	7．服务器和用户端均使用经国家指定部门认证的安全加固的操作系统并采取加密、认证和访问控制等安全防范措施。	Ⅲ类严重违章（第 75 条）	
	8．不间断电源主机设备检修时，严格执行停机及断电顺序。	Ⅱ类严重违章（第 36 条）	
	9．拆除蓄电池连接铜牌或线缆使用经绝缘处理的工器具。	Ⅱ类严重违章（第 36 条）	
	10．在继电保护盘柜附近进行振动较大的工作时，采取防掉闸的安全措施。	Ⅱ类严重违章（第 31 条）	
	11．在不间断电源上工作，裸露电缆线头做绝缘处理。	Ⅲ类严重违章（第 87 条）	
	12．测控装置更换硬件、升级软件时，记录相关参数，更换或升级后，恢复原参数设置，并经测试无误后投入运行。	Ⅰ类严重违章（第 11 条）	
	13．在测控装置上工作，接入常规电流、电压互感器的测控装置在进行带电拆装、调试及定检工作时，将装置的电压端子开路、电流端子短接。	Ⅱ类严重违章（第 43 条）	
	14．更换电力监控设备的热插拔部件、内部板卡等配件，做好防静电措施。	一般问题	

续表

督查项目	督查标准	违章性质	督查情况
关键事项	15．电力监控系统中安装的软件均经安全认证。	一般问题	
	16．电力监控系统投运前，已删除临时账号、临时数据，并修改系统默认账号和默认口令；电力监控系统设备变更用途或退役，已擦除或销毁其中数据；电力监控系统的过期账号及其权限及时注销或调整。	一般问题	
督查人员：	离开现场时间：		

（十）倒闸操作

编号：DC-DZCZ-01

变电倒闸操作标准督查卡

作业任务：	督查时间：		
督查项目	督查标准	违章性质	督查情况
关键事项	1．倒闸操作前、编号、位置，执行监护复诵制度。	Ⅰ类严重违章（第 10 条）	
	2．装设接地线先接接地端，后接导体端，接地线接触良好，连接可靠。拆接地线的顺序与此相反。	Ⅰ类严重违章（第 10 条）	
	3．防止误入带电间隔的措施正确、完备。	恶性违章（第 23 条）	
	4．防误闭锁装置功能完善，按要求投入运行。	Ⅱ类严重违章（第 32 条）	
	5．现场未发现随意解除闭锁装置或擅自使用解锁工具（钥匙）。	恶性违章（第 14 条）	
	6．倒闸操作中按规定检查设备实际位置，确认设备操作到位情况。	Ⅱ类严重违章（第 30 条）	
	7．操作时无漏项、跳项行为。	Ⅰ类严重违章（第 10 条）	
	8．有刀开关和熔断器的回路停电，应先拉开刀开关，后取下熔断器。送电操作顺序与此相反。	Ⅱ类严重违章（第 36 条）	
	9．手车开关（隔离开关）拉出或推入前，检查开关确在分闸位置；操作隔离开关前应仔细确定开关在分位。	Ⅱ类严重违章（第 30 条）	
	10．有断路器（开关）和插拔式熔断器的回路停电，应先断开断路器（开关），并在负荷侧逐相验明确无电压后，方可取下熔断器。	Ⅱ类严重违章（第 36 条）	
	11．检修人员配合装设、拆除操作接地线，应在运维人员的全程监护下完成。	Ⅱ类严重违章（第 35 条）	
	12．智能变电站倒闸操作中压板操作顺序正确。	Ⅰ类严重违章（第 10 条）	
	13．倒母线操作时，首先检查母联开关在合闸位置，投入母线互联压板，再断开母联开关控制电源。	Ⅰ类严重违章（第 10 条）	
	14．当出线间隔检修，旁代线路运行时，母差失灵保护跳检修开关的压板应退出。	Ⅰ类严重违章（第 10 条）	

续表

督查项目	督查标准	违章性质	督查情况
关键事项	15. 站用直流系统运行时，倒换操作时应检查蓄电池组出口熔断器（断路器）位置，禁止蓄电池组脱离直流母线。	Ⅱ类严重违章（第30条）	
	16. 装设高压熔断器，戴护目眼镜和绝缘手套，必要时使用绝缘夹钳，站在绝缘垫上。	一般违章（第12条）	
	17. 装设高压熔断器，戴护目眼镜和绝缘手套，必要时使用绝缘夹钳，站在绝缘垫上；装、拆接地线、高压验电戴绝缘手套。	一般违章（第12条）	
督查人员：	离开现场时间：		

编号：DC-DZCZ-02

配电倒闸操作标准督查卡

作业任务：	督查时间：		
督查项目	督查标准	违章性质	督查情况
关键事项	1．倒闸操作前、编号、位置，执行监护复诵制度。	Ⅰ类严重违章（第10条）	
	2. 配电设备转检修操作中，未漏挂操作接地线（接地刀闸）。	Ⅰ类严重违章（第7条）	
	3．装设接地线先接接地端，后接导体端，接地线接触良好，连接可靠。拆接地线的顺序与此相反。	Ⅰ类严重违章（第10条）	
	4．防止误入带电间隔的措施正确、完备。	恶性违章（第23条）	
	5．防误闭锁装置功能完善，按要求投入运行。	Ⅱ类严重违章（第32条）	
	6．现场未发现随意解除闭锁装置或擅自使用解锁工具（钥匙）。	恶性违章（第14条）	
	7．倒闸操作中按规定检查设备实际位置，确认设备操作到位情况。	Ⅱ类严重违章（第30条）	
	8．操作时无漏项、跳项行为。	Ⅰ类严重违章（第10条）	
	9．有刀开关和熔断器的回路停电，应先拉开刀开关，后取下熔断器。送电操作顺序与此相反。	Ⅱ类严重违章（第36条）	
	10．手车开关（隔离开关）拉出或推入前，检查开关确在分闸位置；操作隔离开关前应仔细确定开关在分位。	Ⅱ类严重违章（第30条）	
	11．有断路器（开关）和插拔式熔断器的回路停电，应先断开断路器（开关），并在负荷侧逐相验明确无电压后，方可取下熔断器。	Ⅱ类严重违章（第36条）	
	12．检修人员配合装设、拆除操作接地线，应在运维人员的全程监护下完成。	Ⅱ类严重违章（第35条）	
	13．未穿越未停电接地的10（20）kV线路对上层线路进行验电。	恶性违章（第4条）	
	14．未穿越未采取绝缘隔离措施的下层低压带电线路或未接地的下层低压停电线路对上层线路进行验电。	恶性违章（第4条）	
	15．装设高压熔断器，戴护目眼镜和绝缘手套，必要时使用绝缘夹钳，站在绝缘垫上；装、拆接地线、高压验电戴绝缘手套。	一般违章（第12条）	
督查人员：	离开现场时间：		